OWLS OF THE EASTERN ICE

極東のシマフクロウ

世界一大きなフクロウを探して

ジョナサン・C・スラート
大沢章子 訳

THE QUEST TO FIND AND
SAVE THE WORLD'S LARGEST OWL

筑摩書房

著者が近づいてきたのに気づいて飛び立つ寸前の、警戒し羽角を立てるシマフクロウのシャーミ・メス。2008年3月。
(写真©ジョナサン・C・スラート)

およそ3000人が山と森、川、そして海に囲まれて暮らす沿海州の町、テルネイ。2016年3月。
(写真©ジョナサン・C・スラート)

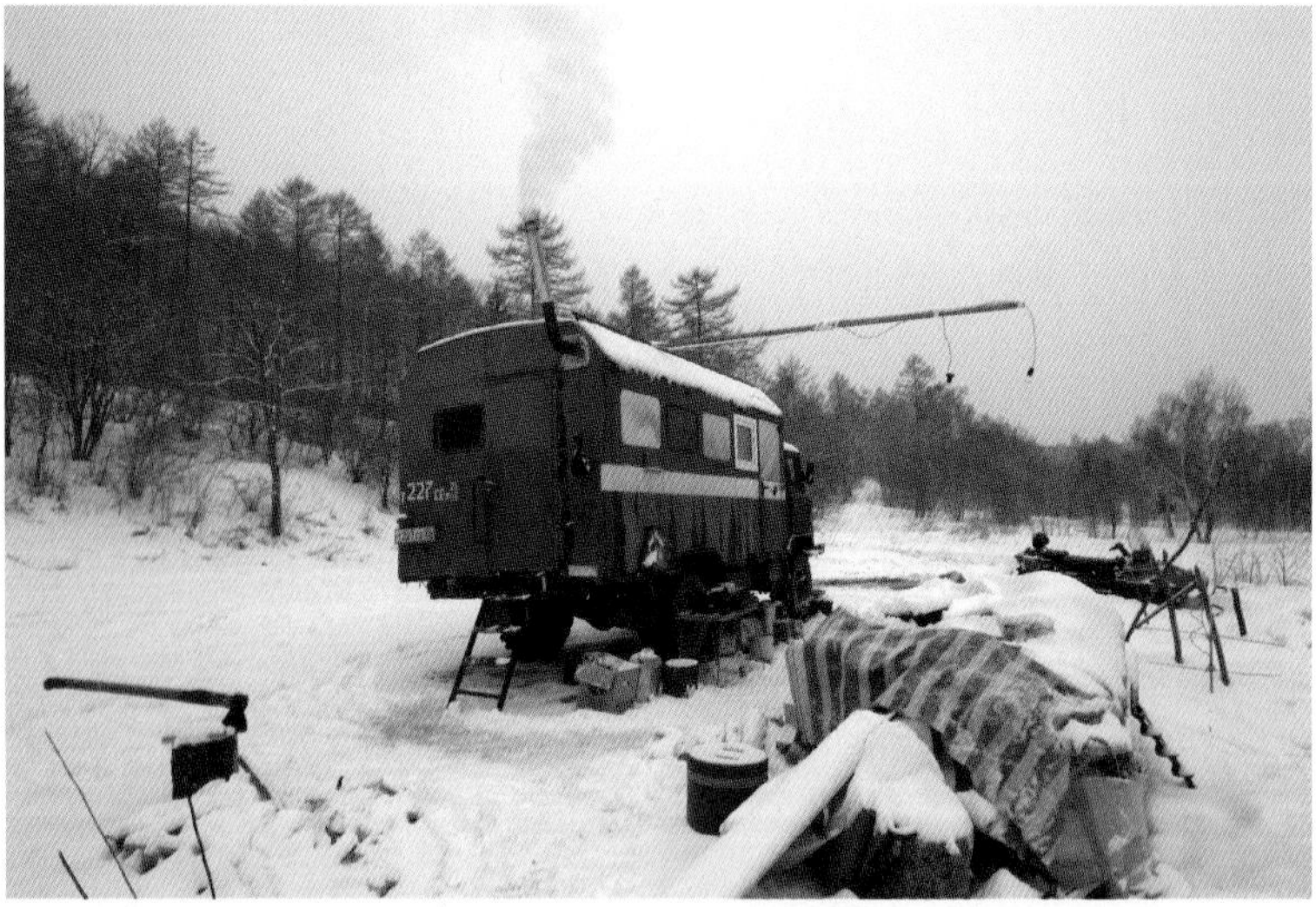

2009年、サイヨン温泉脇のベースキャンプ。この土地に棲むシマフクロウのつがいを捕獲するために、写真のトラックGAZ-66で何週間も寝泊まりした。(写真©ジョナサン・C・スラート)

上：2009年3月、シマフクロウの狩り場を一日中探し回ったあと、セレブリャンカ川を歩いて渡る著者。（写真©アンドレイ・カトコフ）

下：シマフクロウの幼鳥に色つきの足環を取りつけるセルゲイ・アヴジェユーク（右）と著者。2009年3月、クジャ川のなわばりで、一時間に捕獲した三羽目の個体だった。この足環のおかげで、数年後に、40キロメートルほど離れた山の反対側で発見した成鳥がこの個体であることが識別できた。（写真©アンドレイ・カトコフ）

巣につくシマフクロウの羽衣の色が、周囲の樹皮の黒や茶色、灰色に溶け込んでほとんど区別がつかない。春の山火事の煙のベールが、このメスをさらに覆い隠している。2014年。
（写真©セルゲイ・G・スルマチ）

アムグに積み上げられたカバやモミの丸太。このあと材木やベニヤ板に加工され、船で中国、日本、韓国へ輸送される。2011年。（写真©ジョナサン・C・スラート）

吹雪のなかのアンドレイ・カトコフ。まさにこれから森に分け入り、シマフクロウの営巣木を探しに行こうとしているところ。2009年3月。（写真©ジョナサン・C・スラート）

2008年4月のサイヨン・ペアの巣穴と孵化直後のまだ目が見えないヒナ。下方にサイヨン川の細い流れが見える。二つ目の卵は孵らなかった。（写真©ジョナサン・C・スラート）

ねぐらでくつろぐベッカ・ペアのメス。すぐそばの巣穴では、ヒヨコほどの大きさに育ったヒナが休んでいる。2006年。（写真©セルゲイ・G・スルマチ）

浅瀬で、たった今殺したサクラマスの幼魚をくわえて佇むシマフクロウ。この後魚を丸呑みした。2017年。
（写真©セルゲイ・G・スルマチ）

上：ベッカで巣につくシマフクロウ。近づいてきたセルゲイ・スルマナに驚き、羽毛を立ててセルゲイを威嚇し、立ち去らせようとしている。2006年。
（写真©セルゲイ・G・スルマチ）

下：クジャ川の川谷の木々が絡み合う森で、近接した木に道具を使わずに登り、ケショウヤナギの老齢樹——写真右端のもっとも太い木——にシマフクロウの巣穴を見つけたと報告するシュリック・ポポフ。
（写真©ジョナサン・C・スラート）

2008年に、自身が住む山小屋の軒下にカラフトマスを吊るして乾燥させる隠者、アナトリー。左手に「愛」のタトゥを入れている。アナトリーは、テレメトリ調査のほとんどのシーズン、フィールド調査中の、わたしたちを受け入れ世話をしてくれた。

(写真©ジョナサン・C・スラート)

2010年、魚、豆、トウモロコシの缶詰を肴に、自家製ウィスキーをちびちびやりながら、テレメトリ調査の最終シーズンの終わりを祝うセルゲイ・アヴジェユーク(右)と著者。(写真©ジョナサン・C・スラート)

2004年に撮影したテルネイの渓谷。ここはまさにシマフクロウのゴルディロックス・ゾーン(居住可能地域)だ。狩りができる、一部が凍結していない川。すぐそばには巣作りに最適な落葉性の老齢樹の森があり、ときおり混じる針葉樹はねぐらとなる。(写真©ジョナサン・C・スラート)

極東のシマフクロウ

世界一大きなフクロウを探して

OWLS OF THE EASTERN ICE:
The Quest to Find and Save the World's Largest Owl
by Jonathan C. Slaght

Published by arrangement with Farrar, Straus and Giroux, New York
through Tuttle-Mori Agency, Inc., Tokyo.

カレンへ

周囲では信じがたいことが起きていた。猛烈な風が吹き荒れ、折れた枝が空高く舞い上がった……巨大なマツの老齢樹が、まるで幹の細い若木のように大きく揺れ動いていた。そして、視界がまったくきかず、山も空も地面も見えなかった。あらゆるものが嵐によって覆い隠されていた……わたしたちはテントの中でうずくまり、恐怖で言葉を失った。

——ウラジーミル・アルセーニエフ、一九二一年、*Across the Ussuri Kray*（ウスリー地方探検記）より[*1]

アルセーニエフ（一八七二－一九三〇）は探検家でありナチュラリスト。ロシアの沿海地方の風景や野生生物、そこで暮らす人々についての多数の著書がある。アルセーニエフは、本書に描かれている原生地域に初めて足を踏み入れたロシア人の一人である。

極東のシマフクロウ＊目次

第2部　シホテ・アリン山脈のシマフクロウ

第3部 捕獲

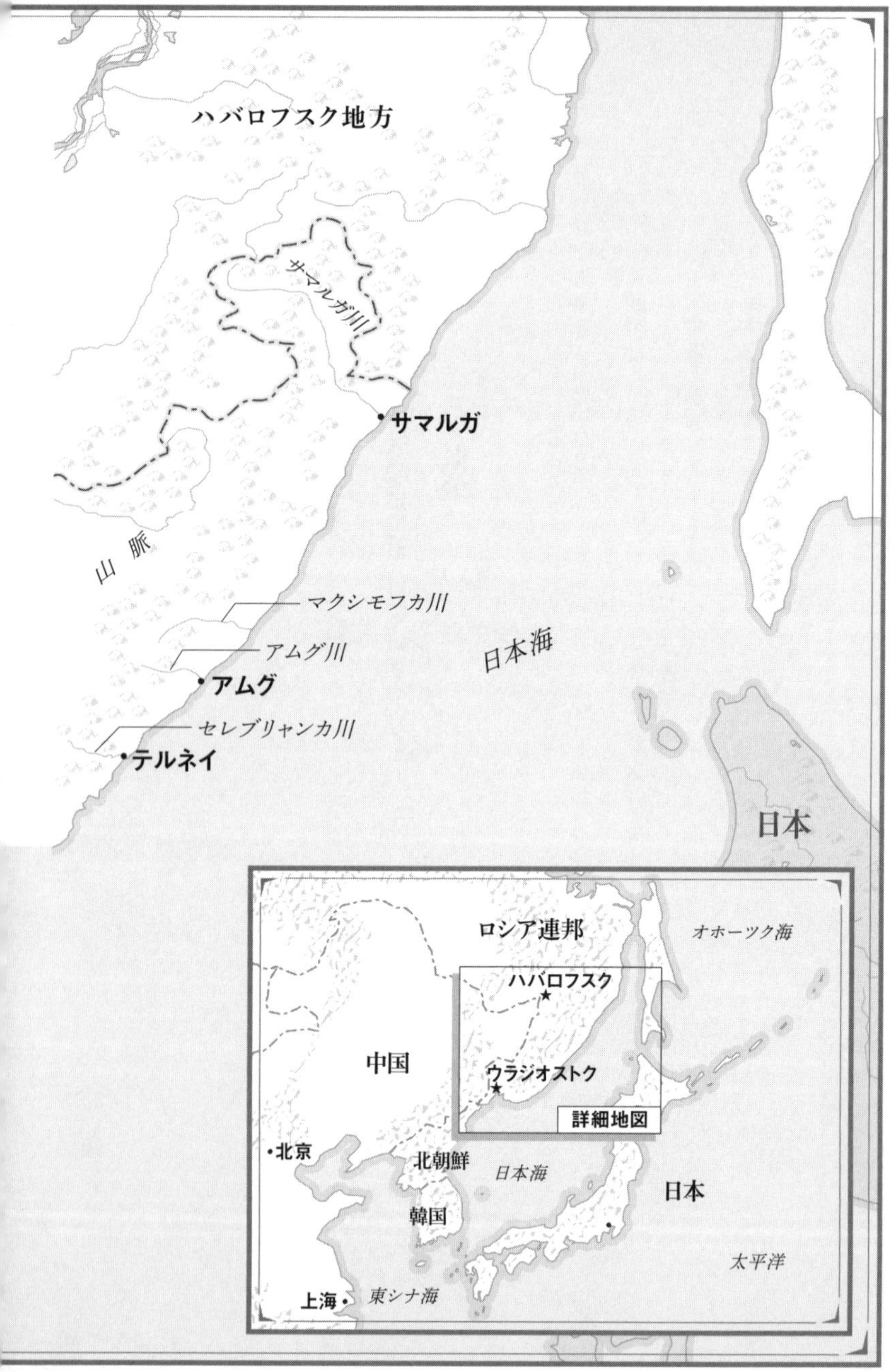
ハバロフスク地方
サマルガ川
サマルガ
山脈
マクシモフカ川
アムグ川
アムグ
セレブリャンカ川
テルネイ
日本海
日本
ロシア連邦
オホーツク海
ハバロフスク
中国
ウラジオストク
詳細地図
北京
北朝鮮
日本海
日本
韓国
太平洋
上海
東シナ海

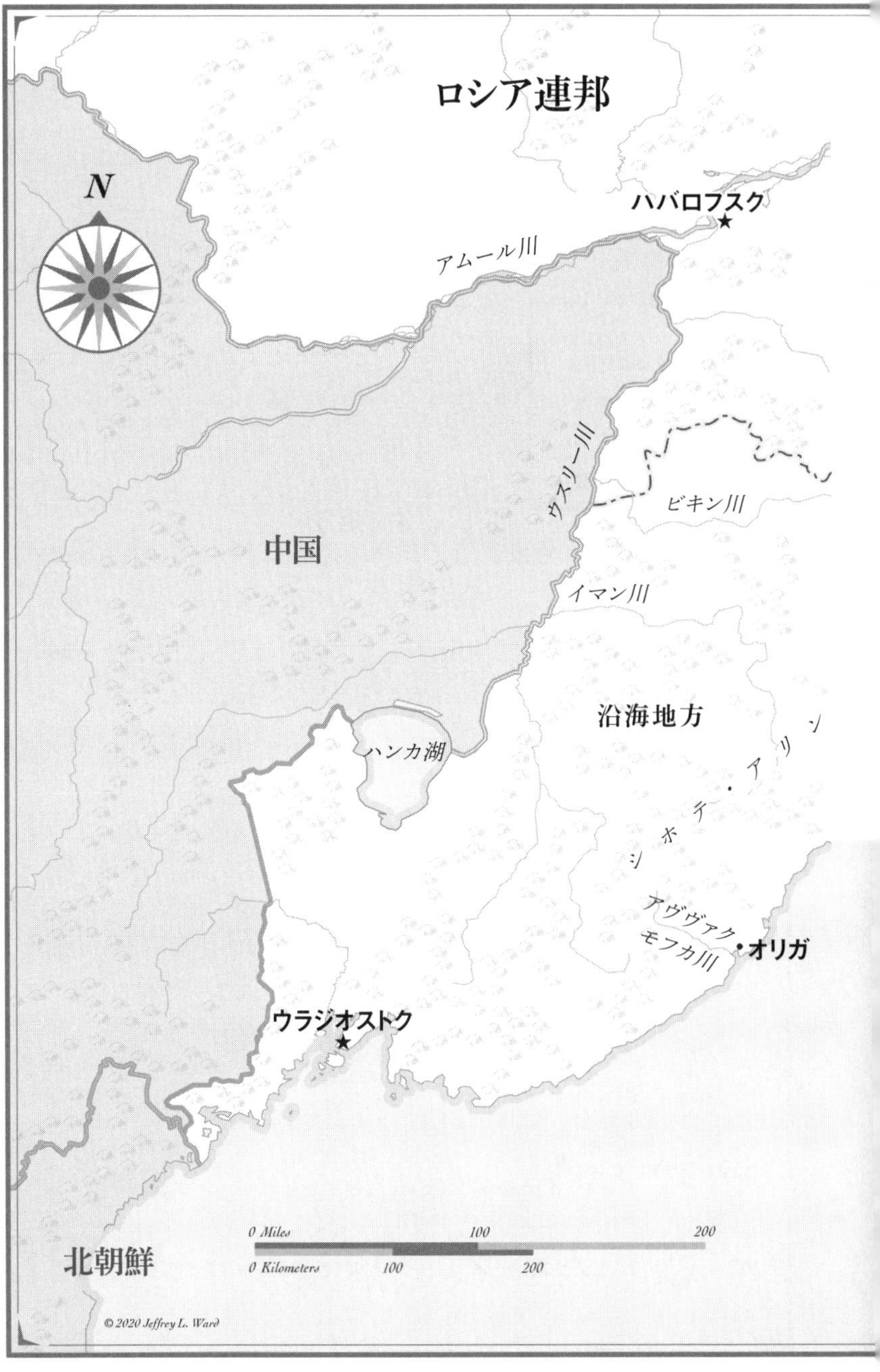
ロシア連邦
N
ハバロフスク
アムール川
ウスリー川
ビキン川
中国
イマン川
沿海地方
ハンカ湖
シホテ・アリン
アヴヴァク
モフカ川
オリガ
ウラジオストク
0 Miles 100 200
0 Kilometers 100 200
北朝鮮
© 2020 Jeffrey L. Ward

N
ロシア連邦
サマルガ川
アグズ
ハバロフスク地方
シマフクロウのなわばり
林業専用道
町村
各地方境界
サマルガ
沿海地方
ビキン川
スヴェトラヤ
シホテ・アリン山脈
マクシモフカ
サイヨン
シャーミ
アムグ
クジャ
ケマ
日本海
ファータ
トゥンシャ
セレブリャンカ
テルネイ
プラストゥン
0 Miles 25 50 75
0 Kilometers 50 75
© 2020 Jeffrey L. Ward

日本語版への序文

かつて日本の原生地域に生息していたシマフクロウは、その後個体数の減少と回復の歴史を歩んできた。

羽毛と鉤爪《かぎづめ》と闘志の巨大な塊であるこの素晴らしい鳥は、以前は北海道のあちこちに生息し、巨木の樹洞に巣を作り、自分や家族のために川のサケを獲って食糧としていた。一九世紀の北海道は深い森に覆われ、わずか六万人ほどの住民のほとんどは先住民であるアイヌのひとたちで、人口密度は一キロ四方あたり一人に満たなかった。アイヌの人々は、シマフクロウは神の鳥であり村を守護する神――コタンクルカムイ――だと考えていた。

しかし二〇世紀になる頃に、大勢の人々が海を渡って北海道に押し寄せてきた。一九〇一年には、労働者として、あるいは農業や漁業に携わるために北海道にやってきた人々は一〇〇万人に達し、その中には西南戦争などの内乱に敗れて流刑囚として送られてきた人々も含まれていた。自分の土地を所有したいという思いで来た人たちもいた。一九三五年には、こうしてやってきた人々の数は三〇〇万人に膨れ上がった。

シマフクロウについての歴史的文献と北海道の土地被覆図《ひふくず》を見ると、今から一〇〇年前の北海道には、おそらく五〇〇つがいかもう少しいたシマフクロウにとって十分な生息地があったことがうかがえる。しかしそれから間もなく、北海道南部や西部にあった森――北海道の西部を流れ手つかずの土地へと追いやられた。

るいくつかの河川の肥沃な氾濫原《はんらんげん》――は水田や畑に姿を変え、シマフクロウは北部や東部にある手つかずの土地へと追いやられた。

日本の鳥類学者で最初にシマフクロウ研究に取り組んだのは永田洋平だった。一九一七年生まれで、北海道東部の町、釧路で少年時代を過ごした彼にとって、シマフクロウは青春の重要な一部分だった。青年期をしばらく満州で過ごした彼は、故郷から一〇〇〇キロメートルも離れたその地に、見覚えのあるシマフクロウがいるのを見て驚いた。このときの感動は深く胸に刻まれ、その後日本に戻って鳥類学者になった彼の心に、シマフクロウへの興味が再び湧き上がってきた。シマフクロウの個体数はさらに減ってしまったようだった。一九五七年に、彼はこの希少化の一途をたどる鳥の生態学的研究に取りかかった。

永田は、北海道の経済的発展が、いかにしてシマフクロウに明らかな負の影響を与えたかを論じ、何よりもまず営巣木《えいそうぼく》となりうる巨木をほとんど伐採してしまったことが問題だと述べた。ポプラやニレの木の一本が、この巨大な鳥が巣作りのために必要とする大きさまで成長するには何百年もかかることを考えると、北海道の自然が再び彼らの生命を維持できるようになるまでには何世紀もかかることだろう、と彼は指摘した。

永田はまた、酪農業や森林伐採が川谷をシマフクロウの生息に不適切な開けた土地へと次々と変えていくことにも警戒感を示した。たとえつがいが巣作りできる場所を見つけられたとしても――のちにあるつがいは、崖の岩棚に巣を作っているのを発見された――食糧の入手が困難という別の問題があった。

さらには、そもそも川谷を肥沃にしてきた要因である自然が引き起こす洪水が、今では農業を脅かす脅威となっていたから、この制御不能な水害を防ぐためにダムが作られた。北海道全域を流れる三〇〇を少し上回る数の河川には、何千ものダムが、コンクリートと鉄でできた苦しい試練となって立ちはだかり、遡上してきたサケの行く手を阻んでいた。そしてシマフクロウは上流で腹を減らして待っていた。

かつてアイヌの人々とシマフクロウは、何千年間も平和的に共存してきた。ところがそれからほんの半世紀の間に、シマフクロウは釧路から根室にかけての海岸沿いの湿地帯や知床連峰などの北海道の東の端に追いやられ、他には内陸の大雪山系にほんの少し生息しているだけだ、と永田は報告書に書いた。北海道はもちろん島で、その先は海である。シマフクロウにもはや行き場はなかった。

この永田の報告書を、一九七〇年代に憂慮しながら読んだのが山本純郎で、彼は京都で過ごした少年時代からシマフクロウの魅力に取り憑かれてきた。現存するシマフクロウの個体数を数えようと思い立ち、イギリス人のマーク・ブラジルと協同して、一九八〇年代のはじめに、北海道に生息するシマフクロウはわずか二〇つがいだと推定されると発表した。

山本はシマフクロウの保全を生涯の目的とし、石油用ドラム缶のような形状の巨大な巣箱を作って樹上に引き上げ、今はもうなくなった樹洞の代わりにした。彼はまた、魚を育てて、シマフクロウの餌となる魚が不足している場所に放流した。山本のこの努力は、シマフクロウの危機を認識した日本政府がシマフクロウを絶滅危惧種に認定し、シマフクロウ保全のための補助金を支給するようになったことで、ようやくその場しのぎの対策以上のものとなった。

北海道中にさらに多くの巣箱が設置された。他にも、特にシマフクロウのために講じられた方策ではなかったが、魚梯（ぎょてい）[魚に堰などを遡らせるために作られた階段状の魚道]の設置やダムの撤去などによって、サケの回遊ルートのいくつかが復旧された。一九九七年に北海道大学の学生だった竹中健が博士論文でシマフクロウ研究を行なった際には、三四から三五つがいを発見し、その数は一九八〇年代の調査時の二倍に近かった。保全のための介入の成果だった。

二〇二二年現在、北海道にはおよそ一〇〇つがいのシマフクロウが生息しており、一九八〇年代当時の五倍の数となった。こうした保全の成功は、巣の様子を見守り、巣箱を修理し、保全管理に必要な情報を得るための科学的調査を行ってきた山本純郎や竹中健のような人々による介入がなければ実現しなかった。

わたしは光栄にも山本純郎さんに何度かお会いしたことがあり、二〇一四年には根室にある彼の自宅にもお邪魔している。また竹中健さんとは、長年にわたり連携して仕事をしていて、彼が作ったシマフクロウの巣箱を見せてもらいにわたしが北海道に行ったり、彼を日本海の西側に位置するロシアの沿海地方に招いて、そこでのシマフクロウ研究に携わるロシア人の同僚たちと共同研究を行なったりしてきた。

過去に日本のシマフクロウに起きたこと、つまりその個体数が絶滅寸前まで減少した事実は、ロシアのシマフクロウの将来に対する警告である。ロシアでは、わたしは、セルゲイ・スルマチとセルゲイ・アヴジェユークとともに少人数のチームを組んで、ロシア科学アカデミーとニューヨークに本部を置く野生生物保全協会の共同研究としてシマフクロウを研究している。

一九九一年のソ連崩壊以前の沿海地方は、今から一〇〇年前の北海道とそっくりで――大部分が人の手の入らない原生地域だった――シマフクロウのニーズと人のニーズが衝突することはほとんどなかった。今では、沿海地方には縦横に交差する林業専用道が森を切り裂くように走り、漁師たちは持続可能ではないペースで川からサケを釣り上げている。いくつかの場所では、河口に張られた捕獲用の網が、北海道のダム同様にサケの回遊を妨げていて、フクロウたちは川の上流で決してやってこないサケを待ち焦がれている。わたしたちの研究の目的は、本書でも述べているとおり、ロシアのシマフクロウを守る最善の方法を見つけるために、彼らについてできるかぎりのことを知ることだった。

本書は、日本とロシアが国境を越えて共有する貴重な自然資源であり、野生の象徴でもあるシマフクロウについての物語である。

これはまた、地理的には思った以上に日本に近い、森林と山々と川に覆われた沿海地方についての物語でもある。じっさい、ここに書かれている出来事の大半は、北海道の稚内から西へわずか三〇〇キロほどに位置するロシアのアムグ村周辺を舞台としている。しかしこれほどの近さにもかかわらず、日本の読者の多くにとって、沿海地方は今もなお世界のはるか彼方にあるほとんど知らない場所である。

本書を読んだ日本のみなさんが沿海地方をより身近に感じ、シマフクロウのような種はこの地球の宝であり、みなでその素晴らしさを称え、大切にし、守るべき存在なのだという思いに共感して下さることを願っている。

ジョナサン・C・スラート

プロローグ

はじめてシマフクロウを見たのは、ロシアの沿海地方。北東アジアの中央部に突き立てられた鉤爪《かぎづめ》のように、南へ湾曲しながら伸びる海岸沿いの土地だ。そこは世界の果てで、そう遠くない場所に、ロシア、中国、北朝鮮が国境を接する有刺鉄線が張り巡らされた山があった。

二〇〇〇年にその森をハイキング中に、[*1]わたしと同行者は思いがけず一羽の巨大な鳥を驚かせて飛び立たせた。ゆっくりと羽ばたきながら舞い上がったその鳥は、不機嫌そうにホーと一声鳴くと、わたしたちの頭上一〇メートルほどの、葉を落としてむき出しになった樹冠《じゅかん》に止まってしばらくじっとしていた。そのぼさぼさの、木くずに似た茶色の羽をもつ塊は、鮮やかな黄色をした両目で不審そうにこちらを凝視していた。

はじめは、自分たちが遭遇したのが何という鳥か判然としなかった。フクロウの一種には違いないが、これまで見たどんなフクロウより大きく、ワシぐらいの大きさだが、ワシより体がふっくらとして恰幅がよく、巨大な耳羽《じう》をもっていた。くすんだ冬の空を背にしたその姿は、本物の鳥にしてはあまりにも大きく滑稽で、まるでだれかがひとつかみの羽を大急ぎで子グマに貼りつけ、呆然としているその獣を、高い木の上にもたせかけたかのようだった。

その生き物はわたしたちのことを脅威だと判断したようで、くるりと向きを変えると、翼開長一八〇センチの羽で絡み合う木の枝を折り取りながら、凄まじい音を立てて飛び去った。鳥が見えなくなると、剝がれ落ちた樹皮の薄片が上から舞い落ちてきた。このとき、わたしが沿海地方に通うようになってから五年が過ぎていた。

子ども時代のほとんどを都会で過ごしてきたわたしは、人工的な世界しか知らなかった。ところが一九歳の夏に、父親の出張のお供でモスクワ発の飛行機に乗ったときに、*2 日の光を浴びて緑色に輝く、うねるように続く山々を目の当たりにした。青々と茂る、濃密な、未開の地。驚くほど高くそびえ立つ尾根に連なる谷間の低地。何キロも、何キロも続くその風景に、わたしは釘づけになった。

そこにはどんな村も、道路も、人の姿もなかった。それが沿海地方だった。わたしはすっかりその虜《とりこ》となった。

このはじめての短い訪問のあと、わたしは大学の学部生のときに六カ月間の調査のために再び沿海地方を訪れ、その後平和部隊［アメリカ政府の派遣するボランティア事業］の一員として三年間をこの地で過ごした。

最初はのんきなバードウォッチャーだった。バードウォッチングは、大学生のときに趣味で始めたことだった。しかしロシア極東を訪れるたびに、わたしはますます沿海地方の自然に魅了されていった。特に興味をもち、注目していたのはこの地の鳥類だった。

平和部隊時代には地元の鳥類学者たちと友だちになり、おかげでロシア語が上達し、自由な時間の大半を、彼らについて回り、鳥のさえずりについて学んだり、さまざまな調査プロジェクトの手伝いをしたりすることに費やした。わたしがはじめてシマフクロウを目撃したのはこのときで、そのとき、自分の趣味が仕事になるかもしれないと気づいたのだ。

シマフクロウのことは、沿海地方を知ったのとほぼ同じ頃から知っていた。わたしにとってシマフクロウは、言葉にできない美しい思考のような存在だった。シマフクロウは、本当はよく知らないのに、ずっと訪れたいと思っている遠いどこかを思うときのような、不思議な憧れをわたしの心に呼び覚ました。わたしはシマフクロウのことをあれこれ考え、彼らが隠れている樹冠の木蔭の涼しさを想像し、川岸の石を覆う苔の匂いを感じた。

わたしたちに驚いてフクロウが飛び立ってからすぐに、ドッグイヤーだらけのフィールドガイド（野外観察図鑑）をくまなく調べてみたが、どの種も当てはまりそうになかった。図鑑に描かれているシマフクロウは陰気なゴミバケツのようで、ついさっき見たばかりの、挑戦的に羽をばたつかせるゴブリンとは似ておらず、そしてどちらも、わたしが心に思い描いていた姿とは違っていた。

しかし、自分が目撃したのがどういう種類のフクロウなのかについて、それほど長く考え続ける必要はなかった。写真を撮っていたからだ。わたしが撮った粒子の粗い写真は、その後ウラジオストク在住の鳥類学者で、その地域で唯一のシマフクロウ研究者であるセルゲイ・スルマチのもとに届いた。

その結果、この鳥は過去一〇〇年間、これほど南で発見されたことが一度もないシマフクロウだとわかり[*3]、わたしの写真は、この孤独を好む希少なシマフクロウが、今もなおこの世に存在していることを示す証拠となった。

序章

二〇〇五年、ミネソタ大学で、沿海地方の鳴禽《めいきん》類への伐木の影響についての修士論文[*1]を書き上げたわたしは、同じ地域で行なうつもりの博士課程の研究テーマについて、あれこれ検討しはじめた。

自然保全の効果全般に関心をもっていたわたしは、研究対象の候補をすぐにナベヅルとシマフクロウの二種類に絞った。この二種は、沿海地方でもっとも研究されていない、カリスマ的な鳥だったからだ。より興味があったのはシマフクロウだが、この種に関する情報が少ないところを見ると、あまりにも数が少なすぎて研究にならない心配があった。

考えあぐねていたときに、たまたま、カラマツの湿原を数日間徒歩で歩き回る機会があった。香り高いラブラドルチャが一面に密生する土地に、ひょろ長い木々が等間隔に並ぶ、見通しのいい湿地だった。最初はそこが気に入っていたが、やがて日差しから逃れる場所がどこにもないことに気づき、ラブラドルチャのむせるような芳香に頭痛がしはじめ、大量の虫に嚙まれて嫌気がさした。そしてそのとき、そこがナベヅルの生息地だと気づいた。

シマフクロウは希少種で、その種に時間とエネルギーをつぎ込むことは危険な賭けかもしれないが、少なくとも、今後五年間をカラマツの湿原をとぼとぼ歩き回らずにすむ。シマフクロウにしよう、と決めた。

過酷な環境でたくましく生きる生物として知られるシマフクロウは、アムールトラ（シベリアトラとも呼ばれる）と並ぶ沿海地方の自然の象徴である。どちらの生物も同じ森に棲み、どちらも絶滅の危機にあるが、アムールトラに比べると、羽のあるサーモン好きのこの生物の生態は、はるかに知られていない。

シマフクロウの巣穴がロシアではじめて発見されたのはようやく一九七一年になってからで、[*2]一九八〇年代には、シマフクロウは、ロシア全土でも三〇〇つがいから四〇〇つがいしかいないと考えられていた。[*3]シマフクロウの将来は大いに危惧されていた。巣作りのための巨木と、食糧を調達するための魚が豊富な川を必要とするらしいということ以外、シマフクロウについて知られていることは大してなかった。

ロシアから海を隔ててほんの数百キロメートル東に位置する日本では、一九世紀末にはおよそ五〇〇つがいいたシマフクロウが、一九八〇年代の初頭には一〇〇羽に満たないほどに減少していた。[*4]窮地に立たされたこの鳥たちは、伐木の影響で巣づくりの場を失い、下流に建設された、サケの遡上を妨げるダムのおかげで食糧危機に陥っていた。一方、沿海地方のシマフクロウは、ソビエトの停滞とお粗末なインフラ、そして人口密度の低さが幸いして、日本のシマフクロウと同様の運命をたどらずに済んできた。

ところが一九九〇年代に出現した自由市場経済が、富と腐敗、さらには沿海地方北部の手つかずの自然資源に目をつけた強欲な人々を生み出した。そしてそこは、シマフクロウにとって地上最後の砦だと考えられていた場所だった。

ロシアのシマフクロウは無防備だった。もともと数が少なく、繁殖ペースが遅い彼らのような種にとって、生存に必要な自然資源の、あらゆる大規模な、または継続的な破壊は、日本で起きたのと同様の個体数の急激な減少と、ロシアでもっとも謎に満ちた象徴的な鳥の一種の絶滅につながりかねない。

シマフクロウなどの絶滅危惧種はロシアの法によって守られている[5]――それらの種を殺したり、生息地を破壊したりすることは違法とされている――しかし彼らが何を必要としているかを具体的に知らなければ、実際に役に立つ保全計画を作ることは不可能だ。シマフクロウについて、そのような方策が取られることはなく、[6]一九九〇年代の末には、沿海地方の、かつては前人未到とされた森が、次々と自然資源採取場へと変わっていった。シマフクロウ保全に本気で取り組む必要性が、ますます高まっていた。

自然保全（conservation）は自然保存（preservation）とは違う。シマフクロウの保存を目指すなら、調査など必要なかった。ロビー活動をして、沿海地方でのあらゆる伐木と漁獲を禁止するよう政府に働きかけるだけでよかった。こうした一般的なやり方は、シマフクロウを脅《おびや》かすすべての脅威を取り除き、シマフクロウの保存につながるだろう。

しかし、この方法は現実的ではないうえに、この地方で暮らす二〇〇万人の人々の暮らしを無視することにもなる。そこで暮らす人々のなかには伐木や漁業で生計を立てている人たちがいるのだ。沿海地方では、シマフクロウと人間のニーズが複雑に絡み合っている。どちらも何百年も前から同じ自然資源に頼ってきたからだ。

ロシア人たちが川に漁網を垂らし、資材や利益を得るために森林を伐採しに訪れるようになる以前から、満州人や原住民たちが同じことをやっていた。ウデヘやナナイ[7]［いずれもツングース系の民族で、ウデへはシホテ・アリン山脈周辺に、ナナイはアムール川流域に暮らす」は、サケの皮を原材料とする美しく刺繡された布を織り、巨大な木の中心をくり抜いて舟をこしらえた。

シマフクロウは、これらの自然資源にずっとほどほどに依存してきた。急激に高まったのは、人間の側の依存度だった。わたしは、この二つの依存の関係をある程度バランスのとれたものに戻して、必要な自然資源を保全したいと考えていて、わたしが求める答えを見つけるための唯一の方法が科学的調査だったのだ。

二〇〇五年の末に、わたしはセルゲイ・スルマチとウラジオストクの彼のオフィスで会う約束を取りつけた。優しいまなざしに健康的に引き締まった小柄な体、そしてぼさぼさの髪をした彼を見て、すぐに彼のことが好きになった。

共同研究に定評がある人だったから、わたしとの共同研究も引き受けてくれるのではないかと期待した。ミネソタ大学の博士研究でシマフクロウを取り上げたいと考えていると伝えると、スルマチはシマフクロウについて知っていることを教えてくれた。考えを出し合ううちに意気投合し、すぐに共同研究の話が決まった。シマフクロウの知られざる生活について、できるだけ多くのことを明らかにし、その情報をもとに、シマフクロウを守るための現実的な保全計画を作り上げようということになった。

わたしたちの主たる研究課題は、一見シンプルだった。シマフクロウの生存に必要な環境の特徴は何か？　すでにおおよその考えはあった[*8]——大きな木と豊富な魚がある場所——しかしより細かい特徴を知るためには数年がかりの調査が必要だった。過去のナチュラリストによる観察記録はどれも裏付けに乏しく、わたしたちの調査は、ほとんどゼロからのスタートだった。

スルマチは経験豊富な野外生物学者だった。沿海地方の僻地での長期の調査旅行に必要な装備を所有していた。特注の薪ストーブ付きの居住スペースを後部に設けた全地形型の巨大な軍用トラックGAZ－66、スノーモービル数台、それにシマフクロウ探しの訓練を受けたフィールド・アシスタントのチームももっていた。

今回初めてとなるわたしたちの共同研究では、スルマチと彼のチームが、ロシア国内でのさまざまな段取りとスタッフの手配を一手に引き受け、わたしは、最新の方法論を彼らに伝えることと、研究費をかき集めて必要な資金の大半を確保する役割を担うことになった。

調査は三段階に分けて行なう。第一段階はトレーニング期間で、二、三週間かけて行なわれ、次に、研究対象とするシマフクロウの個体数を同定する。これにはおよそ二カ月かかると想定された。最終段階はシマフクロウの捕獲とデータ収集で、これには四年を費やす。

わたしは感動で胸がいっぱいだった。[*9] これは、資金不足に悩むストレスまみれの研究者たちが、すでに生態系が破壊されはじめたあちこちの現場で絶滅を防ごうと必死で戦う、あの後づけの保全活動ではなかった。

沿海地方は、今なおその大部分が自然のままだった。まだ商業的関心に乗っ取られていない場所だった。今回取り上げるのは絶滅の危機にある一つの種——シマフクロウ——だけだったが、この地域環境のより良い取り扱い方についてのわたしたちの提案は、生態系のすべてを保護することにつながるだろう。

冬は、シマフクロウ探しに最適な季節だった——彼らは二月にもっともよく歌い、川岸の積雪に足跡を残す——しかしこの時期はスルマチにとって一年でもっとも忙しいときでもあった。スルマチが代表を務めるＮＧＯが、サハリン島での鳥類の個体数の多年度にわたるモニタリング調査を引き受け、彼は冬の数カ月間をこの調査に関する諸々の手配に費やさねばならなかった。

その結果、打ち合わせを重ねてきたにもかかわらず、スルマチと一緒に野外調査の現場に出ることは一度もなかった。彼はいつも、自分の代わりに彼の昔なじみで森に詳しいセルゲイ・アヴジェユークをよこした。セルゲイは一九九〇年代の半ばからスルマチのそばでずっとシマフクロウに関わってきた人物だった。

調査の第一段階は、沿海地方最北端に位置するサマルガ川流域への調査旅行だった。そこでは、シマフクロウの探し方を学ぶことになる。サマルガ川流域は特殊な場所だった[*10]——沿海地方で、川の流域と周辺を結ぶ道路がいまだに一本もないのはここだけだった——が、それでも伐採産業はこの地にジリジリと迫っていた。

二〇〇〇年に、広さ七二八〇平方キロメートルのサマルガ川流域に二つしかない村の一つ、アグズ村の先住民ウデへの議会が、ウデへの土地での森林伐採の解禁を決めた[*11]。解禁すれば道路がつけられ、伐採産業が職を生み出すだろう。しかしアクセスがよくなり、多くの人が集まってくることによって、密猟や山火事、その他がこの土地の環境を悪化させてしまう可能性があった。結果的に被害を被《こうむ》りそうな多くの種のうちの二種が、シマフクロウとトラだった。

二〇〇五年に、この認定が、地元の住人やこの地域で研究活動に従事する研究者たちをざわつかせていることを知った伐採会社が、先例のないいくつかの譲歩を行なった。まず第一に、会社は伐採をする際に科学者の意見を聞くことにした。伐採や搬出用の主要な道路は、沿海地方の多くの道路のように、環境に大きな影響をおよぼしかねない川のそばではなく、川谷をはるかに見下ろす場所につけることとし、ぜひとも保全すべきいくつかの場所は、伐採対象から外すことになった。

スルマチは科学者として道路を取りつける前の環境アセスメントを任されていた。セルゲイが率いるスルマチの野外調査チームは、サマルガ川沿いにあるシマフクロウのなわばりを特定する仕事を請け負っていて、チームが特定した場所は、森林伐採を完全に免れることになる。

この調査旅行に参加することにより、わたしはサマルガ川流域のシマフクロウを守る手伝いができ、しかもシマフクロウ探しの方法を学ぶ貴重な体験をすることもできる。身につけたスキルは、このプロジェクトの第二段階、研究対象とするシマフクロウの個体数の同定に活かすことができる。

スルマチとセルゲイは、沿海地方のもう少し楽に行ける森で、調査できそうな場所をすでにいくつか見つけており、彼らはそこでシマフクロウが鳴き交わす声を聞き、数本の営巣木《えいそうぼく》の位置も把握していた。つまり予備調査を行なうべき場所はすでにわかっていて、セルゲイとわたしは、沿海地方の海沿いに広がる二万平方キロメートルに及ぶエリア内にある、それらのすでにわかっている場所やそうでない場所を数カ月かけて回ることになる。

シマフクロウが何羽か見つかったら、翌年に再度この地方に戻ってきて、このプロジェクトの三段階めで最後の、最も長期にわたる調査期間が始まる。捕獲である。

できるだけ多くのシマフクロウに、バックパック型の小さな発信機を装着することによって、四年間にわたって彼らの行動を観察し、移動の記録を取ることができる。それらのデータは、シマフクロウの生存にもっとも重要なのがどの場所であるかを明確に示しているはずで、そのデータを用いて彼らを守るための保全計画を練り上げることができるのだ。
しごく簡単ではないか？

第1部 氷の洗礼

第1章　地獄という名の村

ヘリコプターの出発が遅れていた。二〇〇六年三月、わたしは、はじめてシマフクロウを見た場所から北に三〇〇キロ離れた海沿いの村、テルネイにいた。ヘリコプターを欠航させた吹雪を恨み、サマルガ川流域のアグズという村に早く行かなくてはと焦っていた。

人口およそ三〇〇〇人のテルネイは、沿海地方のそこそこ大きい集落のなかでは最北端に位置していた。アグズなど、もっと北にある村の人口はせいぜい何百人で、何十人という村さえあった。

薪ストーブで暖を取る質素な家が並ぶこの素朴な村で、わたしはすでに一週間以上足止めされていた。飛行場の、一つしかない待合室の外には、ソビエト時代のヘリコプター、ミルＭＩ－８が微動だにせず停まっていて、その青と銀色に彩られた艇体《ていたい》は、吹雪が勢いを増すにつれて霜で覆われ、光沢を失っていった。

テルネイで待たされるのには慣れていた。このヘリコプターに乗るのははじめてだったが、さらに南のウラジオストクとテルネイを一五時間で結ぶ週に二回出るバスも、必ずしも時間通りに到着するとは限らず、路面の状況に合わせた適切な修理も行なわれていないことが多かった。

このとき、わたしはすでに一〇年以上沿海地方に通って（ときには住んで）いた。この地では、待たされるのは日常茶飯事だった。

一週間後、ヘリコプターはようやく飛行を許可された。

空港へ向かうわたしに、テルネイを拠点にアムールトラの調査をしているデイル・ミケルが、五〇〇ドルの現金が入った封筒を差し出した。「貸してやるよ」と彼は言い、向こうでトラブルに巻き込まれたときに金が必要になるかもしれないから、とつけ足した。彼はアグズに行ったことがあったが、わたしはなかった。わたしが何に首を突っ込もうとしているのか、彼はわかっていたのだ。

村はずれにある小さな飛行場までは、老齢樹の多い河畔林《かはんりん》を抜けていく近道を行く車に便乗させてもらった。そのあたりでは、セレブリャンカ川が流れる谷は幅一・五キロほどあって、両脇をシホテ・アリン山脈の低い山々に囲まれており、川はほんの数キロ先で日本海に流れ出していた。

わたしはカウンターでチケットを受け取ると、待合室の外で、フェルト製の厚手のコートを身にまとい、スーツケースを抱えて搭乗を待ちかねている高齢の女性たちや幼い子どもたち、そして地元の猟師や、町から来た猟師たちの集団に加わった。吹雪がここまで長引くのは珍しく、そこにいる人の多くは、吹雪で足止めを食い、旅行を中断させられた人たちだった。

待っていたのは二〇名ほどで、ヘリコプターは、積み荷がなければ二四名まで乗せることが可能だった。青いユニフォーム姿の男が、ヘリコプターの脇に次々と生活用品の箱を積み上げ、同じユニフォームを着たもう一人の男が、その箱を機内に積み込むのを、みなが不安げに眺めていた。

そこで搭乗を待っていただれもが、じっさいに乗り込める人数を超える枚数のチケットが販売されたのではないか――機内に運び込まれる日用品や木箱が、貴重なスペースを占領していた――と疑いはじめており、同時に、だれもがみな、何としてもあの小さな金属製のドアに身体をねじ込もうと心に決めていた。このヘリコプターを逃せば、すでにアグズで八日間もわたしを待っているスルマチのチームは、わたし抜きで調査旅行に出てしまうだろう。

わたしは、恰幅のいい年かさの女性の後ろに並んだ。バスで座席に座りたければそういうタイプの女性について行けばいい、と経験から学んでいた。これは救急車の後ろを走って渋滞を抜けるのとさほど変わらないテクニックで、この法則はヘリコプターでも使えるに違いない、とわたしは考えた。

どうぞ、というほとんど聞き取れない声の合図で、わたしたちは壁のように前方に押し寄せた。我先に前に進み、ヘリコプターのはしごを上ると、じゃがいもやウォッカ、その他のロシアの村の暮らしに欠かせないものが入った木箱のすき間を縫うようにして進んだ。

わたしが選んだ「救急車」は的確に移動し、あとをついていくと、ヘリコプター後部の、機窓から外の景色が見えて、足元にも少しばかり余裕がある場所にたどり着けた。その後、乗客の数がおそらくは安全とは言えないところまで膨れ上がると、窓からの眺めは何とか確保できたものの、足もとのスペースは小麦粉と思われる巨大な袋に奪われてしまい、わたしはその上に足を投げ出した。

限られた空間が、乗務員がこれでよしと思うところまで一杯になると、回転翼が回りはじめた。最初は弱々しげに回転していたのが、徐々に力強さを増し、ついには全員が注目するほど激しくなった。Ｍｉ－８はよろよろと飛び立ち、やかましい音をたてながらテルネイ上空を低い高度で進んだが、その後機体を左に傾けると陸から数百メートル離れた日本海上に出て、ユーラシア大陸北部の東端に影を落としながら進んでいった。

ヘリコプターから見下ろすと、シホテ・アリン山脈と日本海の間に窮屈そうに押し込まれた小石だらけの細長い浜が見えた。シホテ・アリン山脈は、ここでいきなり途切れ、痩せたミズナラが立ち並ぶ斜面が突如として切り立った崖になる。ところによっては地上三〇階の高さにもなるこの崖は一様に灰色で、しかしところどころに茶色い土や蔓性《つるせい》の植物が生えている部分があり、また深い割れ目の中に猛禽やカラスの巣があることを示す白いシミが見える。

崖の上の葉を落としたミズナラは、見た目以上に衰えていた。過酷な環境——寒さ、暴風、そして沿岸性の霧にほぼずっと包まれた成長期——が木を節くれだたせ、成長を妨げ、痩せさせていた。崖下では、冬の海の高波が砕け散り、蒸気霧が届く範囲にあるすべての岩に深く冷ややかな光沢を与えていた。

Ｍｉ－８は、テルネイを出てから三時間ほどで、着陸の際の強風に吹き飛ばされた雪が渦を巻いて舞う中を、日の光を浴びて輝きながら飛行場に降り立った。小屋のような建物と空き地しかないアグズ飛行場のあちこちに、スノーモービルが待機しているのが見えた。乗客たちが機内から降りて行くかたわらで、乗員らは積荷を降ろし、帰りのフライトに備えて機内のスペースを開けるのに忙しくしていた。

一四歳ぐらいのウデヘの少年が硬い表情で近づいてきた。黒い頭髪が、ウサギの毛皮の帽子の下から少しだけのぞいている。わたしは明らかに風変わりで場違いな存在だった。鬚《ひげ》をはやした二八歳の男、どう見ても地元の人間ではなかった——同年代のロシア人は、ほぼ例外なくツルツルに鬚をそっていた。それが当時のはやりだったからで、さらにボリュームのある真っ赤なジャケットは、黒やグレーなど、抑えた色味の上着を来ているロシアの男たちのなかでやけに目立っていた。少年は、アグズに何をしに来たのか、とわたしに尋ねた。

「シマフクロウについて、何か知らないかな?」とわたしはロシア語で問い返した。わたしはその後、この調査旅行中は、またシマフクロウの研究の場ではほぼ日常的に、ロシア語を使うことになる。

「シマフクロウ。それは鳥?」と少年。

「ぼくはシマフクロウを探しに来たんだ」

「鳥を探しに」と少年は、少しばかりの驚きを込めて、淡々と繰り返した。この男の言葉を聞き違えたのだろうか、と考えているようだった。

少年が、アグズに知り合いはいるか、と聞いた。いない、と答えると、彼は驚いたように眉を上げ、だれか迎えに来るのか、とさらに聞いてきた。来てくれているはずだ、とわたしは答えた。上がっていた眉が下がってしかめっ面になったと思うと、少年は新聞の切れ端に自分の名前を走り書きして、わたしの目をじっと見つめながら差し出した。

「アグズは気軽に来られる場所じゃない」と少年は言い、「泊まる所が必要になったり、助けが必要になったりしたら、ぼくを探して」。

海に面した崖に立ち並ぶあのミズナラのように、この少年もまたこの厳しい環境の産物で、しかし彼の若さが、その豊かな経験を隠していた。アグズのことはそれほどよく知らなかったが、危険をはらむ場所であることはわかっていた。前の冬にこの地に滞在していたある気象学者は、ロシア人で（それでもよそ者であることに変わりはないが）、テルネイのわたしの知人の息子だったが、暴行され、意識を失ったまま雪の上に放置され、凍死してしまった。しかし彼を殺した犯人が公になることはなかった。

アグズのような、人々の結びつきが強い小さな集落では、おそらくみなが犯人を知っていたが、捜査検分にやってきた警察官には、だれも何も話さなかった。罰は、それがどんなものであれ、内々に下されることになるのだ。

まもなく、野外調査チームのリーダーである、セルゲイ・アヴジェユークが人混みをかき分けてやって来るのが見えた。彼は、スノーモービルで迎えにきてくれていた。二人とも派手な色の厚ぼったいダウンジャケットを着ていたから、すぐにお互いに気づくことができたが、セルゲイを外国人に見間違う人はいないだろうと思われた。

短く刈り込んだ髪、絶え間なくタバコを嚙んでいる上の前歯が金色に輝いていること、そして本来の居場所にいる人の自信に満ちた態度を見れば。身長はわたしと同じくらい――一八三センチほど――で日に焼けた角張った顔は無精髭で覆われ、目がくらむような雪の照り返しから目を守るためにサングラスをかけていた。

サマルガ川流域への調査旅行は、わたしがスルマチと計画したプロジェクトの第一段階だったが、ここでのプロジェクトリーダーは当然セルゲイだった。彼はシマフクロウにも、森に深く分け入る調査旅行にも精通していて、この調査期間中、彼の判断には敬意を表して従うつもりだった。

セルゲイと他の二人のチームメンバーは、数週間前に三五〇キロメートル南のプラストゥンという港町で木材運搬船に便乗させてもらって、サマルガ川流域まで来ていた。彼らは、スノーモービル二台と手製のギアつきのソリ数台、それに予備のガソリン数バレルも運んできた。船を降りると、一〇〇キロメートル以上離れた川の上流まで、途中のあちこちに食糧や燃料を貯蔵しながら大急ぎで移動し、取って返してまっすぐ海岸沿いまで戻ってきた。わたしと落ち合うためにそのまま一日か二日アグズに留まるつもりだったのが、わたし同様、吹雪が止むのをずっと待たされていた。

沿海地方最北端の集落であるアグズ村は、これ以上ないほど孤立した土地でもあった。サマルガ川の支流の一つに面した、およそ一五〇人の住民のほとんどがウデヘであるこの村は、今、過去に逆戻りしていた。

ソビエト時代には、村は猟鳥獣肉の売買の中心地で、地元の人々は国家に雇われたハンターとして生計を立てていた。ヘリコプターが次々と飛来して毛皮や肉を集めてまわり、引き換えに金がもたらされた。しかし一九九一年にソ連が崩壊すると、組織化されていた猟鳥獣肉産業がそのあとを追うのに、そう時間はかからなかった。ヘリコプターが来なくなり、ソ連解体に続く急激なインフレは、ハンターたちが手にしていた多額のルーブルを価値のないものにした。

人々は、村を離れたいと思っても離れられなかった。単にそのための資金がなかったからだ。他に選択肢をもたない彼らは、その日暮らしの狩猟生活に戻った。ある意味、アグズの商取引は物々交換に戻った。新鮮な肉を村の食料品店に持っていけば、テルネイから空輸された品物と交換してもらえるのだ。

サマルガ川流域で暮らすウデヘは、比較的最近まで、川沿いのあちこちに散らばって移動生活をしていたが、一九三〇年代のソ連の農業集団化政策によって宿営地は解体され、四つの村に分かれて住まわせられることになり、その多くがアグズ村に住み着いた。集団化政策に無理やり従わせられた人々の困惑や苦悩[*1]は村の名称によく表れている。アグズはおそらく、ウデへの言語で「地獄」を意味するOgza《アグザ》から派生したものなのだ。

セルゲイが運転するスノーモービルは、町中を通る雪が踏み固められた道路をそれて脇道に入り、今はだれも住んでいない小屋の前で止まった。小屋の持ち主は長期間の狩猟旅行に出ており、留守の間使っていいと言ってくれたのだ。アグズの村の多くの住居同様、この小屋も昔ながらのロシア風の建物だった——木造平屋建てで切妻造りの屋根があり、美しい彫刻を施された大きな窓枠には二重ガラスがはまっていた。

小屋の前で荷物を降ろしていた二人の男性が、手を止めて挨拶してくれた。防寒用胸当てつきズボンにスノーブーツという現代的な装いを見れば、彼らがわたしたちのチームの残りのメンバーであることは明らかだった。セルゲイが、二本目のタバコに火をつけてから、彼らを紹介してくれた。

一人目はトリャ・ルイジョフ。ずんぐりとして浅黒く、濃い口髭と優しい眼差しが目を引く丸顔の男だ。トリャは写真とビデオの撮影を任されていた。ロシアで撮影されたシマフクロウの映像はないに等しく、スルマチは、シマフクロウを見つけたら証拠にビデオ撮影してきてほしいと頼んでいた。

二人目の男性はシュリック・ポポフという名だった。背が低くがっしりした体型で、茶色の髪をセルゲイのように短く刈り込み、どうやら立派な顎鬚を生やすのが難しい質《たち》らしく、野外で何週間も過ごして日に焼けた面長な顔には、あちこちまばらに髭が生えていた。

シュリックは、わたしたちのチームの何でも屋だった。必要とあれば、シマフクロウの巣穴がありそうな朽ちかけた木に登攀具《とうはんぐ》を使わずに登ることであれ、夕食用の大量の魚の内臓をとってきれいにすることであれ、文句一つ言わずにさっさと片付けた。

門の開閉を妨げていた雪を除《の》けると、わたしたちは敷地内に足を踏み入れ、さらに家の中に入った。暗くて狭い玄関ホールを通り抜けて一つ目のドアを開けると、そこはキッチンだった。わたしは、薪とタバコの煙の、むせるような臭いがする冷たい空気を吸い込んだ。この住居の所有者が森へ狩猟に出かけて以来、この建物は締め切られ、中で薪ストーブが焚かれることもなかったが、部屋に染みついた臭いについて、冷気にできることは限られていたのだ。崩れかけた壁から落ちた漆喰《しっくい》のかけらが床に落ちて、押しつぶされたタバコの吸い殻や使いさしのティーバッグに混じって薪ストーブの周囲に散乱していた。

わたしはキッチンを通り抜け、キッチン脇にある二つの部屋の片方に入り、次にもう一つの部屋に入った。二つの部屋は、ドアフレームに斜めにかけられた模様入りの薄汚れたシーツで仕切られていた。奥側の部屋は、床に落ちている漆喰の量がずっと多く、歩くと足の下でザクザクと音を立てたし、窓の下の壁には、少量の凍った肉と毛皮らしきものが立てかけられていた。

セルゲイが納屋から薪の束を取ってくると、あらかじめ新聞紙を燃やして空気の流れを起こしてから薪をくべた。建物内部の空気が冷たく、外気がそれより暖かいと、空気の通り道が塞がれてしまう。焦ってストーブを焚いてしまうと、空気がうまく流れず、部屋の中に煙が充満してしまうのだ。

この小屋の薪ストーブは、ロシア極東のほとんどの家のストーブ同様、レンガ造りで上部には厚い鉄のプレートが取りつけられていて、スキレット［鍋から柄まで鋳物で作られたフライパン］を置いて料理をしたり、深鍋でお湯をわかしたりできるようになっていた。

キッチンの隅にあるこの薪ストーブは壁に組み込まれていて、暖かい煙は、壁の内部をくねるように張り巡らされた回路を伝って煙突から排出される仕組みになっている。ルースカヤ・ペチカ（文字通り「ロシアのストーブ」の意味）と呼ばれるこの方法によって、ストーブの火が消えたあとも、レンガの壁は暖かさを保つことができ、キッチンだけでなく、遠く離れた部屋も温めることができる。

しかし、謎に包まれたこの家の主の不精さは、ストーブにも影響を与えていた。セルゲイが注意深く点火したにもかかわらず、レンガの壁の、数え切れないほど多くの裂け目から煙が漏れ出してきて、室内の空気は薄い灰色に染まってしまった。

すべての荷物を室内と玄関ホールに運び入れると、セルゲイとわたしはサマルガ川の地図を広げて今後の計画について話し合った。セルゲイは、サマルガ川上流の五〇キロメートルとそのいくつかの支流のうち、彼とわたし以外の彼のチームがすでにシマフクロウを探した場所を教えてくれた。彼らはすでに、なわばりをもつシマフクロウを一〇つがいほど見つけていて、[*2]この種にしては非常に個体群密度が高いと説明した。

まだ、サマルガ村までの残り六五キロメートルと、沿岸部、そしてここアグズ村の森のいくつかも探索しなければならない。やるべき仕事は非常に多く、費やせる時間はあまり多くなかった。すでに三月の後半で、天候のせいで何日も無駄にしたこともあって、時間は限られていた。

凍結した川が――アグズを出たあとの唯一可能な移動ルートだ――溶けはじめていた。氷が溶ければスノーモービルでの移動は危険になり、春の訪れがあまりにも早かった場合には、アグズ村とサマルガ村を結ぶ川の上で立ち往生してしまう懸念があった。セルゲイは、少なくとも今後一週間は、春の解氷に十分気をつけながらアグズを拠点として調査を続けよう、と言った。毎日、川下に向かって少しずつ、おそらくは一〇キロから一五キロくらいずつ、川下に向かって進んでいき、夜はスノーモービルでアグズ村に戻って眠るのがいいだろう、と考えていた。

辺境のこの地では、夜を過ごせる暖かい場所が保障されているのに、それをみすみす放棄する気にはなれなかった。アグズに戻らなければ、テントで眠ることになるのだ。一週間ほど探索したところで、荷物をまとめてヴォズネセノフカに移動する。そこはアグズから四〇キロほど下流、沿岸部からは二五キロほど上流にある狩猟用の宿営地だった。

初日の夜の、肉の缶詰とパスタの夕食は、突然訪ねてきた数人の村人たちによって中断された。彼らは、エタノール九五パーセントの四リットルボトルと、バケツ一杯のムース［ヘラジカ］の生肉、そして黄タマネギ数個をキッチンのテーブルの上に無造作に置いた。それらは、この夜のお楽しみのための彼らからの貢物だった――彼らはそれらの品と引き換えに、わくわくする話を聞きたがっていた。

一九九〇年代まで、外の世界の大部分に対して門戸を閉じていた沿海地方に滞在する外国人であるわたしは、珍しがられることには慣れていた。人々は、テレビで見るサンタ・バーバラ［一九八四年から一九九三年まで放送された米国のテレビドラマ］での本当の暮らしについてわたしが知っていることを聞きたがり、わたしがシカゴ・ブルズのファンかどうか知りたがり――この二つは、一九九〇年代にロシアで広く知られていたアメリカ文化の象徴だった——わたしが世界の果てのようなこの土地のことを褒めると喜んだ。

ところがアグズでは、あらゆる旅行者がちょっとした有名人として扱われた。わたしがアメリカ合衆国出身で、セルゲイはダリネゴルスクの生まれだということは、彼らにはどうでもいいことだった。彼らにとっては、どちらも同じくらい異国情緒漂う場所で、どちらも彼らを楽しませることができ、そしてどちらもはじめて一緒に飲む相手だった。

時は流れ、村人たちが出たり入ったりし、ムースの薄切り肉が調理されて人々の腹に収まり、エタノールは一定のペースで消費されていった。部屋には、タバコとザルのように隙間だらけの薪ストーブから漏れ出す煙が充満していた。わたしは彼らと一緒にエタノールを何杯か飲み、ムースの肉と黄タマネギを食べながら、男たちが狩りの話や、クマやトラ、そして川とのあわやの対決について、自慢し合うのを聞いていた。

だれかに、アメリカでシマフクロウの研究をしていればよかったのになぜ？——はるばるサマルガまで来るのは大変だろうに——と尋ねられ、北米にはシマフクロウはいないとわたしが答えると驚いていた。ハンターである彼らはこの土地の自然を心から楽しんでいたが、自分たちの森がこの世に二つとない素晴らしい場所であることは、わかっていないのかもしれなかった。

やがて、わたしはみなに会釈しておやすみを告げると奥の部屋に引っ込み、煙と夜更けまで続く騒がしい笑い声を遮るために、ドアフレームにかけられたシーツを引っ張った。部屋ではヘッドランプの明かりで、ロシアの科学雑誌から探しだしたシマフクロウに関する文献のコピーを拾い読みした。明日の試験を前にした一夜漬けだ。

参考になる文献はそう多くはなかった。一九四〇年代に、はじめてシマフクロウを研究した欧州の研究者の一人がエフゲニ・スパンゲンベルグという鳥類学者で、彼の論文にはシマフクロウを発見できそうな場所の基本的な特徴が記されていた。[*3] それは、入り組んだ水路をもち、サケが泳ぎ回る冷たく澄んだ水が流れる川だった。

その後の一九七〇年代には、ユーリー・プキンスキーという名の別の鳥類学者が、沿海地方北西部のビキン川でのシマフクロウ調査についてのいくつかの論文を書いている。[*4] 彼が収集したのは、シマフクロウの営巣地に適した環境とシマフクロウの歌声に関する情報だった。最後はセルゲイ・スルマチによるいくつかの論文で、主として沿海地方におけるシマフクロウの分布に注目した内容だった。[*5]

読み終えるとわたしは服を脱ぎ、長袖長ズボンの下着姿になると、耳栓を耳にねじ込み寝袋に潜り込んだ。翌日への期待で心が落ち着かなかった。

第2章　最初の調査

その夜も、アグズ村近辺のどこかでシマフクロウがサケを狙っていた。シマフクロウにとって音はさほど重要ではない。彼らの主な獲物は水中にいるため、陸上の物音には関心がないのだ。フクロウの種の多く[*1]は、森の地面を覆う堆積物の中を狙われているとは知らずに移動するネズミを、音をたよりに捕らえることができるが——メンフクロウは、真っ暗闇でもそれができる——シマフクロウが狙うのは水面下で動く獲物だ。

そしてこの狩猟法の違い[*2]は、彼らの身体的特徴に表れている。フクロウの多くははっきりとわかる顔盤《がんばん》——フクロウの顔にある、羽が形づくる丸い模様で、ほんの微かな音も耳に伝える働きをする——をもっているが、シマフクロウには、この顔盤がほとんど認められない。進化論的に言えば、彼らは顔盤がもたらす利益を必要としなかったから、長い年月のうちにその特徴を失ってしまったのだ。

このシマフクロウの主な餌動物であるサケ科の魚が生息する川は、何カ月間も凍ったままになる。気温が摂氏マイナス三〇度以下まで下がる冬を生き延びるために、シマフクロウは体にたっぷりと脂肪を溜め込む。そのせいで、かつてシマフクロウはウデへの貴重な食糧源だった。[*3]ウデへはシマフクロウを食べ終えると、その巨大な羽や尾を広げて乾燥させ、うちわにして、シカやイノシシ狩りの際に、大群となって嚙みつきにくる虫を追い払うために使っていた。

アグズ村の夜明けの薄明かりが、シカ肉と漆喰のかけらの傍らで眠っていたことをわたしに思い出させた。しかしあの淀んだ空気の臭いはもはや感じられず、それは、わたしがその臭いに慣れてしまい、おそらくその臭いが自分の衣類や顎鬚に染みついてしまったことを意味していた。

隣の部屋の机の上には、大量のムースの骨やコップ、それに空になったケチャップの瓶が散乱していた。ソーセージとパン、紅茶の朝食を、二日酔いのかすんだ目で、ほとんど無言で食べ終わると、セルゲイが昼食代わりのひとつかみの飴玉をよこして、上着と腿《もも》までの長靴、それに双眼鏡を用意しろと言った。これからシマフクロウを探しに行くのだ。

アグズ村の狭い道路を、スノーモービルを二台連ねて轟音を立てながら進んでいくと、村人たちや野犬の群れが道端の深い雪の上に退いて道を開け、わたしたちが通り過ぎるのを見守った。

沿海地方の多くの地域では、犬は衛兵所に鎖で繋がれ、虐げられて獰猛《どうもう》になっていたが、アグズの犬はそうではなかった。粘り強い猟をすることで知られる猟犬、イースト・シベリアン・ライカの群れが、堂々と、自由に村を歩き回っていた。

近年、この犬たちは村に生息するシカやイノシシの個体数を減少させてきた——一冬分の深い雪を閉じ込めて凍りついた冬の終わりの雨氷を、シカの蹄《ひづめ》は紙を踏み破るように刺し貫いてしまうが、イヌ科の動物がもつ柔らかい肉球はその上を安全に進むことができた。不運にも、イースト・シベリアン・ライカに狙われた有蹄動物はみな、まるで流砂に足を取られたかのように身動きできなくなり、すばしっこい捕食者によってすみやかに腸を抜かれてしまうのだ。わたしたちが出会った犬の毛にも、そうした殺戮の記章代わりの血が固まってこびりついていた。

わたしたちは、川の手前で二つのチームに別れた。もう片方のチームは熟練者同士なので、打ち合わせはほとんどなかった。セルゲイがトリャに、調査のやり方をわたしに教えるよう指示した。セルゲイとシュリックはスノーモービルでサマルガ川がある南に向かい、わたしとトリャは、引き返してヘリポートを越えて進み、サマルガ川から分岐して北東に向かって流れる支流に到着した。

「これはアクザ川だ」トリャが日差しに目を細め、葉を落とした落葉性の木々の合間に、新雪の重みにしなるマツの木がときおり交じる峡谷の斜面を見上げながら言った。ゴボゴボと流れる川の音と、わたしたちの侵入に驚いたカワガラスの警戒を呼びかける鳴き声が聞こえた。

「ここでよく狩りをしていたある男は、若いときにシマフクロウにやられて睾丸を失くし、それ以来シマフクロウを見つけ次第殺すようになったんだ。わざわざ罠を仕掛けて捕らえたり、毒殺したり、銃殺したりもした。それはともかく、ここでこれから俺たちがやるのは、上流に向かって進みながらシマフクロウが残した形跡を見つけることだ。足跡や羽なんかをね」

「あの……今、シマフクロウのせいで睾丸を失くしたって？」

トリャは頷いた。「聞いた話だが、その男はある晩森へ糞をしに行った——ということは春だったんだな——そしてどうやら、巣から離れたばかりの、うまく飛べないシマフクロウの子どもの真上にしゃがんじまった。シマフクロウは、攻撃されると仰向けに倒れて鉤爪で応戦するんだ。そのシマフクロウは、もっとも手近な場所にあった肉の塊につかみかかって強く握りしめた。一番低い場所になっていた果実を、と言ってもいい」

トリャはさらに、シマフクロウ探しには忍耐力と、注意深い目配りが必要だと言った。シマフクロウは、かなり距離が離れていても気配に気づいて飛び去ることが多いので、近くにいたとしても姿を見るのは難しいと考えておいたほうがいい――シマフクロウが残しているかもしれない形跡を探すほうが得策だ、と。

主な三つのものを探しながら谷を上流に向かってゆっくり歩いていく、というのがわたしたちの基本的な計画だった。まず、川が結氷せず開けている部分を見つける。シマフクロウのなわばり内で、冬に川の水が凍らずに流れている箇所は限られていて、だからもしもシマフクロウがそこにいるのなら、たぶんそうした場所を訪れているはずだった。川岸に積もった雪を丹念に調べる必要がある。魚を狙って近づいたときの足跡や、彼らが舞い降りたときや飛び立つときについた、初列風切羽の跡が残っているかもしれないからだ。

二つめに探すべきものは羽だ。シマフクロウの羽はしょっちゅう抜け落ちる。羽の抜け替わりが特に著しいのは春の換羽《かんう》期で、最長二〇センチの、綿羽に似たふわふわの半綿羽が抜けて風に吹き流され、無数の触手のように伸びた羽枝《うし》が、彼らの狩り場である凍っていない川や、営巣木のそばの枝にからみつく――そよ風に優しく揺れながら、シマフクロウがそこに居ることをこっそり知らせる小さな旗印のように。

シマフクロウの存在を示す三つ目の印は、大きなうろをもつ巨木である。シマフクロウはとても大きいから、巣作りのために本物の森の巨人を必要とする――多いのは、ドロノキやオヒョウの老齢樹だ。ふつう、調査中の谷にゴリアテのような巨木はそう多くはないから、そんな巨木が見つかったら、いつでもすぐに近づいて調べてみるべきだ。巨木があって近くに半綿羽が絡みついていたら、営巣木を見つけたも同然だ。

最初の数時間はトリャと一緒に川沿いの低地を歩き回り、トリャが調べてみたほうがいいと言った木や、精査する価値がありそうだと言う、川の凍っていない部分を観察した。トリャはゆっくりと移動した。決断が早く、それを信じて速やかに行動するセルゲイが、一見怠惰にも見えるトリャのこのやり方を批判したことがあるのを知っていた。しかしじっくり構えるトリャはわたしにとってよい教師であり、楽しい同行者だった。トリャがときどきスルマチの下で、沿海地方の鳥類の自然史を記録する仕事をしていることもこのとき知った。

昼過ぎにお茶休憩をとった。トリャが火をおこし、川の水を汲んで湯を沸かし、わたしたちは、頭上の木の茂みの中で詮索好きなゴジュウカラがフィーフィーフィーと鳴く声を聞きながら飴玉をかじり、お茶を飲んだ。

午後は午前中に学んだことと勘を頼りに前を歩いてみるといい、自分は後ろで見ているから、とトリャが提案した。しかし、わたしが、川のとある場所を詳しく調べようと言うと、この川はシマフクロウが漁をするには深すぎるとトリャに却下され、別の場所は、柳の木が茂り過ぎていて、巨大な鳥が空から近づくのは現実的に無理だと言われた。

氷を踏み抜き、川がせき止められてできた流れの緩やかな水たまりに落ちたときには、といっても膝まで浸かっただけで、腿までのゴム製の長靴のおかげで濡れずに済んだが、トリャが使っている氷用ストック――先端に金属製の大釘がついた棒で、上を歩く前に氷の硬さを調べる――の重要性が身にしみてわかった。川をたどって歩きつづけるとやがて谷は鋭いV字形に狭まり、水は、雪と氷と岩の下に消えてしまった。

その日は、シマフクロウの形跡は一つも見つからなかった。シマフクロウの鳴き声が聞こえないかと日暮れまで粘ったが、森はしんと静まり返り、雪が降り積もる川べりを訪れるものもなかった。

目に見える成果が得られなかった日の受け止め方もトリャから学んだ。トリャは、たとえ自分たちが今いるこの森の一画にシマフクロウが生息していたとしても、じっさいに彼らの居場所を特定できるまでには、鳥の声に耳を澄まし、その姿を探す調査を一週間は続けなくてはならない、と言った。

わたしはがっかりした。ウラジオストクにあるスルマチの快適なオフィスで、シマフクロウの探索について話し合うのと、シマフクロウ探しの現実――凍えるほど寒く、暗く、物音一つしない――はまったくの別物だった。

アグズ村に戻ったのはすっかり暗くなってからで、おそらく夜の九時頃だった。わたしたちが宿泊している山小屋の外の雪をまだらに照らす窓の灯は、セルゲイとシュリックがすでに戻っていることを示していた。

ふたりは、隣人からもらったじゃがいもとムースの肉を使ってスープを作り、大きすぎるパーカを羽織った痩せたロシア人ハンターの男と一緒に食べていた。男はリョシャと名乗った。おそらく四〇歳前後だろうか。メガネの分厚いレンズのせいで目が歪《ゆが》んで見えたが、それでも、彼がかなりの酩酊状態であることははっきりわかった。

「もう一〇日か一二日はずっと飲んでるよ」とリョシャはこともなげに言い、キッチンのテーブルから立ち上がろうともしなかった。

わたしが、その日のお互いの手応えについてセルゲイと話をしている間に、シュリックがスープをついでくれ、トリャは玄関ホールからウォッカの瓶を持ってきて、何個かのコップと一緒に、キッチンテーブルの真ん中にうやうやしく置いた。

セルゲイが顔をしかめた。ロシアでは、ウォッカのボトルを卓上に出したら、空になるまで下げないのがマナーだとされているのだ。ウォッカ製造業者のなかには、製品のボトルにキャップさえつけず、代わりに薄いアルミ箔でボトルの口を覆い、穴を開けて飲めるようにしている者もいる。そもそもキャップに一体何の意味がある？　ボトルは満たんか空っぽかのどちらかで、満たんが空っぽになるのはあっという間なのだから、というわけだ。

セルゲイとシュリックが、今夜はもう酒は勘弁してくれ、と考えていた夜に、トリャは彼らにウォッカのボトル一本を押しつけた。そこに居たのは全部で五人だったが、トリャがテーブルに並べたコップは四つだった。わたしは、問いかけるように彼を見た。

「俺は飲まない」とトリャはわたしの無言の問いに答えて言った。これで彼は、今夜もまた深酒の苦痛から逃れられたわけで、どうやらそれがトリャのいつもの癖らしかった――彼はみなを代表して客にウォッカを勧める。仲間への一切の相談なしに、そして多くの場合、時をわきまえずに。

わたしたちは、スープを飲み、酒をちびちびやりながら川の話をしていた。セルゲイが、サマルガ川は特別深い川ではないが、流れが速く注意が必要だと言った。不運にも氷を踏み抜いた者は、おそらく自力で這い上がれないだろう。強い流れがその人を氷の下に引きずり込み、呆然としているうちに、冷たい、急速な死へと連れ去られてしまうおそれがある、と。

リョシャが、この冬も一度そんな事故が起きた、と口をはさんだ。行方不明になった村人の足跡が、狭く暗い氷の裂け目の手前で途絶えているのが見つかり、裂け目の下ではサマルガ川が勢いよく流れていたという。川下の河口では、ときおり白骨化した人の遺体が見つかることがあった。何年か前にサマルガ川の犠牲になった人たちで、みな丸太や岩、土砂などに絡まり、ねじくれた状態だった。

わたしは、リョシャがこちらをじっと見ているのに気づいた。

「あんたはどこに住んでるんだい？」とリョシャがろれつの回らない口で尋ねた。

「テルネイです」とわたしは答えた。

「あそこの生まれか？」

「いえ、ニューヨーク生まれです」おそらく北米の地図がまったく頭に入っていないだろう相手には、ミネソタや中西部について説明するより、ニューヨークと言っておくほうがずっと簡単だった。

「ニューヨーク……」リョシャはオウム返しに発音し、それからタバコに火をつけるとセルゲイをじっと見た。今まさに、重要な理解が、連日連夜のアルコール摂取で脳にかかった厚い雲を突き破ろうとしているかのようだった。「なんだってニューヨークなんかに住んでるんだ？」

「それはぼくがアメリカ人だから」

「アメリカ人？」リョシャが大きく見開かれた目で再びセルゲイを見た。「奴はアメリカ人なのか？」

セルゲイが頷いた。

リョシャは、わたしのほうを疑わしそうに睨みつけながら、その単語を何度も繰り返した。どうやら彼はこれまで一度も外国人に会ったことがないようで、ロシア語を流暢に話す外国人がいるとは、もちろん思いもしなかったのだ。自身が生まれ育ったアグズ村で、冷戦時代の敵と一つテーブルを囲むことは、彼にとってそう簡単には承服できないことだった。

そのとき、外で物音がし、数人の男たちが小屋に入ってきた。多くは昨夜の客人たちだった。翌朝はスッキリした頭で目覚めたいと思っていたわたしは、これを機に奥の部屋へ引っ込むことにし、トリャもまた、席を抜け出して、地元のロシア人退職者で、通りを隔てた向かいの家に住むアンプリーヴという男とチェスをはじめた。

わたしは、ヘッドランプの明かりでその日の記録をつけてから寝袋に潜り込み、この夜もまた、部屋の片隅に積み上げられ、忘れ去られた肉と毛皮が、ぬめぬめと赤く光っているのを見て顔をしかめた。我々の頼みの綱である凍結した川と同じように、凍った肉もまた緩みはじめていた。

第3章　アグズの冬の暮らし

翌朝、未明の薄明かりのなかに、タバコを手に、くすぶる薪ストーブの横でしゃがんでいるセルゲイが見えた。彼が吐き出した煙はとぐろを巻いて立ちのぼり、そのまま空気の流れに乗って薪ストーブに吸い込まれていった。

セルゲイは、テーブルの脇に転がるエタノールの大きな空壜に向かって悪態をついてから、早々にアグズを出る必要がある、でないと酒に殺される、と言った。この件に関しては、個人の自由はなかった。アズグに居る限りは、村人たちを楽しませなくてはならなかった。

フィールド調査に出かける支度をしていたとき、セルゲイが、シマフクロウは人間への警戒心がとても強いから、その姿がよく見えるところまで近づく前に逃げてしまうかもしれない、だから常に注意を怠らないように、と言った。しかし我々にとって一つ有利なのは、シマフクロウは飛ぶときに大きな音を立てることで、これは他のフクロウには見られない特徴だ、と彼は続けた。

大部分の鳥類は大きな音をたてて飛び、なかには、羽ばたきの音だけで識別できる鳥もいる。しかし普通のフクロウは、まったくといっていいほど音をたてない。[*1] これは、風切羽の周囲に遮蔽装置のように働く小さな櫛のような突起物があるからで、羽に当たる前に空気を外へ逃してしまうことにより羽ばたきの音を消している。陸上の獲物を狙うフクロウには、これが有利に働く。だとすれば、シマフクロウの風切羽がなめらかで、普通のフクロウのような適応が生じていないのは不思議でもなんでもなかった。なにしろ彼らの主な餌動物は水中に生息しているのだから。特に静かな夜には、大儀そうに羽ばたいて飛ぶシマフクロウの重い羽に打たれて空気が震える音が、ときおり聞こえることがあった。

その日の予定も前日までとほぼ同じだった。シマフクロウ探しのフィールド調査はそのほとんどが同じことの繰り返しだ。探して、探す、何度でも。また、日中ずっと野外で過ごしたあと、日没後もそこに留まるため、よく考えて重ね着する必要があった。

午後の日差しの中を、前をとめずに羽織って歩くフリース・ジャケットは、日没後の気温が下がり続ける中、シマフクロウの鳴き声を待ってじっと座っているときには、十分な防寒の役目を果たさない。腿までの長靴の他には、この調査に特別な装備や装具は必要なかった。トリャは撮影機材一式をもってきていたが、ふだんは調査拠点の山小屋に置きっぱなしで、撮影する価値のあるものを見つけたときだけ、現場に持参するようにしていた。

この日もわたしの相方はトリャで、彼は魚釣りをしたがっているチェス友達のアンプリーヴを川まで乗せていく約束をしていた。わたしたちはトリャの緑色のスノーモービルに空のソリを一台取りつけると、数軒先のアンプリーヴの山小屋の前まで行き、エンジンをふかしたまま待っていた。

まもなく、毛皮のコートで着ぶくれたアンプリーヴが、氷用ステッキと、氷上で座る椅子兼用の木製の釣り道具入れを抱えて家から出てきた。ソリの上にまるで寝椅子に寝転がるように横になると、彼が飼っている老犬――イースト・シベリアン・ライカだ――が飼い主の上で丸くなり、わたしをじっと見た。飼い主も飼い犬も、狩りをするには高齢過ぎたが、魚釣ならまだできたのだ。「シーマフークローウ！」とアンプリーヴはニヤニヤしながら英語で叫び、わたしたちは出発した。

トリャは、老人に命じられるがままにソリを引いて進み、アグズ村の真南の、凍結したサマルガ川のあちこちに、オーガー〔氷に釣り用の穴を開けるためのネジ状の道具〕で開けられたあと、氷に覆われた穴が点在する場所でエンジンを止めた。そこがみなに人気の釣り場であることは明らかだった。

アンプリーヴと犬がそりからゆっくり降りている間に、トリャは、オーガーを使って穴を覆っている氷を取り除こうとした。穴を貫通させようとして勢いよく力を加えるたびに、穴から軟氷と水が吹き出して、川を覆う氷の表面に広がった。

四月初旬のこの日、わたしたちを取り巻く氷の世界には、春の兆しが表れていた。川のあちこちにある、氷が溶け始めた部分は、すぐそこまで迫る暴力的な変化の先触れだった。

わたしは、サマルガ川の本流を訪れたのはこのときがはじめてで、いくばくかの戦慄と畏怖の念を感じた。この川について聞いたいくつかの逸話のせいで、川はわたしの中で伝説めいた存在になっていた。サマルガ川はアグズ村の人々に生命を与える一方で、うっかり注意を怠ってしまった人々を痛めつけ、傷つけ、殺してしまいさえする、情け容赦のない嫉妬深い力を行使することもあった。

トリャはスノーモービルからソリを外すと、自分は上流に戻ってフクロウを探すと言い、そのとき不意に、わたしのその日の行動予定を考えていなかったことに気づいたようだった。

「あんたはじゃあ、えーっと、ここの、川の氷が溶けた部分の周囲にシマフクロウの形跡が残っていないか調べたらどうかな」とトリャは、氷用ステッキを意味もなく弧を描いて大きく振り動かしながら言った。「一時間かそこらで戻るから」

トリャは氷用ステッキをわたしに手渡すと、こいつをじゃんじゃん使えと念を押した。

「氷を強く叩いて、音で下が空洞だとわかったときや、ステッキが氷を突き破ってしまったときは、ぜったいにそこは歩かないように」

トリャは、排気ガスをモウモウと吹き上げ、カタカタと大きなエンジン音を響かせながら去っていった。

アンプリーヴは、釣り道具入れから短い釣り竿と、凍らせたサケの卵を詰めた、ホコリと油まみれの薄汚れた瓶を取り出すと、箱の蓋を閉じて椅子代わりにした。老人は、片手を氷上の穴の一つに入れ、手にもったくすんだオレンジ色の数個の球体を水中でこすって柔らかくした。釣り針に卵の餌をつけて、釣り糸をサマルガ川に沈めた。わたしは、トリャが調べてみてと言っていた氷が溶けた部分を指差して、あの辺りは安全でしょうか、とアンプリーヴに聞いてみた。老人は肩をすくめた。

「この時期に、安全を保障できる氷はどこにもないよ」

老人は氷の穴に再び注意を戻すと、手首を静かに振り動かし、餌のついた釣り針を氷の下の薄明るい世界で踊らせた。老いたシベリアン・ライカは、関節炎でも患っているような足取りであたりをうろうろしていた。

わたしは、氷を叩いて音を確かめながら少しずつ進んでいった。まるで、こっそり仕掛けられた罠が突然作動するのを恐れているかのようだった。氷が溶けてできた開水域には近づかないように注意を払い、代わりに双眼鏡を使って、その周囲に積もった雪の上にシマフクロウの足跡がないか丹念に調べた。しかし何も見つからなかった。

わたしは開けた水域を一つひとつ確かめながら川下へ向かってゆっくり進んでいったが、おそらく一キロほど歩いたところで、スノーモービルが戻ってきた音を聞いた。およそ九〇分が過ぎていた。

釣り場に戻ってみると、トリャが途中でシュリックを拾って戻ってきていて、今はアンプリーヴと一緒に氷の上に座って釣り糸を垂れていた。ふたりが引きを感じて竿を上げると、氷の下の水から釣り上げられたのはマスとキタカワヒメマスだった。

釣りをしながら、シュリックが自分はスルマチと同じ小さな農村の生まれなのだ、と教えてくれた。そこはガイヴォロンという、沿海地方西部のハンカ湖のほとりからほんの数キロ離れた村だった。

ガイヴォロンは、働き口がほとんどなく、ひどく貧しい不景気な村の一つで、そのため、アルコール中毒や健康状態の悪化に苦しみ、早死にする人が多かった。スルマチは、この田舎育ちの少年シュリックを庇護し、そうした運命から救い出した。カスミ網を使って鳥を捕獲し、足環をつけて放鳥する方法を（あるいは博物館の標本にするための剝皮の方法を）教え、鳥の皮膚組織や血液サンプルの適切な採取法を教えた。

シュリックは学校教育を一切受けたことがなかったが、鳥の皮を剝ぐ腕前はすばらしく、フィールドノートのつけ方も丁寧で、シマフクロウを見つける名人でもあった。高くそびえる朽ちかけた老齢樹の幹を上り、そのうろにシマフクロウの巣がないか調べる能力——靴下を履いて上るのが一番楽だ、と彼は感じていた――は、チームにとってかけがえのない財産だった。わたしたちは、シマフクロウの歌声が聞けることを期待して、日が暮れるまで釣り場に残っていた。重なり合った枝の内部のどんな動きも見逃すまいとして、木立の輪郭線から目を離さなかった。またどんなに遠くの音も聞き逃さないように耳をそばだてた。

しかし実を言うと、シマフクロウがどんな声で鳴くのかも知らなかった。もちろん、一九七〇年代のプキンスキーの論文の中のソノグラム（超音波検査図）は学んでいたし、[*2]スルマチやセルゲイが真似る、シマフクロウがなわばりを主張する際の鳴き声も聞いたことがあったが、それらの音が現実のシマフクロウの鳴き声にどれほど近いかは、わたしには知るよしもなかった。

シマフクロウのつがいは、声を合わせて歌う。[*3]このような特性をもつことが認められている鳥は珍しく、世界の鳥類の四パーセントにも満たない。[*4]しかもそのほとんどは熱帯の鳥である。シマフクロウのデュエットは、たいていの場合オスが始動する。オスは、喉にある気嚢《きのう》を、まるで羽が生えた巨大なウシガエルかと思うほど大きく膨らませる。オスはそのままずっと身動きせず、すると喉の白い部分は、茶色い体と夕闇の染まる灰色の空を背景に、くっきりと浮かぶ球体のように見えて、歌が今まさに始まろうとしていることをパートナーに告げる合図となる。一瞬の間を置いて、オスは短く、苦しげにホーという声を絞り出す――驚いて息が詰まったときのような声だ――するとメスはすぐにホーと、オスより低い音色で鳴き返す。これもフクロウの仲間には珍しいことで、フクロウは一般にメスのほうが声が高い。

次にオスが、さっきより長めで、少し高めのホーという声を出し、メスはこれにも鳴き声で応える。この四つの音による鳴き交わしは三秒で終わり、その後は、一分から二時間までの一定の間隔をあけてデュエットが繰り返される。二羽の声は美しくシンクロし、シマフクロウのつがいによるデュエットを聞いた人の多くが、歌っているのは一羽だと勘違いしてしまう。

しかし、その夜はそうした歌声を聞くことができなかった。すっかり暗くなってから、わたしたちは落胆し、冷え切った体でアグズ村に戻り、その日釣った魚のはらわたを抜いて調理して、小屋を訪れるあらゆる人とテーブルを囲んだ。

チームの仲間たちが、その日の挫折感はどこへやら、すぐに気分を切り替えて食事と酒を楽しんでいるのを見て、わたしは、セルゲイやシュリック、トリャにとって、これはただの仕事に過ぎないのだと気づいた。世の中には建築の仕事をする人もいれば、ソフトウェアの開発に携わる人もいる。そして彼らはプロのフィールド・アシスタントで、何であれ、スルマチが研究費を獲得できた種の探索を行なうのだ。

彼らにとって、シマフクロウは、今回探すことになった鳥に過ぎなかった。そのことで彼らを責めるつもりはなかったが、しかしわたしにとってシマフクロウはもっと大きな意味をもっていた。研究者としてのわたしのキャリアや、ひょっとすると絶滅の危機にあるこの鳥を保全できるかどうかも、わたしたちが何を見つけ、その情報をどう活かすかにかかっていた。集めたデータを分析し、それを有益に使うことは、わたしと、スルマチの責任だった。

そしてわたしが見たところ、調査の滑り出しは順調ではなかった。調査が一向に進展しないこと、そして刻々と緩んでいく川の氷に不安を感じながら、わたしは眠りについた。

翌日の森の探索は、セルゲイと組むことになった。前日にわたしが探索した場所からほんの少し南に下った場所でシマフクロウを探す予定で、セルゲイは、アグズ村を昼過ぎに出発すると言い張った。それでも夕暮れどきのデュエットに耳を澄ます前に、シマフクロウが残した形跡探しに数時間は充てられるはずだ、と彼は言った。セルゲイは、出発前に、川下に向かう今後の調査旅行の計画を復習し、残りのアグズでの滞在期間に必要なだけの薪を準備したい、と考えていた。

昼近くに、わたしは台所で一人、ミルクなしの紅茶を飲みながら地図を眺め、セルゲイは外で薪を割っていた。と、突然、クマにしか見えない一人の男性が、小屋のドアから入ってきて、大股でテーブルに近づいてきた。男は大柄で毛むくじゃらだった。なめし皮でできた厚手のコートにはどうやらお手製らしいフェルト製の防寒用裏地がついていた。左側の袖は中が空洞で、ゆらゆら揺れていた。町で唯一の片腕のハンター、ヴォロジャ・ロボダに違いなかった。狩猟中の事故で障害を負ってしまったが、それでも地元では、アグズでもっとも腕のいい猟師の一人と噂されていた。

大男は椅子に腰を下ろし、五〇〇ミリのビールの缶を二本、コートのポケットから無造作に取り出すと、叩きつけるようにテーブルに置いた。ビールはぬるくなっているように見えた。

「で」、と男ははじめてわたしと目を合わせて言った。「あんたはハンターか」

質問というより、決めつけるような言い方だった。ヴォロジャは、ハンター同士なら当然返ってくるはずの、特に好んで撃つ獲物は何で、狩りはどこでするか、どんなライフルを使っているか、と言った答えを待っているような目でわたしをじっと見た。いや、そうじゃないかと推測した。推測しかできなかったのはわたしがハンターではないからで、わたしは正直にそう伝えた。

彼は椅子に座り直すと、視線はずっとわたしに向けたまま失った腕の断端をテーブルの上に乗せた。腕は肘から先がなかった。

「だったら漁師か」

またもや決めつけるような言い方だったが、今回は少し自信なさげだった。わたしは、ちょっと申しわけなさそうに否定した。ヴォロジャはわたしから目をそらすと、唐突に立ち上がった。

「それならアグズで一体何してる?」と怒鳴り声を上げた。

ついに質問形になったが、彼が答えを求めていないことは明らかだった。まだ開けていない缶ビール二本をコートのポケットに押し込むと、無言で出ていった。

ヴォロジャに出ていかれて心が痛んだ。ある意味、彼は正しかった。サマルガは非常に危険な場所だった。この地の荒々しい自然と不自由になった彼の腕がその証拠だった。しかしその一方で、アグズにやって来たわたしの目的――この土地の自然をできる限り人の手が入らないままに保つために、シマフクロウについて知れる限りのことを知ること――を果たすことによって、ヴォロジャのような人々がいつでもシカを狩り、魚を捕れる世界を守ることができるのだ。

昼食を済ませると、セルゲイとわたしは軽食用の飴玉とソーセージを荷物に詰めて、午後一番で川を目指して出発した。アグズ村のはずれまで来たとき、セルゲイがスノーモービルのスピードを緩めて、エンジンをかけたまま停車した。

そこはわたしが知らない小屋だった。小屋には一人の男がいて、ドアの向こうに立ち、小さなガラスの小窓から必死でこちらに向かって手を振っていた。パニックに陥っている様子で、目を大きく見開き、こっちへ来いと手招きしていた。

「ここで待っててくれ」とセルゲイが言った。

セルゲイはスノーモービルから降りると、門を開けて庭に入り、木道をたどって玄関まで行った。小屋の中の男は下方にある何かを指差して叫んでおり、やがてわたしは、ドアの外側に南京錠がぶら下がっていて、鍵はかかっていないものの、それが引っ掛けられているせいでドアが開けられないのだとわかった。

セルゲイはドアの前に立ち、閉じ込められた男が下を指差して嘆願するのをじっと見ていた。どうやらセルゲイは、男が叫ぶ言葉のどこかに違和感を感じていたようで、しばらくためらってから鍵を外してやり、男に背を向けてスノーモービルのほうに戻ってきた。

男は、ずっと檻に閉じ込められていた獣のように勢いよく飛び出してきた。痙攣《けいれん》するように体をひくつかせながらセルゲイを猛スピードで追い越し、庭を抜け、通りへ走り去るその姿は、筋肉の動きをうまく協調させられないほど頭が興奮していることを示していた。

わたしが半開きになったドアのほうを振り返ると、暗い部屋の中に一人の小さな男の子がいるのが見えた。おそらく六歳ぐらいだろうと思われた。男の子を指差してセルゲイに教えると、セルゲイは慌ててそちらを振り向き、罵り声を上げた。

「かみさんに閉じ込められて飲みに行けないと言ってたんだ」とセルゲイは説明した。「子どもがいるとは言ってなかった……」

男の子は、冷たい戸外の、父親が走り去り、今はその姿も見えなくなった方向をじっと見つめていたが、やがてその手をのばすと、静かにドアを締めた。

第4章　この土地が行使する静かな暴力

わたしたちのスノーモービルは、ゆっくりと村を離れて静かな川岸を下流に向かって進み、ひょろ長い柳の木立ちの間を抜ける凍った支流の上を走ってサマルガ川の本流に出た。混んでいる抜け道を通って大通りに出るようなものだった。しかし今後数週間で、このあたりはすっかり変わってしまう。解氷がすぐそこまで迫っているのだ。

サマルガ川はアグズ村とサマルガ村をつなぐ唯一のルートで、そのサマルガ川に解氷の危険が迫っている今、村人たちはアグズに留まらざるをえなくなっていた。これは、春になり、雪解け水の洪水が氷の最後の一片をタタール海峡に押し流す日まで続く、年に一度の強制的な流刑だった。本格的な解氷がはじまる前に、この地のハンターや漁師たちは、スノーモービルを片づけ、氷に穴をあけるオーガーをしまい、ボートが運転可能な状態かどうかを確かめる。

セルゲイは、凍った川の中央の踏み固められたスノーモービルの走行跡をたどって進んでいった。前にだれかが走った場所なら、崩壊する可能性は低いと知っていたのだ。アンプリーヴが昨日魚釣りをしていた場所を通り過ぎ、山脚を迂回する急なカーブを曲がると――わたしは、指のように長く突き出した、岩でゴツゴツした山脚をヘリコプターから見たのを思い出した――谷は一気に大きく広がった。

そこは、ソハトカ川（リトル・ムース川）とサマルガ川が合流する場所で、二つの流れが干渉し合うことにより、針葉樹の林と広葉樹の林（なかにはかなり巨木ものもある）が混在していた。経験不足でそのときはわからなかったが、そこはシマフクロウにうってつけの生息地だった。

シマフクロウはなわばりを慎重に選ぶ必要がある。夏に最高の漁場となる川が、冬には硬い氷の塊となるかもしれず、だから湧き水や天然温泉が水温を上昇させ、一年を通して確実に凍らない水域がある川を見つけなくてはならない。そのような川は、シマフクロウのつがいにとって、頼りになる資源であり他のシマフクロウに横取りされないようにするべき場所なのだ。

セルゲイとシュリックは前日にこの場所を訪れており、シマフクロウの形跡は一つも見つからなかったにもかかわらず、セルゲイは見込みがあると感じ、もっと調べるべきだと考えていた。彼はソハトカ川をもう少し探索し、その後日が暮れるのを待ってシマフクロウの鳴き声を聞きたいと思っていた。

わたしたちはスノーモービルを停め、持参したスキーを履いた。ロシアのハンターが使うスキーだった[*1]――長さは一・五メートルと短めで、幅は二〇センチ、機能的にはスノーシューズと似ていた。スキーの先端は、スピードを出すより、雪面をすり足で歩くのに適していたし、簡単な作りのビンディングは、足を突っ込む布製の輪っかに過ぎず、機動性には限りがあった。ハンターたちは、昔からスキーの裏にアカシカの皮を細長く切ったものを貼りつけて滑り止めにしてきたが、わたしたちのスキーの裏側には、わたしがミネソタ州で買ってきた、合皮の軽いクライミングスキンが貼りつけられていた。

何メートルも降り積もった雪の上をハンターのスキーで歩くのに慣れておらず、シマフクロウ探しの初心者でもあったわたしは、木々の間を器用に進んでいくセルゲイのあとをひたすらついて行った。森の中を大きく蛇行しながら歩いていったので、サマルガ川から離れたと思ったらまた近づくことの繰り返しだった。すがすがしい午後だったが、シマフクロウの形跡が見つからないせいでわたしの心は沈んでいた。セルゲイは、ここで何かが見つかると確信していたようだったのに。

ソハトカ川が本流のサマルガ川と合流する場所に再び戻ると、わたしたちはかろうじて凍っているこの二つの川の間の低く盛り上がった地面の上を進んで行った。と、そのとき、小型の鳴鳥の昨シーズンの巣の、風雨にさらされた残骸が、今は葉を落とした灌木《かんぼく》の枝の奥深くに隠されているのが偶然目に止まり、わたしはもっとよく見ようと顔を近づけた。草と泥でできたお椀形の巣の周囲には、巣を守るために鳴鳥がどこかで見つけてきた柔らかい羽が丁寧に並べられていた。

そのうちの一本を抜き取ってみると、それは長期間風雨にさらされて傷んだ鳥の胸の羽で、その大きさから見て、猛禽類の、そしておそらくはフクロウのものに違いなかった。その羽をセルゲイに見せると、彼はとびきりの笑顔になった。

「シマフクロウの羽だ！」セルゲイはそう声を上げると、貴重な収穫物を午後の光にかざした。「ここにいると思ってたんだ」彼の手の平の半分ほどの長さのその羽は、古びて汚れていた。ゴミがこびりつき、羽板《うばん》は折れていた。しかしこれは貴重な証拠だった。

わたしたちは鳥の巣をさらに詳しく調べた。巣にはシマフクロウの羽がたくさん使われていて、近くのどこかで見つけたものだと思われた。鳴鳥は通常、巣のそばで巣作り用の材料を集めるからだ。この発見を励みに、わたしたちは二手に分かれてシマフクロウの歌声を待つことにした。

日暮れまであと一時間ほどあったので、セルゲイは下流の、川谷の一番端まで行って歌声を待ちたいと言った。調査の範囲を最大限に広げるためだった。セルゲイは川沿いをさらに二、三キロ南下し、帰りにわたしを拾って行く、ということになった。遠ざかっていく彼のスノーモービルの音は、冬の冷たく澄み渡る空気の中をどこまでも運ばれてきて、彼の姿が見えなくなったあとも、ブンブンうなるエンジン音だけがいつまでも響き渡っていた。

木々の頂きを吹き抜けるそよ風は、すっかり葉を落としたヤマナラシやカバノキ、ニレ、ポプラの樹冠をカサカサと揺らし、しかしときおり総力を結集すると、一陣の風となって結氷した川の表を吹き抜けていった。わたしは、風の音に紛れたシマフクロウの特徴的な鳴き声を聞き取ろうとして耳を澄ませた。

シマフクロウは、二〇〇ヘルツという低い周波音域でホーと鳴き、[*2] それはカラフトフクロウの鳴き声の周波音域とほぼ同じで、アメリカワシミミズクの二倍の低さである。じっさい、シマフクロウの声はあまりにも低く、マイクで拾うのが難しいほどだ。のちに歌声を録音したテープでも、フクロウの声は、たとえすぐ近くにいても、遠く離れた場所にいるかのようにくぐもっていて聞こえづらかった。

シマフクロウが低い周波音で鳴くのは目的にかなっている。低周波の音声は、密林ではより伝わりやすく、数キロ離れた遠くからでも聞き取ることができるのだ。木があまり茂らず、ひんやりとした爽やかな空気が音波の伝達を容易にする冬と春の初めは、特にそうなのだ。

シマフクロウのデュエットには、なわばりの宣言とつがい同士の絆の確認の二つの意味がある。デュエットの頻度には年間サイクルがあって、[*3] つがいがもっとも活発に鳴き交わすのは二月の繁殖期である。この時期には、一回のデュエットの時間が長くなって何時間も続き、ときには一晩中続くこともある。しかし三月になって、メスが卵を抱くようになると、彼らの鳴き声を聞けるのはほぼ夕暮れどきだけとなる。巣の位置を周囲に知らせたくないという理由からかもしれない。ひなが卵からかえって羽毛が生えそろう頃に、デュエットの頻度は再び増えるが、夏にはまた減って、翌年の繁殖期までそれが続く。

わたしは、強度を増す一方の風が、いつかこの、ひとりきりの隠れ家を吹き抜けていくのではないかと少し不安になった。そのとき、一〇〇メートルほど離れた場所に大きな丸木が雪に半分埋もれているのが見えた。暴風で根こぎにされた大木が、洪水で運ばれてきたのだろう。わたしはその丸木の底面近くの雪を足で掘って踏み固め、浅いくぼみを作って風よけのためにそこにしゃがみこんだ。身体の大部分が木の根とその蔭に隠れてほとんど見えなくなった。

およそ半時間後、最後の飴玉を味わって食べていたわたしは、ノロジカが近づいてきた物音に気づいていなかった。わたしがいた場所から五〇メートルも離れていない場所に突然現れたノロジカは、固く凍った川の表面を蹄でしっかりつかみながら上流へ向かっていて、すぐ後ろに猟犬が追い迫っていた。

ノロジカが喘ぎながら進む先には、幅およそ三メートル、長さ一五メートルの開けた深い川が口を開けていて、シカは立ち止まりもせずにその水に踏み込んだ。ひょっとすると、飛び越えるつもりだったが、自分にそれだけの力が残っていないと気づいたときにはもう遅かったのかもしれない。

追ってきた猟犬（シベリアン・ライカだった）は、一瞬動きを止めてから、歯をむき出しにして吠え立てた。わたしはその場に凍りついた。身を潜めていた低い位置から木の根っこ越しに見えるのはノロジカの頭だけで――鼻を高く上げ鼻腔を大きく広げて――水面から浮き上がったり沈んだりを繰り返していた。シカは、しばらくは流れに逆らおうとしていたが、やがて舵を失った小舟のように流れに身を任せ、川下の氷の縁まで流されてそのまま見えなくなった。

もっとよく見ようとして立ち上がったが、そこにあるのは、うねりながら静かに流れる一面の水だけだった。氷の下の暗がりで、肺が水で満たされていくノロジカの姿を思い浮かべた。またもやサマルガ川の犠牲者が静かに海へと流されていき、冬も、村の猟犬も、もはやそのことには何の関心もないのだ。

わたしの気配に気づいたライカが、耳を立て、不審そうに鼻をひくつかせながら、こちらへ向かってきた。しかし犬は、わたしのことをただの見知らぬ人間と片付け、注意を再び開けた川の流れに向け直すと、ちょっと臭いを嗅いでから川下に向かって速足で駆けていった。

丸木の蔭に再び身を潜めたわたしは、この土地が行使する静かな暴力に呆然としていた。サマルガ川流域での暮らしは、今もなお根源的な二分法で成り立っていた。空腹か満腹か。凍っているか流れているか。生か死か。ちょっとした逸脱が、ある状況をもう一つの状況へと一変させてしまいかねなかった。村人は、釣りに行く場所を間違えれば溺れ死ぬかもしれない。捕食者から逃げおおせたシカは、たった一つの過ちを犯したがために結局死ぬことになった。この地で生と死の境目を決めるのは、氷の厚さなのだ。

そのとき、どこからか響いてきた抑制された震える声が、わたしを物思いから引き戻した。わたしは座り直し、帽子を脱いで耳を露出させた。長い沈黙のあと、再び声が聞こえた。遠くから響いてくる、くぐもった震える声。今のはシマフクロウなのか？　それは、はるか彼方のソハトカ川の川谷からの声に違いなかったが、わたしが聞いたのはたった一つか、あるいは二つの音だけで、聞こえるはずの四つの音ではなかった。

わたしが知っているシマフクロウの声は、スルマチやセルゲイの粗雑なものまねだけで、そもそも本物の鳴き声を聞いたことがないのだから、彼らのものまねの質を評価することは困難だ。そして、そのときわたしが聞いた声は、彼らのものまねとはまるで違っていた。

ひょっとすると、歌っているのは一羽だけなのか――つがいではなく？　あるいはワシミミズクか？　しかし、ワシミミズクはわたしが聞いたのよりもっと高い声で歌い、デュエットもしない。その歌声は数分かそこらおきに繰り返し聞こえてきて、昼から夜への、ほとんど気づかれないほどゆっくり進む置き換わりが完了するまで続いた。あたりがすっかり暗くなると、歌声も止んだ。

川下から、波打つような金属的な高い音が響いてきて、セルゲイが戻ってきたのがわかり、まもなく、雪の上を青白く照らし出す、スノーモービルの一つしかないヘッドライトの光が見えてきた。

わたしが丸木の蔭から出ていくと、セルゲイが「どうだ？　聞いたか？」と得意げに言った。わたしは、聞いたけれど、歌っていたのは一羽じゃないかと思う、と答えた。セルゲイはやれやれというように首を横に振った。「二羽だった――あれはデュエットだ！　メスの鳴き声はオスより低くて聞き取りづらい。だから聞こえなかったんだろう」

セルゲイは鋭い聴覚の持ち主だった――わたしにはゼイゼイいうオスのかすれた高い声しか聞こえないときも、彼ははるか彼方のデュエットの声を正確に聞き取ることができた。のちには、一羽しかいない、とわたしが確信していたにもかかわらず、ふたりでそっと近づいてみると、メスもそこにいたのだとわかったこともあった。

シマフクロウは季節的な移動を行なわず、[*5]夏の暑さにも、冬の霜にも耐えて同じ場所に留まる。だからデュエットを聞いたなら、そのつがいは森のその場所に住み着いているということだ。彼らは長生きする鳥で[*6]——野生のシマフクロウのなかには二五年以上生きた例もある——デュエットするつがいは毎年同じ場所に住み続けている可能性が高い。

しかし、聞こえたのが一羽だけの鳴き声なら、その鳥はなわばりあるいはパートナーを探しているオスかもしれない。その場合は、今日鳴き声を聞いたその一羽が明日もそこにいるとは限らず、その後数年間ずっとそこにいるなどということはもちろんない。わたしたちが調査対象母集団として必要としていたのは、同じ場所に定住しているつがい、つまり追跡できる鳥たちだった。

わたしはセルゲイに、さっき見たシカとライカの話をした。

セルゲイはツバを吐き、信じられないといわんばかりに首を振った。「その犬なら見かけたよ！　犬の飼い主の男は川下で釣りをしてた。自分の犬たちが今日一日でノロジカ五頭とアカシカ三頭を殺した、と奴は言った。冬になると、町の金持ちが飛行機でアグズにシカ撃ちにやってくる。おかげで森に動物がいなくなる、と奴は嘆いてた。それなのに、ほったらかしにしていた自分の犬が、さらに一頭を溺れ死にさせるとは！」

アグズへの帰り道、ふたりはずっと黙りこくっていた。

その夜も何人か客人がやってきたが、以前ほど多くはなかった。そのなかにリョシャというあの眼鏡のハンターがいて、わたしがアメリカ人だと聞いてまたもや動揺を顕わにした。二日前の晩とまったく同じだった。彼はわたしと話をしたことを忘れていて、もう一〇日か一二日ほどずっと飲んでるんだ、と打ち明けた。

「二日前にもそう言ってましたよ」わたしは、村のリーダー格の男の一人で、作業着姿の無精髭をはやしたロシア人にこっそり言った。男は笑って答えた。「リョシャの「一〇日か一二日ほど」はもう一週間も続いてる！　やつがどれだけ飲み続けているかは、本当のところわからんよ」

わたしは、新鮮な空気を求めて小屋の外へ出た。村のリーダー格の無精髭の男も一緒に出てきてタバコに火をつけた。男はわたしの真横の、肩と肩がふれあいそうなほど近くに立った。そこは屋外便所へと続く狭い通路の上で、男はウォッカと足元のでこぼこの雪のせいで、暗闇の中でわずかに揺れていた。

男はアグズでの長年の暮らしについて話した。若い頃にこの自然に囲まれた土地にやってきて、以来ここを出たことがないこと、他の場所での暮らしなど想像もできないことを。澄みきった夜空には数え切れないほどの星がちりばめられ、近くのディーゼル発電機がたてる絶え間のない轟音をかき消そうとするかのように、村の犬たちの遠吠えが波のように響いてきた。

男が話している最中に奇妙な低い音を聞いてそちらに目を向けると、信じられないことに、男がズボンの前を開き、わたしからほんの一、二歩しか離れていない場所で、片手を腰に当て、もう片方の手はタバコを挟んだまま首を掻きながら放尿し、その間ずっとサマルガへの愛を語り続けていた。

第5章　川を下る

調査チームは、わたしを乗せたヘリコプターが着くのを待っていた期間と着いてからを合わせて、ほぼ二週間近くアグズを拠点に調査を続けてきていた。この地でやれることはまだあったが、この地域についてまずまずの調査ができたこと、解氷がはじまっていること、そして自身の肝臓が悲鳴を上げていることなどを理由に、セルゲイがアグズを出ようと提案した。

わたしがチームに合流する前に、彼らは川上の森でチェプレフという名のハンターと出会って腕相撲を楽しんだことがあり、その男が、アグズ村から四〇キロほど南のヴォズネセノフカと呼ばれる地区にある自分の小屋を拠点に調査をしてはどうかと誘ってくれたのだ。セルゲイはそっちのほうが心おだやかに暮らせそうだと考え、わたしたちはそこへ移動することにした。

わたし自身はアグズに来てまだ五日目で、ソハトカ川で、そこに生息しているとわかっているシマフクロウの営巣木探しにもっと時間をかければ得るものがあったかもしれなかった。けれども、あるなわばりにつがいが棲んでいるからといって、そこに巣がある保証はなかった。というのも、多くの鳥とは違って、[*1]ロシアのシマフクロウが繁殖を試みるのは二年に一度で、育てるヒナは一羽が普通で、ごくまれに二羽を育てる場合がある程度だからだ。海を隔てた日本では、シマフクロウは毎年繁殖し、たいてい二羽のヒナを生み育てる。

この出産数の違いの理由はわかっていないが、今現在は、川にシマフクロウの餌になる魚がどれだけいるか、ということと関連しているとわたしは考えている。国による一斉介入と多額の金銭的支援によって、シマフクロウの絶滅がかろうじて回避できた日本では[*2]、シマフクロウ全個体数の四分の一近くが、畜魚池での人口給餌を受けている。つまり、日本のシマフクロウはより栄養状態がよく、繁殖に適した健康状態にあると思われる。

ロシアのシマフクロウのつがいは、一羽のヒナの育児に集中し[*3]、そのヒナの多くは、孵化後一四カ月から一八カ月間親鳥たちとともに暮らし――鳥類の他の種には見られないほど長い――その後、巣立って自分のなわばりを見つける。それとは対照的に、シマフクロウの成鳥の三分の一の重さしかない北米産の小型のフクロウ、アメリカワシミミズクは、生後わずか四カ月から八カ月で、自分のなわばりを探しに出ていく[*4]。

しかし、このあたりにつがいがいると確認できただけで、今回の調査の目的は十分果たせていた。サマルガ川沿いの、シマフクロウの生息が確認できた重要な場所を明らかにし、そこでの森林伐採を防ぐための調査だったのだから。それに、セルゲイが出発を急ぐ気持ちも理解できた。わたしはアグズに来てからまだ短いが、他の仲間たちはほぼ二週間近く、村人たちによる歓待を耐え忍んできたのだ。わたしたちは、ソリの準備が整い次第南へ向かって出発することにした。

準備には数時間かかった。トリャは、巨大な防水樽にすべての食糧を丁寧に詰めていった。シュリックは、減る一方の貯蔵用ガソリンをスノーモービルのタンクに給油した。セルゲイは、川を下るルートについて村人の何人かに相談した。

重い荷物のほとんどを、セルゲイがダリネゴルスクの自宅ガレージで造った木製の黄色いソリに乗せ、それを黒のヤマハにつないだ。わたしたちが使える二台のスノーモービルのなかでは、そちらのほうが大きかったからだ。小さいほうのグリーンのヤマハはリクリエーション用のスピードが出るタイプで、後ろに接続したアルミ製のそりには、軽めの日用品を積んだ。食糧や生活用品は梱包し、そりから飛び出したり、濡れたりするのを防ぐために、上から青い防水シートで何重にも包んでから、二つのそりにロープでしっかりとくくりつけた。

トリャは、スピードの出るグリーンのスノーモービルに一人で乗り込んでハンドルを握り、わたしは、黒のヤマハの運転席のベンチの、セルゲイの後ろにまたがった。シュリックは、わたしたちが乗る黒のヤマハが牽引する黄色い木ぞりの後部の横木の上に、犬ぞりの操縦者のように立ち乗りで乗り込んだ。

この配置にはちゃんとした理由があった。黒のヤマハが深い雪に埋もれかけたときには、シュリックとわたしが飛び降り、失速しないように後ろから押せるようにそうしたのだ。わたしたちが先を行き、トリャがあとに続いた。

わたしたちは、ひっそりとアグズをあとにした。あの無精髭のロシア人や片腕のハンター、ヴォロジャなど、数人の村人が見送りに来てくれたが、アンプリーヴをはじめ、幾晩か一緒にテーブルを囲んだ面々のほとんどが姿を見せなかった。

列をなして南へ向かう道すがら、数日間探索に通った見覚えのある森が見えてきた。アンプリーヴが釣りをした釣り場や、わたしが強風を避けるために地面を掘って隠れていた場所、あのシカが溺れ死んだ開けた川も行き過ぎた。

さらに南へ少し進んだ地点で、セルゲイがスノーモービルの速度を緩め、肩越しに後ろを振り返った。彼の目も、わたし同様、スキー用ゴーグルと頭部をしっかりと覆うフードに覆い隠されていた。そのあたりの氷は、なんらかの気候の乱れによって解けた氷が薄い円盤状に再凍結したせいで、でこぼこしていた。

「ここが、例の男が流された場所だよ」とセルゲイが、後ろにいるシュリックにも聞こえるように声を張り上げた。「アグズで聞いたろう。ここがその場所だ」

わたしたちは先へと進んだ。

だれかが手袋をした指でどこかを指差し、みながそちらに目を向けるとシカがいる、ということが何度か繰り返された。なかにはアカシカもいたが、多くはノロジカで、南側の開けた水域の川岸で寝そべっているか、雪の下から顔を出したばかりの草木を食《は》んでいた。

あまりにもシカだらけなので、そのうち指差すのをやめて、無言で横を通り過ぎるようになった。どのシカも痩せこけていて、肋骨のカーブに沿ってぴったりと貼りついた皮膚を、もつれた毛が覆っていた。冬の厳しさに疲れ果てたシカたちは逃げもせず――立ち上がりさえしないものもいた――轟音をたてて進むスノーモービルの見慣れない光景にもおざなりな一瞥《いちべつ》をくれただけだった。

シカは、長い消耗の季節の最終段階にいて、日中の気温が少しずつ上がり、夜が少しずつ短くなるにつれて、ずっと耐え忍んできた彼らにもようやく、雪解けと春への解放というご褒美が与えられるのだ。どうかこんなに南の地までライカがやって来ませんように、とわたしは祈った。ライカが来たら大虐殺が起こる。

とそのとき、セルゲイがスノーモービルの速度を緩めて停止させ、前方をじっと見つめた。トリヤも後ろでグリーンのヤマハを止めた。五〇メートルほど先に、川が開けている場所が見えた。

うねるように伸びる薄いブルーのシャーベット状の氷の帯が、周囲の固く凍った氷の白さに映えて際立って見えた。そのドロドロの氷の帯は細く蛇行しながらじわじわと川幅全体に広がって、おそらく五〇〇メートルほど先まで伸びていたが、その先には再び固い氷の道が続いていた。

「ナレドだ」とセルゲイが断定し、シュリックとトリャが賛同のしるしにうなずいた。わたしは、ナレドがどういうものか知らなかったが、これから取るべき最善策が、スピードを上げてそこに突っ込むことだとはもちろん思わなかった。しかしわたしたちがやったのはまさにそれで、トリャはあとに残って自分の番を待っていた。

「氷の上」を意味する言葉であるナレドとは、冬の終わりから春の初めにかけて、この辺りの川でよく見られる現象である。季節の変わり目である三月と四月は厄介な時期で、日中は暖かく、夜は氷点下に下がる気温の高低差が、表層水を「晶氷《しょうひょう》」と呼ばれるシャーベット状の塊に変える。[*5] この高密度の氷は水中に沈み、川下で堆積して川の流れをせき止める。せき止められた水の圧力で、川を覆う氷のあらゆる裂け目から晶氷と水が混じったシャーベット状の塊がムクムクと湧き上がり、氷上に際限なく広がっていく。

ナレドの問題点は、よくよく調べてみなければ、そのドロドロの塊がどの程度の深さなのか知るよしもないということだ。じっさい、ナレドの下に、固い氷の床ではなく、流れる川が隠れていることもある。もしも後者であれば、わたしたちはこの調査旅行の突然の終結に向かって突進することになる。ナレドがその下に開けた深い川を隠していたら、スノーモービルをそこから引き上げることはできないだろう。

しかしこのときのわたしはそんなことは露《つゆ》ほども知らず、わかっていたのは、自分たちが重い錨（いかり）のようなそりを引き、その濁った水のようなものに猛スピードで突っ込んでいるということだけだった。セルゲイや他のメンバーは、このナレドの深さは数センチ程度で、よってほとんど苦労せずに進めると判断したのだろう。

ところが突っ込んだとたんにスノーモービルはすべての推進力を失ってしまった。じつはこのシャーベット状の氷は一メートルを超える深さだったのだ。スノーモービルは水に突っ込んで傾いたまま真っ黒い排気ガスを噴出し、そりは冷たい沼に半分沈んで、身動きが取れなくなっていた。

わたしたちは急いでそりをスノーモービルから外しにかかった。シュリックに続いて、ドロドロのスープ状のナレドに飛び込むと、下に隠された固い氷の感触が足に伝わってきた。シャーベット状の氷の沼は、わたしが穿いていた腿までの長靴の上端を超える深さで、水がズボンを濡らしみるみるうちに靴下まで染み透るのがわかった。

わたしたちは、エンジンをふかすセルゲイに手を貸して、スノーモービルを左右に振り動かすようにしながら、ほんの数メートル先の固い氷の上に押し上げた。その後、半分沈みかけたそりを押していき、スノーモービルに再び取りつけた。固い氷の上に乗った黒のヤマハが牽引力を発揮してそりを引き上げた。

突然の出来事に必死で対処していたわたしは、そのときまで寒さを感じていなかった。わたしは腰から下がずぶ濡れだった。この冒険で濡れずに済んだトリャが川岸で火をおこしてくれ、シュリックとわたしは乾いた服に着替えると、濡れたズボンやブーツを乾かしにかかった。

わたしは、自分たちが置かれている状況について考えた。ほんの数日前までは川は一面固く凍っているように見えたのに、四月初旬の暖かい日々が解氷を促した結果、川はもはや、この先へ進むための現実的なルートではなくなっていた。少なくともこの場所についてはそうだった。ナレドの試練はまだはじまったばかりだった。目に見えているだけでも、あと五〇〇メートルはナレドを越えていかなければならなかった。

シュリックが、岸伝いに川下を偵察に行き、戻ってくると先へ行けばナレドはなくなっていると報告した。わたしたちが取るべき唯一の現実的行動は、ナレドがなくなる地点まで森を抜けるルートで進むことだった。その辺りの森はあまり密集しておらず、ほとんどがヤナギだったので、それほど困難ではなさそうだった。

ブーツが乾くと、シュリックが荷物からチェーンソーを取り出し、わたしと彼が先を歩いて道を切り開きながら進み、セルゲイとトリャがスノーモービルであとをついてきた。わたしたちは、必要に応じて木を切り倒しながらゆっくりと進み、下流の固く凍った川に戻ってくることができた。

凍結した川に戻ってから一五キロほど進んだところで、それまで谷の片側に沿って流れていたサマルガ川は谷の反対側へと移行した。わたしたちもそれに従い、支流との合流点を過ぎて少しばかり東へ進むとその先は崖下で、行く手を遮られた川は再び南へと方向を変えた。

川の湾曲部を越えると、高くそびえるシホテ・アリン山脈の反対側の、サマルガ川の西岸の高みにある空き地に、二棟の木造の建物が建っているのが見えた。ヴォズネセノフカに違いなかった。

第6章　チェプレフ

ヴォズネセノフカに近づくにつれて見えてきた光景にわたしは驚いた。手前の建物はどうやらバーニャ（ロシア風サウナ）らしかったが、目を引かれたのは、川岸から五〇メートルほど離れた場所に建つもう一つの建物だった。まだ建築途中のその建物は二階建てで、このような原生地域ではめったに見られないものだった。

それはいわば山小屋の大邸宅で、切妻屋根の下の壁は、丁寧にヤスリをかけた角材を、バットジョイントで組み上げたものだった。建物の北側と南側は緑色に塗られた片流れ屋根で覆われていて、雨や雪が傾斜を伝って下に落ちる仕組みだった。北側には、母屋と壁を共有する貯蔵庫があり、南側には玄関ポーチと山小屋の入り口があった。

ロシアでそれまで見てきた狩猟用の山小屋は、寄せ集めの材料を使って無計画に建てられた、急ごしらえの、一部屋しかない平屋の小屋ばかりだった。しかしいま目にしているこの建造物は、だれかが相当多くの時間と、金と、知恵をつぎこんだものだった。

山小屋の目の前の川の土手は、激しい流れに浸食され、スノーモービルで上るにはあまりにも高く、急勾配すぎた。そこで車列は凍結した川の上に置いたままチェプレフに挨拶に行き、そのあと荷物を取りに戻ることにした。チェプレフはこの山小屋の主で、セルゲイとシュリックが数週間前にアグズの北側の山小屋で腕相撲をした相手だ。川の氷は、岸に近い部分はすでに溶けて水が滔々《とうとう》と流れていたが、中央部の氷はまだしっかり凍っていたので、そこにスノーモービルを停めておくことに不安はなかった。

わたしたちは、川と土手をつなぐ、長い舌のような形に踏み固められた雪の上を登っていった。それはまるで、濠のように開けたサマルガ川にかかる吊り上げ橋のようだった。この氷の橋は、新雪がしばらく降り続いたあと、チェプレフが雪の吹き溜まりの上を川まで降りていき、その後も冬中ずっと同じ道を行ったり来たりしたことによってできたものらしかった。おかげでこの細い通路はしっかりと押し固められ、いよいよ春が間近に迫り、周囲の柔らかい雪がすべて溶け落ちた今も、この危なっかしい氷の橋だけは残っているのだ。

橋は見るからに恐ろしげで、狭く、傾斜がきつかった。しばらく躊躇してから、わたしたちは一度に一人ずつ上っていった。氷の橋の下を流れる川は腰ぐらいの深さで、小石だらけの川底もよく見えていたが、流れは速く激しかった。片側は高い土手で、反対側には分厚い氷が広がっていたから、もしも氷の橋が溶け落ちたり、だれかが渡っているときにバランスを崩したりしたら、川から這い上がるのは難しいだろうと思われた。

土手に着くと、五〇メートルほど歩いて山小屋まで行き、整然と積み上げられた備蓄品の脇を通って玄関ポーチに上がった。山小屋は、内部もまだ建築中だった。玄関ホールを入ってすぐ右手は、まだドアが取りつけられていない狭いバスルームで、保護材で包まれたままの便器が置かれていた。この場所で、わたしが出会うことになるすべての驚くべき事柄のうち、そしてこのあとも何度も驚かされたのだが、何よりも仰天させられたのはこの便器だったかもしれない。

郡庁所在地であるテルネイの住宅にさえ、室内トイレはなかった。みんな屋外便所を使っていた。じっさい、この室内トイレは、おそらく半径数百キロメートル以内にある唯一のトイレで、サマルガ川のはずれにある隠者の山小屋でそれを見つけるなんて、だれも予想しないことだった。

バスルームを越えて進むとその先はキッチンだった。鍋やマグの数々や肉挽き器が、カンナ仕上げをした丸木の壁に打ち込まれた釘に掛けられ、薪ストーブのそばの空いているスペースには、靴下やブーツが所狭しと並べられている。東側には大きな窓が壁一面に広がっていて、川とわたしたちのスノーモービル、そしてその向こうに山が見えた。

キッチンにある大きなアーチ形の出入り口の先は居間で、壁に掛けられたロシア正教会の聖画像数枚と部屋の隅の暖炉——多くの人が熱効率のいい薪ストーブを好むこの地ではこれもまた珍しかった——以外、家具は何もなかった。急な階段が二階へと伸びていた。

ヴィクトール・チェプレフはキッチンにいて、コンロの脇の背の低い腰掛けに丸めた背中をこちらに向けて座り、猟刀でじゃがいもの皮を剝き、四つに切っていた。ウェットスーツの長ズボンとスリッパしか身に着けていないその身体は、贅肉がなくがっしりしていて、きめの粗い肌の下には筋張った筋肉が見え、髪をだらしなく肩まで伸ばしていた。年齢は見当がつかなかった——五〇代後半だろうか？　こちらを振り返ると、驚いたことにミュージシャンのニール・ヤングそっくりだった。

「で、あんたはアメリカ人か」チェプレフはじゃがいもの山の向こうからわたしを見上げて尋ね、わたしはうなずいた。

その声の調子から、彼がわたしを泊めるのにそれほど乗り気でないことがわかった。チェプレフはわたしを怪しんでおり、その理由がわかるまでには数日かかった。わたしたちは、傷みやすいものと私物だけ持って氷の橋を渡り、すぐに必要でないものはすべて凍った川の上に残すことにした。スキー、チェーンソー、氷用オーガー、そしてガソリンだ。

チェプレフはじゃがいもを切り終えると、鍋の中で沸騰しているお湯の中に放り込んだ。その後上半身裸で戸外に出ると、バックパックを背負ったわたしたちが、長距離を運んだせいで傷みがはげしい、今にも破れそうな段ボール箱を抱えて氷の橋をよろよろと上ってくる様子を眺めていた。

運び込みが終わると、荷物の中から食糧を取り出したり、大急ぎでアグズを発ったせいで、どこに入れたのかわからなくなった品々を探し出したりするのに、みな忙しくしていた。わたしが二階を見てきていいかと尋ねると、チェプレフは承諾のしるしにうなずいた。

二階に上がると、そこには予想もしなかった光景が広がっていた。二階は一部屋しかなく、階下と同じように家具はほとんどなかったが、部屋の真ん中にベニヤ製の巨大な四角錐のピラミッドが、やや傾いて陣取っていたのだ。壁面の一つに開き戸があったので、わたしは近づいて中をのぞいてみた。寝室だった。チェプレフは、自分の山小屋の二階に置いたピラミッドの中で眠っていたのだ。

枕の横には液体が入った金属製のマグが置かれていて、わたしは恐る恐るそれを手にとって匂いを嗅ぎ、水だとわかってほっとした。なぜか、それが尿ではないかと疑っていたのだ。わたしは階段を降りて階下に戻った。

みなはキッチンにいて、夕飯の支度の最後の仕上げに入っていた。チェプレフは、じゃがいもとイノシシの肉のシチューをかきまぜながら、セルゲイがコンロのそばでタバコを片手に話す、アグズの最近のニュースに耳を傾けていた。トリャは、わたしたちが運び込んだ段ボール箱を掘り返して、自分たちが使う皿やスプーンを取り出し、シュリックはわたしたちがアグズで手に入れた新鮮なパンを切り分けていた。わたしはチェプレフに、なぜピラミッドの中で寝ているのか、と質問した。

「ほっ、そりゃエネルギーに決まってるだろう」と彼は驚いたように答え、こいつは頭がおかしいのか、と言わんばかりに他の仲間たちのほうを見た。ピラミッド・パワー。料理の味から身体的健康まで、あらゆるものを高める効果を謳う、ロシア西部でけっこう人気のエセ科学[*1]は、どうやらロシア極東の森にまで広がっているらしかった。

チェプレフが、食欲旺盛なわたしたちの器にシチューを注いでいたとき、玄関ホールから現れたトリャがウォッカのボトル二瓶をテーブルの上に置いた。セルゲイが歯ぎしりをした。シュリックは舌なめずりをした。夕食が終わると、チェプレフとセルゲイとシュリックは、ウォッカを飲んで腕相撲をし、わたしとトリャは、居間の床に自分たちのスリーピング・パッドを長々と並べた。

雑穀がゆとインスタントコーヒーの朝食後、わたしはそそくさとブーツを履き、帽子をかぶって屋外便所へ向かった。早朝の光の中を、バーニャのすぐ手前で枝分かれしている短い小道を歩いていった。

川の向こう岸の丘の上で何かが動いた気配がしたので立ち止まって目を凝らすと、野生のイノシシの黒い影が木立ちの間を縫って斜面を下っていく姿が、純白の雪を背景にくっきりと見えた。

野生のイノシシは短い足で重い身体を支えているので、シカのように雪に深い足跡をつけて歩くことは不可能だ。この獣は海氷を割りながら進む砕氷船のように、雪をかき分けながら進んでいく。

屋外便所からの帰り道、山小屋の後ろに小さな小屋があるのを見つけた。ドアを開けると予想外のものが見られるここでの経験に味をしめていたわたしは、立ち寄って調べてみることにした。そしてこの小屋も、当て外れではなかった。

小屋の内部には、何列も、何列も……何かがぶら下がっていたが、それが何なのかわからなかった。茶褐色のそれは何十個もあって、どれも長さは二〇センチほど、干からびて骨と皮だけになった指のような形をしており、乾燥させるために、短い紐で一つひとつ丁寧にぶら下げられていた。それが何なのかも、彼がなぜそれをそんなにたくさん必要としているのかも、わたしにはまったくわからなかった。

そのあと朝のうちに、わたしたちはそれまでと同じように調査に出かけた。氷の橋を下り、スノーモービルからソリを外して、身軽になって出発した。アグズを早めに出てきたから、セルゲイとわたしは来た道を北へ戻り、ヴォズネセノフカの五キロほど手前のザーミ川とサマルガ川の合流点付近の、支流が入り組んでいる場所を調べることにした。トリャとシュリックは、拠点である山小屋の近くに留まった。

森を歩きながら、わたしはセルゲイに、チェプレフの経歴や、どうやってあんな立派な山小屋を建てる金を工面したのかについて、何か知っているか、と聞いてみた。彼が放った次の一言で、すべての謎が解けた。それは「ラティミール」という言葉だった。

ラティミールは、沿海地方最大の食肉卸売業者だった。セルゲイの説明によると、チェプレフが住むサマルガ川沿いの土地は、アレクサンドル・トルシュ——ソーセージ王であり、ラティミールの創業者の一人——に貸し出されていて、チェプレフはその森林狩猟賃貸借契約の管理人だった。ソーセージ王はヘリコプターも所有していて[*2]——この二年後、このヘリコプターの墜落事故でトルシュは亡くなることになる——チェプレフが屋内トイレ用便器やガスコンロなどの贅沢品をこんな僻地まで運んで来られたのもそれで説明がついた。

ラティミールとのつながりが明らかになったことで、小屋にぶら下がっている奇妙な棒状のものの謎も解けた。セルゲイもその存在を知っていた。

「アカシカのペニスだ」とセルゲイは言った。「まさにオスの象徴そのものだ。いったいぜんたいシカを何頭殺したのか想像もつかんよ……」

「でもあれを何に使ってるんだろう?」

「そのことなら奴に聞いたよ」とセルゲイが言った。「チェプレフはあれをアルコールに漬け込んで飲んでるんだ、精をつけるためにな」

わたしたちは、午後遅くにヴォズネセノフカに戻ってきた。心がモヤモヤしていた。シマフクロウの形跡は一つも見つからなかった。

この調査旅行で、何か得るものはあるのだろうか? それともこれは、研究費の無駄遣いでしかなく、チームのメンバーは無理してエタノールを流し込んでいるだけなのか? こんなことを続けていて、本当に調査母集団とするシマフクロウが見つかるのだろうか。

博士論文の調査のために、多数のシマフクロウを捕獲するというわたしの計画は、この時点では現実味のないものに思えた。何しろわたし自身、この調査旅行中に一羽のシマフクロウも見ていなかったのだから。そして、この調査をもとにしてシマフクロウ保全計画を練り上げるというわたしの提案も、傲慢なものに思えた。

ところが、戻ってきたトリャとシュリックから、ヴォズネセノフカの北側の支流沿いでシマフクロウの古い足跡をいくつか見つけたと聞いて元気が出てきた。シマフクロウの狩り場の特徴をもっとよく知るために、翌日に、トリャとふたりでそのあたりを詳しく調べることにした。

バーニャの準備ができた、とチェプレフが声を掛けてくれた。トリャは入るのを辞退したが、残りの三人は蒸し風呂を楽しみ、身体も洗える機会を存分に楽しませてもらうことにした。

ロシア人男性の尊敬を勝ち取る確実な方法が二つある。一つ目は、大量のウォッカを飲み、酔いにまかせて本音を吐露して心の絆を結ぶ。もう一つはロシア人男性とバーニャで直接対決することだ。わたしはそれよりずっと以前に、ロシア人男性と同じペースで生活したり、酒を飲んだりするのはやめていたが、この当時のわたしは、だれよりも長くバーニャに入っていることができた。

わたしたちは着ているものを脱ぐと、頭をかがめて狭くて低いスチームルームに入っていき、短いベンチにぎゅうぎゅう詰めに腰掛けた。室内の唯一の明かりは、薪ストーブの扉の隙間から時折垣間見える赤々とした炎が、仲間たちの苦痛に歪んだ口もとの金歯に当たって反射する光だけだった。

身体を熱さに慣らすための短い順応期間が終わると、チェプレフは身を乗り出し、浸したオークの葉の色がしっかりと移った水を柄杓《ひしゃく》ですくって、ストーブの周囲に並べられた焼石の上にかけた。石はシューッという音をたてて、すぐにも強烈な熱波が押し寄せることを警告した。

熱波は大波のように室内を席巻したあと、たっぷりのオークの自然な香りとともに、わたしたちの身体にじっとりと絡みついた。シュリックにはこの最初の一斉砲撃だけで十分だったようで、悪態をつきながらスチームルームを出ていき後ろ手にドアをしめた。その後、柄杓の水は再び石にかけられ、その後も一回、また一回とかけ続けられた。わたしたちは黙って座っていた。深く息をつき、不安な気持ちで次を待ち、くつろぎ、耐えていた。

チェプレフは、このバーニャ体験の間中、わたしの様子を注意深く観察していた。わたしが強烈な熱さに縮み上がるか、しきたりがわからずに何らかの失敗をすることを期待していたようだった。裸のままスチームルームを出て、氷で覆われた張り出し玄関のほうへ歩いて行く間も、彼がずっとこちらを見ているのがわかったが、わたしが文句も言わず、降参もせずにこれだけ長く耐えられたことに驚いているのかもしれなかった。

もしもこのとき一人きりだったら、おそらくわたしはその場にじっと佇み、夜の静けさと、厳しい寒さへのしばしの鈍感さを黙って楽しんでいたことだろう。しかしその代わりに、わたしは手の平で雪をすくって、自分の顔や首、そして胸に強くこすりつけた。やり終えると、チェプレフが感心したようにうなずいていた。「変わったアメリカ人だな、あんたは」と彼は言った。「バーニャの作法を知っているとは」

わたしたちは、集中的な蒸し風呂と短い休憩のサイクルを一時間以上繰り返してから、最後に身体を洗い、山小屋に戻って夕食を食べ、それから眠った。明日はシマフクロウの足跡をはじめて見られるのだ。

第7章　水が来た

翌朝早く、わたしは明け方の光がシホテ・アリン山脈を金色に染めていくのを眺めていた。トリャはシマフクロウの形跡をもっと見つけたがっていたし、わたしはシマフクロウの足跡の実物がとにかく見たかった――わたしが知っていたのは、足跡がアルファベットのKの字に似ているということだけだった。

わたしはトリャと行動し、セルゲイとシュリックは黒のヤマハで南下して、今は住む人もいないウンティ村へ向かうことになっていた。氷の橋は一日でひとまわり小さくなったように見えたが、川へ降りていくわたしたちの体重を支えることはできた。調査場所まではそう遠くなかった――トリャが案内してくれることになっている支流は、川をほんの一・五キロほど遡った場所にあった。

わたしたちは、凍結したサマルガ川本流の上にスノーモービルを停めて、水が流れる支流の、雪が降り積もる川べりをスキーを履いてゆっくりと上っていった。その辺りの水路はほとんどが開けていた。澄んだ水が、ところどころに大きめの岩がある浅い小川の礫底の上を泡立ちながら流れていく。川べり同様、岩の上にも雪が厚く降り積もり、じっさいよりも大きく見せていた。

そのとき、ふいにトリャが立ち止まった。出発地点からせいぜい二〇〇メートルほど進んだところだった。

「新しい足跡だ！」とトリャは小声で言うと、手にした氷用スティックで興奮ぎみに川上を指し示した。

それはとても大きかった——わたしの手のひらぐらいの大きさで——その足跡が巨大な鳥のものであることをうかがわせた。右の足跡はアルファベットのKの形をしていて、左側はそれを左右対称にした形だった。ミサゴもそうだが、*1 シマフクロウもこのつま先の形状のおかげで、身をくねらせて逃げる水中の獲物をよりしっかりと摑むことができる、と考えられている。

前の晩に降りた霜が深い雪の表面を凍らせ、シマフクロウの体重を支えつつちょうどよい加減にへこんで、キラキラ光る氷の表面にくっきりと鮮明なくぼみを作っていた。シマフクロウは凍った雪の上を我が物顔で歩いていたのだろう、雪の上には肉球の一つひとつの跡が残り、後ろ側の二本の鉤爪が、ブーツに取りつけた拍車でロデオ競技場の地面を切り裂くカウボーイのように、雪の上に幾筋もの線をつけていた。太陽が、足跡を避けるようにしてダイヤモンドのような雪原に燦々《さんさん》と降り注いだ。その光景はとても美しく、なんだか覗き魔にでもなったような気分だった。シマフクロウは、夜の闇にまぎれてひそかにここに来ていた。それなのに雪は、シマフクロウが通ったことを示す素晴らしい形跡を残しておいてくれたのだ。

トリャは恍惚とした笑みを浮かべ、わたしたちが発見したこの真新しい証拠が消えてしまう前に写真に残そうとして動き回っていた。これほど完璧な足跡は、彼も見たことがなかった。間もなく、ひょっとすると一時間もしないうちに、足跡は太陽の光をあびて柔らかくなり、細部がわからなくなるだろう。

シマフクロウはふつうは単独で狩りをする。ときには、つがいがお互いの近くで狩りをすることがあるが、人間と同じで、シマフクロウのカップルにもそれぞれの好みがある。川の湾曲部を好む鳥もいれば、小さな早瀬を好む鳥もいる。そして、メスが巣についているときは——卵を抱いているとか、生まれたばかりのヒナを温めているという理由で——オスは自分自身とパートナーのために狩りをし、獲りたての魚やカエルを、可能な限り何度でもメスに届けにいく。

わたしたちは、足跡をたどって川上へ進み、シマフクロウが身を乗りだすようにして川をのぞき込み、魚を待ち受けていたと思われる場所を確認し、その後シマフクロウが浅瀬に足を踏み入れたに違いない場所を見た。水に入ったところで、フクロウの形跡は跡形もなく消えてしまった。わたしたちはその後も一キロほど上流に向かって歩き続けたが、足跡は見つからず、そこでより小さな支流をたどってサマルガ川の、スノーモービルを置いた場所の川上に当たる地点に戻った。

その小さな支流からほんの数メートルのところで、大きな足跡がじっくり狙いを定めるかのように川上へと向かっているのを見つけた。その足跡は、スキーの跡と交差したあと川の土手を上り、森の中に消えていた。トラの足跡だった。

「昨日の夕方、俺はここにいたんだ」とトリャが小声でつぶやき、スキーの跡は自分のものだと主張した。「あのとき、トラの足跡はなかった」

夢のようだ、とわたしは思った。人間と、アムールトラと、シマフクロウが、数時間のうちに同じ場所を行き交うなんて。アムールトラのことはさほど心配していなかった。[*2] アムールトラの生息地で何年間も働いた経験から、こちらが敬意を示せば彼らは人間に危害を加えない、とわかっていたからだ。少なくとも、大型の肉食動物のわりには危険ではなかった。

また彼らをシベリアトラと呼ぶのは間違っている。シベリアにトラはいない。このトラは、シベリアの東に位置するアムール川流域に生息しており、だからアムールトラのほうがより的確な名称なのだ。

この日の午後遅くにヴォズネセノフカに戻ると、チェプレフが家の外で薪を割っていた。いつものウェットスーツのズボンにブーツを履き、薄手のウールのシャツを着ている。チェプレフは仕事の手を止めて、成果はあったかと尋ねた。

トリャはシマフクロウの足跡を見つけたと誇らしげに言い、フクロウの足跡が川に沿ってどんなふうに続いていたかを事細かく説明し、自分がその足跡をどんなふうに撮影したかを、手のひらを大きく広げ、親指を突き出して実演してみせた。チェプレフは礼儀正しく話を聞いていたが、興味がないのは明らかだった。そのあとトリャがトラの足跡のことを持ち出した。

「あれも新しいものだ、間違いない」とトリャはもったいぶって言った。「昨日あれば、絶対に気づいていたはずだ」

チェプレフは斧を置いた。「トラのやつめ」と口の中でつぶやくと家の中に入っていった。山と積まれた薪のことも、トリャのことも、シマフクロウのことも忘れてしまったようだった。

数分後に現れたチェプレフは、さっきのズボンとブーツ姿の上にコートを羽織り、毛皮の帽子をかぶって手にはライフルをもっていた。錆びついた旧式のトラクターに飛び乗ると、森の入り口あたりを憎しみを込めた目でにらみながらエンジンをかけた。

ロシア極東には、トラはさまよい歩く大食漢であり、その飽くことを知らない食欲が、シカやイノシシの個体数を組織的に減少させていると信じる人たちがいた。生活のすべてを森に依存している一部のハンターたちにとって、トラは厄介者であり、見つけ次第銃殺すべき存在なのだ。

近年の科学的データ[*3]からは、アムールトラが仕留める動物は通常一週間に一頭で、しかも彼らの生息密度は非常に低いため（一頭あたり四〇〇から一四〇〇平方キロメートルの広い行動圏を有する）[*4]、シカやイノシシの個体数の変化に大きな影響を与えていないことがわかっている。じつは、人間による乱獲や生息域の破壊が、有蹄類の個体数の急激な減少の真の元凶なのだ[*5]。ところがトラはていのいいスケープゴートにされていて、生活に苦しむ人々の凝り固まった考えを変えさせるのは簡単ではない。たとえ統計的な正しさを証明できる論拠があっても。

チェプレフは、北側の森へ続く轍のできた道へとトラクターを進めると、毛皮の帽子の下から覗く細めた目で、地平線をくまなく見渡した。片手はガタガタ揺れるトラクターのハンドルを、もう片方の手はライフルを握りしめている。

その光景は、インド帝国時代の虎狩りのパロディのようだった。逃げ足の早い縞模様の獲物を探す王族が、ゾウの背中に乗って堂々と進んでいく。しかし今目の前にいるのは、あえぐようなエンジン音を上げて進むトラクターの運転席で足を踏ん張る、下着姿の変わり者のロシア人だった。

それにチェプレフの鋼鉄製のゾウ[*6]は、彼が考えていたような動く要塞ではなさそうだった。二〇世紀のロシアにおいて、記録に残るトラが人間を襲った数少ない例の一つに、トラがトラクターに乗っていた農夫をいとも簡単に引きずり下ろして殺してしまった、というものがあった。

チェプレフは、一時間かそこらで再びヴォズネセノフカに戻ってきたが、いまだに興奮していた。彼は足跡をその目で確かめ、トラはその朝早くにすでに北へ移動し、自分のトラクターでは追いかけられないところまで行ってしまったと判断した。

わたしは、チェプレフがじっさいにトラを見つけることはないだろうと思っていたから、それほど心配していなかった。このあたりのトラは人を避けるのが上手く、捕まるのは不意を打たれたときだけなのだ。チェプレフが古いトラクターをガタガタいわせてやってくれば、トラはそれを容易に聞きつけ、逃げてしまうだろう。

うまくいけば、トラはあらゆる人間に出会わずに済むはずだったが、川沿いに棲むひ弱な獲物の誘惑には勝てなかったのだろう、トラはアグズの無情な敵対者にどんどん近づいてしまった。徒歩で物音をたてずにやってきたハンターに見つかれば、その出会いは致命的なものとなるかもしれない。じっさい、サマルガ川沿いではトラはあまり長くは生きられなかった。

そろそろあたりが暗くなりはじめていたが、トリャとわたしはシマフクロウの足跡が見つかったことで浮足立っていた。わたしたちは再びスキーを履き、上流に向かってゆっくり滑りながら進んでいった。このなわばりにつがいがいるのか、それとも一羽きりで暮らしているのかを判断するために、一度でいいから鳴き声を聞きたいと願っていた。

日が暮れる頃には支流まであと数百メートルほどに近づいていたが、そのとき、一本の木から巨大な物影が落ちてきた。薄闇のなか、支流の合流口の反対側の崖のそばの、凍結した川の表面を背景にして、その輪郭がはっきりと見えた。わたしは他の種のフクロウを暗がりで見たことがあったので、それが何だかすぐにわかった。ただ今回のは、これまでに見た他のどんな種類のフクロウよりもずっと大きい。

シマフクロウだ。

そう気づいた瞬間、わたしは思わず息を止めていた。その鳥は、不要な動きは一切しなかった。

両方の羽を広げ、今にも水面に舞い降りるかのような体勢でしばらく空中に留まっていたが、その後、前夜に狩りをした支流の川上のほうへ姿を消した。

トリャとわたしは顔を見合わせてにっこりした。目撃したのは輪郭だけだったが、大きな収穫だった。飛び立った場所から考えて、シマフクロウはおそらく、わたしたちが近づいてくるのをずっと見ていたのだろうと思われた。これ以上シマフクロウをわずらわせたくないと考えたわたしたちは、近づくのをやめて、歌声が聞こえるのを待ったが、何も聞こえてこなかった。

わたしたちは、川下のヴォズネセノフカまでゆっくり歩いてもどり、まもなくセルゲイやシュリックと合流した。彼らもまた意気揚々と帰ってきていた。ふたりは、ウンティ村の近くでシマフクロウのデュエットを聞くことに成功していた。

トリャとわたしがシマフクロウを目撃した場所と、ウンティのつがいのデュエットが聞こえたエリアは、およそ四キロ離れていて——フクロウが飛んで移動するのに遠すぎる距離ではないが——ほぼ同時刻の出来事だったことから、わたしたちはヴォズネセノフカを境界線とする二つの異なるなわばりに棲むシマフクロウと出会ったのだと思われた。

チェプレフはまだ苛立っていて、そのイライラは夕飯のテーブルにまで持ち越された。ひょっとすると、彼はわたしたちとの暮らしに疲れてしまったのかもしれなかった。四人の赤の他人と三日も一緒にいることは、一人暮らしに慣れた人間にはとてつもなくつらい体験なのかもしれない。

ウォッカの二本めのボトルがそろそろ空きかけた頃に、チェプレフはモスクワで行なわれている「ホモセクシャルのユダヤ人による陰謀」のことを嘆き、やつらはヨーロッパの価値観を尊び、ロシアの文化や社会をじわじわと、ほとんど気づかれないほどのやり方で破壊し、ロシア的な価値観を腐敗させようとしていると非難した。それを聞いてようやく、彼のわたしに対する冷ややかな態度の理由がわかった。

チェプレフの妄想的な不安は、アントニイ・バージェスの小説『時計じかけのオレンジ』を思い出させた。小説は、ポストモダンの西側諸国を、イデオロギー的にも言語的にも（バージェスが考え出した人工言語ナッドサット[*7]は、ロシア語の影響を受けた英語だった）ソビエト連邦の影響を強く受けた、暴力的で堕落した世界として描いていた。

しかし真実はその逆だった。世界に対するソ連の影響力は低下し、英語の語彙がロシア語として定着し、西側的理念がロシアの文化に浸透していた。ロシアにはそのことを脅威と受け止め、苦々しく感じている人たちがいて、チェプレフもその一人だったのだ。

シュリックが話題を変えようとして、この素晴らしい山小屋で誰かと暮らそうと思ったことはないのか、たとえば女とか、とチェプレフに尋ねた。

「女と暮らしてたこともあるよ、数カ月だったが」チェプレフはそのときのことを思い出して首を振った。「でも追い出した。なにしろあの女はバーニャで水を使い過ぎるんだ」

わたしは、精力剤としてアカシカのペニスを常用している男が女性を追い出した、という話に大いに興味をそそられたが[*8]、そのときセルゲイが、チェプレフのバーニャとサマルガ川がほんの数メートルしか離れていないのを確かめるように視線を窓のほうに走らせるのがわかった。サマルガ川は、沿海地方北部最大の水源なのだ。しかしセルゲイは何も言わず、チェプレフは話を続けた。

「バーニャでいったいどうしてそんなに大量の水が必要なんだ？　人間の身体の重要な部分は三つしかなく、そこをときどき水で洗えば十分なんだ」と言いながら、チェプレフは自分の股間と両方の脇の下をサササッと洗う身振りをした。「それ以外のことに水を使うのはすべて贅沢だ。間違いない。だから、通りがかりの船に乗っけて海沿いの村に送ってやった」

ロシアの男の堕落についてあれこれ語り、女性の贅沢についてくどくど話したあと、チェプレフの不快感はある一点に向けられた。彼は、わたしたちが今頃になって、絶滅危惧種の調査のためにサマルガ川流域にやってきたことに憤っていた。

彼は、わたしたちの目的がシマフクロウを探して彼らを森林伐採から守ることだと知っていて、*9 同じ目的でこの地に逗留していた生物学者のグループにも会ったことがある、サケの数を数えていた者もいれば、トラを探しに来た者もいた、と説明した。

「五年前、あんたらはどこにいた？」とチェプレフはいきり立ち、片方の手の平で机を思い切り叩いたので、ボトルに残っていたわずかな量のウォッカがガラス瓶の中で波打った。「去年、あんたらはどこにいた？　サマルガがあんたらを本当に必要としていたときに？　伐採はとっくにはじまっている。もう遅いんだ」

そのとき、もう一つの部屋からシマフクロウの鳴き声が響いてきた。トリャが自分のビデオカメラをテレビにつないで、この調査旅行の初期の頃、わたしがアグズでチームに合流する以前に、アグズで見つけたシマフクロウの巣のビデオ映像を見直していたのだ。

チェプレフはその映像を見に行った。わたしたちもみなそのあとに続き、シャツなし、ウェットスーツ姿で無言で床の上に座り、粒子の粗い小さな画面に映し出された、鳴き交わす鳥たちの影を眺めていた。サマルガ川の川岸でこんなふうに夜を過ごす日々も、あとわずかとなりそうだった。

*

この翌日、わたしたちが前日に見つけたシマフクロウの足跡を見たいと考えたセルゲイとシュリックは川の上流へ向かい、トリャとわたしは、セルゲイとシュリックが前夜にデュエットを聞いたウンティ村のつがいの形跡を探すために、いくつもの支流が交差する南へ向かった。しかし収穫はゼロだった。

帰り道、ヴォズネセノフカに近づくと、黒のヤマハが二台のソリの隣に停まっているのが見えた。トリャがスノーモービルを停車させ、地面に降り立ったわたしたちは、すぐに立ち止まった。数時間前にはあったあの氷の橋がなくなっていたのだ。

一瞬、セルゲイとシュリックも橋と一緒に落下してしまったのだろうかと疑ったが、そのときシュリックが山小屋から現れて、自分たちが通ったルートを指差し、一〇〇メートルほど左に進み、濠のように開けた川を迂回して土手を上がってこいと言った。迂回路はバーニャのすぐそばにつながっていて、そこからは通路を通って山小屋まで行けた。

山小屋の中に入ると、セルゲイとシュリックもまた氷の橋が消えたことに衝撃を受けているのがわかった。シュリックは口では笑い飛ばしたが、目には不安の色が浮かんでいた。

シュリックは、セルゲイと森でたくさんの有蹄類を見た、アカシカとノロジカとは写真まで撮った——何しろ雪が深くて、シカたちも疲れ果てて逃げられなかっただけのことだったが、と言った。また、ヴォズネセノフカを目指して下流に向かっていたときには、スノーモービルが走り過ぎたすぐ後ろで、川の氷が割れてサマルガ川に飲み込まれていったとも話した。

「あんたたちがまだここに居ることが、本当に驚きだ」薪ストーブの近くに座り、ミルクなしの紅茶が入った温かいマグカップを両手で包みこむようにして話を聞いていたチェプレフが口を開いた。「俺だったら、一日前にはここを出てる。今となっちゃあ、もう遅いかもしれないね」

氷の橋が消えたことは、わたしたちがチェプレフの好意ばかりか、冬の好意にも甘えすぎ、この地に長居しすぎたという事実をはっきりと示していた。わたしたちは翌日の明け方には出発するつもりですぐに荷造りをはじめたが、下流の川の氷がスノーモービルとそりの重さを支えきれるほどの厚みを維持しているかどうかはわからなかった。

わたしたちはチェプレフに、食糧などで足りないものはないかと尋ね、可能な限り自分たちの貯蔵品の中から補給した。その後、寝袋とスリーピング・パッド以外のすべての荷物をそりのところまで降ろした。濠のように開けた川を迂回するルートを使うと、橋があったときの四倍の時間がかかった。結局、トリャとシュリックがそりの横で待ち受け、セルゲイとわたしが、投げられるものは川の上を投げ渡し、受け取った二人が荷造りをすることにした。

わたしたちの目標は、唯一サマルガ村にたどり着くことだけだった。季節の変わり目に川の上に取り残されるわけにはいかなかった。海沿いの村に無事に到着できてはじめて、シマフクロウの調査の再開を考えることができるのだ。

第8章　最後の氷に乗って海沿いへ

東の山の背に日が昇る頃、わたしたちはもう凍った川の上にいて、スノーモービルのエンジンをアイドリングさせていた。日付は四月の七日。前夜に降りた深い霜が、この朝の氷の強度を高めてくれていることを期待していた。

チェプレフは、ご飯の上にタマネギとさいの目切りの鹿肉のソテーを載せた食べきれないほどの朝食を用意してくれ、それをわたしたちは、最後のひと缶となったスグションカ入りのコーヒーで流し込んだ。スグションカとは、ロシア人が臆面もなく愛飲している、ずんぐりしたブルーの缶に入った甘ったるいコンデンスミルクのことだ。

こんな辺鄙《へんぴ》な場所に二度と来るわけがないとわかっていたからなのか、チェプレフは、またいつでも歓迎するよと言った。別れの言葉を交わし、しっかりと手を握りあったあと、チェプレフは幸運を祈ってる、とつけ足した。

トリャが、今回もまたグリーンのスノーモービルを操縦することになった。シュリックは、大きいほうのヤマハの運転席の、セルゲイの後ろにまたがった。わたしは、その後ろに接続された黄色いそりの幅の広いスタンディングボードに立ち乗りし、後ろを振り返ってヴォズネセノフカが小さくなっていくのを見ていた。

そこから先はほぼ一本道のようだったが、氷の橋が崩れたことや、この季節特有のナレドのことを考えると、次の障害物に出遭うまでにいったいどのくらい進めるものか、見当もつかなかった。

事実、ヴォズネセノフカを出発してほぼ間もなく、ナレドに遭遇した。そこはトリャとわたしがその少し前には簡単に通過できた川の一画で、それから一二時間もたっていないというのに、今ではふくらはぎまでの深さのシャーベット状の雪が三〇メートルにわたって帯状に広がり、行く手を塞いでいた。

中に足を踏み入れて調べたセルゲイが、勇気を振り絞り、力ずくで進めば向こう側まで突破できると判断し、わたしたちは歯を食いしばり、前かがみになってスノーモービルを全力疾走させた。「水が来るぞ!」とセルゲイが、甲高《かんだか》いエンジン音に負けない大声で叫んだ。

そりを摑む手に力を入れた瞬間、スノーモービルはナレドに突っ込んだ。ドライブトラックの後部が、ドロドロの液体を強く叩いて重い雪の塊を弾き飛ばし、それはまるで平手打ちするかのようにわたしの顔や胸に命中した。

シュリックがソリの立ち乗り席をしきりにわたしに譲りたがったのはこのせいだったのか、という思いがよぎった。前回ナレドに遭遇した際に、彼も今のわたしのようにびしょ濡れになったに違いなかった。そのときは無我夢中で気づかなかったけれど。

「押せ!」とセルゲイがエンジンの回転数を上げながら、振り返りもせずに怒鳴った。

シュリックとわたしは冷たいシャーベット状の雪に飛び込んだ。わたしはそりの後ろを摑んで前方に押し上げた。今回もまた、氷と水が腿までの長靴の隙間から流れ込み、ズボンを、それから靴下を、じわじわと水浸しにしていくのを気にしている暇はなかった。

セルゲイはボートのコックス［舵手］さながらに大声で司令を出すと、運転席の長椅子から降りて、スロットルレバーを握りしめたまま、押すのを手伝った。それではずみがついて、スノーモービルはようやくナレドを通り抜け、ずっと空転していたゴム製のドライブトラックが、足元の固い路面を摑んでわたしたち全員を氷の上に引き上げた。

振り向くと、トリャと彼のソリに積まれたより軽い荷物は、さしたる困難もなくナレドをかき分けて進んできていた。水に濡れた靴下の繊維が足にピッタリ貼りついていたが、服を着替えたり、濡れた身体を乾かすために立ち止まったりはしなかった。わたしたちは、この先にもっと多くのナレドがあるのではないかと恐れていて——そしてその不安は間もなく的中した——だからのんびり休んでいる暇はなかったのだ。

ここからは、サマルガ川は南東に方向を変えてまっすぐ海岸沿いの村まで続いていた。ヴォズネセノフカからおよそ六キロ離れた広大な氾濫原の低地で、それまでたどってきたスノーモービルの通行跡と交差する、西から伸びてきたもう一つのスノーモービルの跡を見つけた——だれも住んでいない村ウンティへと続く道に違いなかった。

そこを過ぎると、サマルガ川はいくつもの支流に分かれる。チェプレフは、川が枝分かれする地点では、十分注意して正しい経路を選ばなくてはいけないと警告し、しかしその年の冬に、スノーモービルやそりで行き来した大勢のハンターたちや罠猟師たちによって踏み固められた跡が必ず見つかるはずだと言っていた。

夏に村まで行くのはさらに困難で、地元の人々の知識が欠かせなかった。一見最適に見えるルートをボートで下っていっても、その水路が突然流木の渋滞にのみ込まれ、命を落とすことになるかもしれなかった。

何事もなく一、二キロ進んだところで、ふいに背後でバリバリという大きな音が響いた。わたしは振り返った。わたしたちのスノーモービルとトリャのスノーモービルの間に広がる氷の板が、そこだけ剝がれて浮き上り、みるみる水に覆われて黒ずんでいった。トリャはスノーモービルの速度を緩めて、前方の様子をよく見ようとした。

「進め、今すぐ!」セルゲイの金切り声がトリャの背中を押した。トリャはスロットルレバーを押し下げると、周囲の氷から離れて流されていく水浸しの氷の上を、猛スピードで通過した。水面に浮く氷の板は、トリャのスノーモービルの重みで一瞬押し下げられたがなんとか持ちこたえ、トリャは汗だくになり、喘ぎながらわたしたちの隣にスノーモービルを止めた。

そのあとは、川の湾曲部に来るたびに、向こう側はどうなっているのだろうという不安に駆られた。それでもわたしたちは、ナレドを乗り越え、波打つシャーベット状の雪に耐え、前は通れた場所に開いた水の穴を避け、自分たちが通り過ぎた直後に氷が川にのみ込まれるのを目の当りにしながら進んでいった。

マリノフカと呼ばれている、焼け落ちて骨組みだけになった山小屋で、わたしたちはようやく休憩を取り、骨格だけになった薪ストーブの、シューシュー音を立てて燃える薪の炎で水浸しになった靴下を乾かした。アグズに滞在中に、この小屋で寝泊まりすることを考えたこともあったが、解氷がはじまり、この小屋の状態をじっさいに見た今となっては、ありえない話だった。

セルゲイとトリャは前にもサマルガまで下ったことがあったが、それはいつも夏で、だから氷がどのくらいもつかはだれにもわからなかった。マリノフカに留まるのは必要最低限の時間にしなった。

て再び出発しようとしたとき、突然目の前のサマルガ川本流が開けてまず左岸に沿って水が流れはじめ、その水はやがて川床を横切って右岸まで広がり、そのまま川の湾曲部を越えて見えなくなった。

スノーモービルの通行跡は水中に埋もれ、その後、遠くに見える固く凍った川の上にまた現れた。これは手探りで進めるナレドではなかった。わたしたちは進路を絶たれた。

「ランチにはうってつけの場所だ」セルゲイがタバコに火をつけ、下流の方向を物思わしげに見つめながら言った。この日、わたしたちはすでにクタクタで、しかしサマルガまではおそらくまだ一五キロはありそうだった。トリャが固い氷の上で火を焚いてお茶の準備をし、シュリックは右側の川岸を歩いて前方の様子を偵察に行った。彼は進むのに難儀していた。川の氷とは違って、ナレドや直射日光による解氷の影響を受けない森の地面は、今でも一メートル近い雪に覆われていたからだ。

シュリックは二〇分後に戻ってきて、数日前にヴォズネセノフカの北部でやったように、今回も雪深い森を抜ける道を切り開き、川の湾曲部の向こう側にある川がまだ固く凍っている場所まで迂回していくのがいいだろう、と報告した。迂回する距離は三〇〇メートルほどだろう、とシュリックは見積もった。

その氾濫原には草木が繁茂していた。降り積もった雪のところどころから高木や低木が顔を出し、またこのあたりはサマルガ川に合流するたくさんの小さな支流が流れているせいで、雪の表面は平らではなかった。

道を切り開くのは、前回ほど簡単ではなさそうだった。けれども、それが実行可能な唯一の選択肢であることは明らかだった――さもなければスノーモービルを川べりに残し、背中に背負えるだけの荷物をもってスキーでサマルガに向かうほかなかったのだから。セルゲイとわたしが、チェーンソーを手に前を行き、行く手を遮るこの障害物の向こう側へと続くできるだけまっすぐな道を切り開きながらとぼとぼと進んでいった。

ときには、四人全員が力を合わせて働いた。幅の狭い雨裂《うれつ》［雨水の流れが地表面につくる谷状の地形］や、自分たちが切り開いた草木のない急斜面では、スノーモービルとそれが牽引するそりを、悪態をつきながら必死で上げたり下ろしたりした。

一時間後に再び固い氷の上に戻れたときには、わたしたちは汗だくで、疲れ果てていた。脱出の緊急性と、他に選択肢がなかったことが、わたしたちのやる気を鼓舞する力となったのは間違いなかった。

その後数キロ進んで、両側に山が迫る峡谷を通り抜けたところで、突然スノーモービルの走行跡が川を逸れているのを見て、セルゲイはスピードを落としてからエンジンを止めた。そこは、雪で覆われた広大な平原のはずれで、強風と春の暖かさのせいで、去年の草の細い茎がところどころから顔を出していた。

西に見えるオークやカバノキが生えた三日月形の低い丘は、わたしたちを取り囲むようにカーブしながら北へ続き、再び東に向かって傾斜していた。前方、南側に広がる起伏のない平原は、サマルガ村が、タタール海峡が、そしてわたしたちの脱出劇の終幕が近づいていることを予感させた。

「友よ」セルゲイが、ハンドルにもたれかかり足をスノーモービルの長椅子に乗せて、満足げなため息をついた。「ついにやり遂げたぞ」

セルゲイとシュリックは祝いの一服を楽しみ、トリャはスキー用ゴーグルを外して満足げな唸り声を上げながら大きく伸びをした。

五頭の馬が、遠くから訝《いぶか》しげにこちらを見ていた。もっとよく見ようとしてわたしが近づくと、馬の群れは健全な距離を保つために後ずさった。彼らは野生の馬で、一九五〇年代のソ連の農業集団化政策でこの地に連れてこられた馬の子孫だった。本来の目的を果たしたあとも生き残った馬たちは、もはや馬を必要としなくなった農夫に負担をかけることなく、自力で洪水やトラから身を守れとばかりに野に放たれた。

馬たちは程よく繁殖し、ある意味はびこり過ぎさえしたが、この年の冬は彼らにとっても厳しいものだった。そういうわけで、彼らは腰骨を目立たせながら深い雪の中に佇み、長い房のようなしっぽには、氷の塊がクリスマス・オーナメントさながらにぶら下がっていた。

わたしたちは、足元の固い地面に励まされながらサマルガへと急いだ。途中、トリャが踏み固められた道から外れてしまい、隠れていたコブにうっかり乗り上げたスノーモービルが空中に跳ね上がって危うく大破しかけた。トリャはバツが悪そうにすごすごと隊列に戻ってきた。

わたしたちはサマルガ村の最初の集落にたどり着いたが、人が住んでいる気配はほとんど感じられなかった。タタール海峡から吹き寄せる風は、まるで津波のように村中をどこまでも低く吹き渡り、急ぎの用のある人を除くあらゆる人々を家に閉じ込めていた。家が密集していたアグズ村とは違って、ここでは、家は広く分散してゆるい集落を形成していた。わたしは、集落と集落を結ぶ木製の橋の下の雪や氷は川や沼地を隠しており、そのせいで人々は、それぞれ自分で見つけた乾いた土地に家を建てるほかなかったのではないか、サマルガ村が人を寄せつけないよそよそしい雰囲気をまとっているのはそのせいではないか、と考えた。

サマルガ川の河口を最初に訪れたロシア人として知られているのは、一九〇〇年にここにやって来た三人の毛皮商人だった。彼らの生存率は六六パーセント、とそこそこの数字だった。[1] 商人の一人が凍傷で両足を失い、その後死亡した。村はその八年後に古儀式派の人々によって作られた。

古儀式派とはロシア正教会の一派で、彼らは一七世紀の教会改革を拒否し、そのため激しい迫害にあっていた。古儀式派の人々は、ロシアの人口密集地から逃げ出し、なかにはアラスカや南アメリカに向かった人たちもいたが、何百人かが、邪魔されずに自分たちの宗教を実践するために沿海地方の人里離れた森に住み着いた。

探検家のウラジーミル・アルセーニエフは、サマルガ村が誕生したときの様子を記録している。一九〇九年、サマルガ川の河口に建つ二軒の家には、八人の住人と、牛二頭、豚二頭、それに七匹の犬が暮らし、小舟が三艘《そう》、銃が一〇挺あったと彼は書いた。[2]

それ以降、村を活性化するための試みが幾度か行なわれたが、うまくいかなかった。一九三二年に始動し、三〇年後に閉鎖されたサマルガ・フィッシュと呼ばれる集団農場（コルホーズ）もその一つで、おそらく、一九五〇年代に起きた大地震によって海流が変化し、ニシンの漁場が沿岸部から遠く離れてしまったのがその理由だった。二つめに導入が試みられた猟鳥獣肉産業は、アグズ村を支える産業となったが、一九九五年に破綻した。

最近では木材伐採会社が、海岸のすぐそばに自社の港を作ったばかりで、一五〇名そこそこのサマルガ村の住人たちは、安定的な職業に就くことによる安楽な将来への期待を、再び胸に抱いた。

わたしたちは、日差しと風にさらされて木材が薄汚れ、ペンキが剝げた家々が並ぶサマルガ村を通り抜け、タタール海峡に向かって、第一の防御線のように立ちふさがる連棟住宅にたどり着いた。風は圧倒的な強さで吹き荒れ、解氷が進む川は生き延びたものの、この地は今も自然の力によって支配されているのだと思い知らされた。

セルゲイが、連棟住宅の一つにわたしたちを案内した。部屋が三つあるこぢんまりした建物で、村の行政が来客用に維持管理しているものだった。来客というのは、たいていは警察官たちのことで、彼らはテルネイ（付近で一番近い警察署だ）から、表向きは地方の村の法を維持するために二人一組で飛行機でやって来るが、じつはその多くは、公的な出張とは名ばかりの酒盛り旅行だった。セルゲイがサマルガ村の村長に掛け合い、南に向かう輸送船を待つ間、その住宅に泊まれるよう約束を取りつけてくれていた。

わたしは腕時計に目をやった。川の上で過ごした時間は永遠にも感じられるほど長かったが、ヴォズネセノフカを出てからまだ六時間しかたっていなかった。

わたしたちの一時的な宿泊場所は、幅も高さも不揃いな尖った杭と、杭の隙間を覆うやたらと目立つ緑色のナイロンの漁網でいい加減に作られた柵に囲まれていた。

すぐそばの雪の上に、一頭の斑のある牛がむっつりと立っていた。牛はわたしたちが近づいてきてそこで足を止めたのを見ていたが、身動きもせず、ただこちらを凝視していた。

強風から逃れられるこの宿泊施設へと続く小さな前庭には、有機堆積物が散らばり、雪の吹き溜まりができていた。建物の裏にある屋外便所に行くには、これらの障害物を這い登り、かき分けて行かねばならず、しかも屋外便所にはドアがなく、そうした諸々の欠点を恥じているかのように傾いていた。

宿泊所に入る前に、玄関のドアの前にできた雪の吹き溜まりを取り除かねばならなかった。ドアの向こうの玄関ホールには、捨てる気がなかったか、あるいは捨てる時間がなかっただれかが置いていった、いくつもの箱や錆びついた品々が溢れていた。

くすんだオレンジ色に塗られた中のドアを開けると、小さなキッチンと、二つの部屋があった。薪ストーブを越えてまっすぐ行った先に一部屋。もう一つは、キッチンの流しと生ゴミバケツの上の壁に釘で打ち付けられた給水器の先を左に曲がったところあった。

わたしは、オレンジのドアの内側にかなりたくさんのらくがきがあるのに気づいた。一番目立っているのは、「ドアは閉めて——できれば内側から」という言葉で、それに続けて、人生や運命についてのとりとめのない文章がいくつも書かれていたが、ほとんどは判読不能だった。

この宿泊施設の維持管理はだれにとっても優先事項ではなかったが、そのわりにはそこそこ小綺麗に使われていた。ざっと見たところ、奥の部屋に剝がれた壁の破片や山積みの肉はなく、あるのは、シングルベッドのフレームに置かれたむき出しのマットレスと、雑音の混じった弱々しい発信音を放つ電話が載った机が一つ、それに、読み古された本と一九八〇年代の雑誌が並べられた本箱が一つだけだった。

シュリックが薪ストーブの準備をはじめたので、残りの者たちで木ぞりにくくりつけた荷物をほどき、すべてを室内に運び入れた。途中、建物のすぐ横に井戸があるのを見つけたので、家のあちこちにあったバケツを二つもって、井戸へと引き返した。

わたしは、村の井戸を信用していなかった。テルネイの友人[*3]から、井戸の中でネコが溺れ死んでいるのを見つけたことがある、と聞いたからだ。しかしここでは、井戸がわたしたちの唯一の選択肢だった。何しろ、それ以外の身の回りの水はすべて塩辛かったから。

室内に戻り、片方のバケツを薪ストーブの上に載せて、身体を洗ったり洗濯したりするときに使えるようにした。もう一つのバケツの水は、やかんと給水器に半分ずつ注ぎ入れた。まずは少し休み、ソーセージを食べて元気を回復することにした。

その後、まだ午後の早い時間だったので、セルゲイが前年の夏に、サマルガ川の河口近くの小さな流れに囲まれた島状の土地で見つけたシマフクロウの営巣木に、案内してもらうことになった。

第9章　サマルガ村

日没までおよそ二時間あったので、セルゲイとわたしはスノーモービルに乗り込み、後ろの木ぞりに背中で風を受け、足を投げ出して座るトリャとシュリックを引いていった。

わたしたちは、スノーモービルの走行跡をたどって川まで行き、歩道橋の脇に停車すると、その歩道橋で島に渡った。立ち止まってスキーを履くと、セルゲイが先頭に立ち、いつになく自信なさげに営巣木を探しはじめた。

しばらくして、あるはずの目印が見つからないんだとセルゲイが打ち明けた。夏に調査してよく知っているつもりだった森が、冬にはまったく違って見えることがある。葉のつき方が変化するのに加えて、洪水が一夜にして川筋を変えてしまい、営巣木を見つける目安にしていた風景を根こそぎ変容させてしまうことがあるのだ。

トリャが、前月、サマルガに到着してすぐに一人で来て見つけた営巣木がある、まだ記憶に新しいから自分がその木まで案内しようと申し出た。セルゲイは渋々先頭を譲り渡し、今度はトリャがわたしたちを別の方向へ先導した。

わたしたちは、背の低い草木の間を、スキーの進行を妨げ、帽子に引っかかる木の枝を押し返しながら突き進み、ときどき立ち止まってスキーを外しては、サマルガ川河口部の、ヤナギだらけの小さな島のあちこちを分かつ小川を歩いて渡った。

これはわたしにとって、シマフクロウの生息地を本当の意味で歩いて回った初めての経験だった。それまでは、木の枝などない結氷したサマルガ川の平らな氷の上をゆっくり歩くことがほとんどで、より綿密な調査をするに値する木を見つけたときだけ氾濫原の森に足を踏み入れていた。のちにわたしは、この日の苦労は例外的なことではなく、普通のことだと思い知ることになる。シマフクロウを調査すると決めたあらゆる人の未来には、刺さる棘《とげ》、突き出す枝、そして予想外の転落が待ち受けているのだ。

一時間近くあちこち歩き回って三角州を横断し、東へ引き返しかけたとき、積もり積もったセルゲイの不満が爆発し、やみくもに皆を先導するトリャへのあからさまな非難となって炸裂した。

「ありえない、俺はこんなに迷ったことないぞ」とセルゲイが怒鳴り声を上げたちょうどそのとき、トリャが氷用スティックで上方のケショウヤナギの老齢樹を指し示した。それは、高さ三〇メートル、太さはギリシャ建築の円柱ほどに成長する種類のヤナギだった。木のうろの細い裂け目が、かつてはそこから大きな太枝が空に向かって伸びていたことを示していた。

「あれだ」とトリャが静かに言った。

セルゲイは目を細め、しばらくその木を吟味してから言った。「これは、俺が見つけた営巣木とは違う。シュリック、登ってうろの中を見てきてくれ」

シュリックは、巨大な、コブだらけの幹のどこをどう登っていくかを見定めると、スキーで木の根元まで行き、ブーツを脱いで、ためらいもせずによじ登りはじめた。たちまち裂け目に到達すると、下にいるわたしたちのほうを見下ろして首を横に振った。

「シマフクロウの巣にしては、浅すぎるし狭すぎる」

ようやく見つけたトリャが探していた木は、しかしわたしたちが求めていたものではなかった。トリャはわびの言葉を述べはじめたが、セルゲイが手を振ってそれを遮った。

「気にするな、俺が探すよ。君たち三人はそりのところに戻っていてくれ。夕暮れまでに俺が戻らなければ、シマフクロウの歌声が聞こえるかどうか手分けして調べてほしい」

手持ちのＧＰＳ装置で調べると、わたしたちはスノーモービルまで一キロほどの場所にいた。そこで、雪道をうねうねと曲がりながら戻るのはやめにして、ＧＰＳ装置の画面上の、グレーの矢印に従ってまっすぐ歩いていくことにした。

途中、おそらく五〇メートルほど先に、ウラルフクロウらしい葉巻形の輪郭の鳥が、こちらに背を向けて枝の上に留まっているのが見えた。ウラルフクロウは、シマフクロウと共存していると思われる種で、シマフクロウの生息地では彼らの姿を見かけることがよくある。

わたしは、もっとよく見ようとして双眼鏡を目元まで持ち上げ、鳥の注意を引くために、慌てたネズミの鳴き声をまねた。フクロウは頭をくるりと回転させ、不意をつかれたわたしは、その黄色い目にじっと見つめられた。ウラルフクロウではなかった。ウラルフクロウは、茶色い目をしたどこにでもいるフクロウだ。

それはカラフトフクロウで、アラスカやカナダからスカンジナビア、ロシアにかけての北方気候の人里離れた針葉樹林帯で見つかる種だった。沿海地方で発見された記録がほんの少しあるが、[*1]これほど南でカラフトフクロウが見つかるのは非常に珍しく、[*2]今に至るまで、ロシア極東地方でわたしが見たカラフトフクロウはこの一羽だけだ。

バードウォッチャーにとって、希少種を思いがけず見つけることは、いつだって心躍る体験だ。

そしてフクロウ好きにとっては、カラフトフクロウを自分の目で見ることはいつだって喜びなのだ。しかしバックパックからカメラを取り出したときには、鳥はすでに姿を消していた。

わたしたちがそりのところにたどり着いてから間もなく、セルゲイも戻ってきた。セルゲイはようやくあの営巣木を見つけ出し、翌日の朝にそこへ案内してくれると言った。セルゲイの運転でサマルガ村へ戻ると、スノーモービルのヘッドライトの明かりの中に、宿舎のドアの外でわたしたちの帰りを待っている一人の男の姿が浮かび上がった。

彼はオレーク・ロマノフ。ウデへのハンターにしては、いかにもロシア人っぽい名前だった。オレークは四〇代後半の瘦せた男で、茶色い縁の大ぶりの眼鏡をかけ、セルゲイに負けず劣らずのヘビースモーカーだった。地元ではサマルガ川を知り尽くした男として知られており、セルゲイは今回のシマフクロウの調査旅行の計画を立てる際に、川沿いのどこに宿泊すればいいか、どこに事前に燃料を配置しておくべきか、といったことについて彼から助言をもらっていた。オレークは調査旅行の結果を聞きたがっていた。

「先週、あんたたちが姿を現さなかったから、心配してたんだ」オレークはセルゲイの手を握りしめながら言った。「冬のこんなに遅い時期に川を通って来られたとは信じられん」

アグズ村でもサマルガ村でも、住人たちがわたしたちの進捗状況を興味津々で見守り、果たして氷が崩壊する前に沿岸部に到着できるだろうかと噂していた、と言った。わたしたちは、その冬、凍った川の上を移動した最後の旅人だった――あとで聞いたところによると、わたしたちが出発した一日か二日後、アグズ村のあるハンターが、川をたどってサマルガ村まで行こうとしたが、途中で水が出て引き返さざるをえなかったのだという。

こうした状況下、二つの村の間の行き来は、川の氷が完全に溶けてしまう数週間後まで止まってしまった。わたしたちは、この冬最後の氷に乗って沿岸部までやってきたのだ。

オレークとセルゲイ、それにシュリックは、薪ストーブの近くに座り、タバコを吸いながら話をしていた。サマルガ村周辺でやるべき調査はもう少し残っていたが、オレークによると、サマルガ村の村長が翌朝早くにここに立ち寄って、テルネイへの帰路について相談に乗ると言っているとのことだった。

そしてその通り、翌朝、低く唸るエンジン音を聞いて、外にトラクターが来ていることにわたしが気づいたのは、まだ八時にもならない時刻だった。村長はまだ若く、三〇代半ばぐらいで、朝の光に照らし出されたその明るいブルーの瞳は、飲酒の影響かもしれないつやのある光沢をたたえていた。彼がトラクターを降りて握手を求めてきたときにふわりと漂ったアルコールの香りが、その疑惑をさらに深めた。しかし酩酊状態であったにせよなかったにせよ、彼の頭は冴えていて、とても助けられた。

トリャとわたしは、次のヘリコプターの便の予約をとるつもりだったが、村長は、ヘリコプターではなく、ウラジーミル・ゴルツェンコ号という船[*3]で帰ることにしてはどうか、船は二日後に出港する予定だ、と勧めた。ゴルツェンコ号は、伐採業者が、海沿いに点在する港と、プラストゥンにある会社の拠点とを結んで、従業員を送り迎えするために利用している輸送船で、プラストゥン港はテルネイのすぐ南に位置していた。今回の調査旅行が始まるときに、セルゲイと他のメンバーがサマルガまで来るのに使ったルートでもあった。乗船手続きは村長がやってくれ、おそらく料金もいらないとのことだった。

「船だとプラストゥンまで一七時間かかります」と村長は認め、「しかしヘリコプターにすれば、サマルガでいったいどれだけ待たされるかわかりません。船のほうが無難でしょう」。

村長はセルゲイの隣に座り、次の貨物船に積み込むわたしたちの荷物について、どのくらいのスペースが必要か話し合っていた。貨物船はその週の後半に出港予定だった。スノーモービルやその他の用具を南へ送り返すことについては伐採会社と調整する必要があり、セルゲイとシュリックはサマルガに残ってそれらの荷物と一緒に戻ってくることになる。

話は終わり、村長は次の約束に遅れてしまったと言った。主な移動手段がトラクターで、たった一五〇人の有権者を代表する立場であるにしては、彼は驚くほど忙しそうだった。

村長は別れ際に、今夜うちに来てバーニャを使ってはどうですと誘った。来る気になったときは、この村のだれに聞いても、ぼくの自宅の場所を教えてくれますから、と彼は言った。

朝食を手早く済ませたあと、セルゲイとシュリック、それにわたしは黒のヤマハの運転席のベンチに身を寄せ合って乗り込み、トリャは、村の北部のシマフクロウの生息地の可能性があるいくつかの場所を調べに出かけた。わたしたちは、前日に通ってきた道を逆走してサマルガ村を通り抜け、河口まで行った。

わたしの五年がかりの調査の目標の一つは、シマフクロウはなぜ、どのようにして、彼らがじっさいに使っているその営巣木を選んだのかを知ることだった。うろの大きさが適切だったことがすべてなのか、あるいは周囲の植生も、選択の際の一つの決め手だったのか？

わたしは、シマフクロウの営巣場所の構造や植生についての科学的分析や比較を行なうために、標準化という方法を使っており、[*4] そのためには大量の計測をする必要があった。この方法を用いて営巣木を評価することにより、あらゆる問題を排除できると考えていた。巻き尺やその他の道具を持参していた。

目当ての営巣木はすぐに見つかった。前日も、セルゲイはそのすぐ近くまで来ていた。目印にしていた水路の流れが、前年の暴風雨によって変わっていたのに、その水路に沿って進んだおかげで迷ってしまった、とセルゲイは忌々しそうだった。

ドロノキやオオヒョウ、ケショウヤナギなどが成熟すると——高さ二〇メートルから三〇メートル、幹周一メートル以上、樹齢二〇〇年から三〇〇年になる——その大きさや樹齢の長さがその木の弱点となってしまう。台風の強風によって樹冠が折り取られ、幹だけが煙突のように立ち並ぶようになる。ときには太枝だけが折り取られ、幹の内部の柔らかい部分が露出してしまうこともある。しかしその後、年月とともに腐敗が進んでシマフクロウが這い降りられるほど大きなうろができると、そこはシマフクロウの快適な巣となる。

シマフクロウは、横穴型のうろ——木の側面にできた樹洞——を利用した巣穴を好むようで、[*5] それは他の型に比べて暴風雨から身を守る効果が高いからだ。煙突型のうろ——木の頂上にできた陥没——は巣につくフクロウをより危険にさらす。メスは、巣にしっかりと腰を据えて、卵やヒナを風や雪、雨から守らねばならないからだ。スルマチはあるとき、暴風雪の中、煙突型の巣で卵を抱いていたメスが、渦をまいて吹きつける雪にもびくともせず、ついには降り積もった雪に埋もれてしまい、尾だけが突き出しているのを見たことがあった。

もちろん、例外もある。シマフクロウが、木のうろを巣穴にする快適さをとうの昔に忘れてしまった（あるいはしたことがない）地域では、彼らは別の方法で間に合わせている。つい先だっては、オホーツク海北岸の町マガダンで、ポプラの若木の高い湾曲部にかけられた、小枝でできたオオワシの巣から、シマフクロウのヒナが顔を覗かせているのが観察された。[*6] また近年老齢樹が少なくなった日本では、崖ふちでヒナを育てているつがいが発見された。[*7]

シュリックは、巻き尺と小型デジタルカメラをポケットに入れると、目当ての木に登りはじめた。それはコブと枝だらけのケショウヤナギの大木で、本幹を七メートルほど登ったところに樹冠部が折れてできたうろがあった。シュリックがうろの大きさを測り、写真を撮影している間、わたしも、営巣木の直径とその状況を調べたり、周辺の木の本数とその大きさを測ったりと、忙しくしていた。

作業するにあたっての、一つ明らかな問題点は季節がまだ冬だということだった——わたしたちの足元には一メートル近く降り積もった雪があり、木々も低木も葉を落としていた。スキーを履いていると動きづらかっただけでなく、わたしが測定した値（たとえば樹冠率や下層植生の視認性）は明らかに正確ではなかった。とはいえ、よい練習にはなった。作業は全部で四時間ほどかかった。コツをつかめば、そのうち一時間ぐらいで終えられるようになるだろう。

わたしたちは、市長の家を探してバーニャを使わせてもらうつもりでサマルガ村に戻ってきた。まず宿舎に寄ってトリャを拾おうと思ったが、まだ戻ってきていなかったので、彼は置いて行くことにした。通りすがりの穴釣り漁師に市長の家の場所を教えてもらい、着いてみると、嬉しいことにバーニャにはすでに火が入れられていた。それは天井の低いこぢんまりとしたバーニャで、床板は腐りかけ、一度に二人しか入れなかった。

わたしが先に蒸し風呂に入ってから汗を流し、その後入れ替わりにセルゲイとシュリックが入った。二人が出てくるのを待っていると、市長が、デザートとお茶をどうぞと自宅に招き入れてくれ、ところが仕事があるからと言ってすぐに退席してしまった。

おかげで、まだ紹介されていないが、おそらく市長の父親または義理の父親と市長の娘だと思われる、年かさの男性と若い女性とテーブルに差し向かいで座るはめになった。物憂げな痩せ型の二人は、ジャムやはちみつ、砂糖の瓶とパンが所せましと並べられたテーブル越しに、憂鬱そうにわたしのことを観察していた。何度か会話しようと試みて失敗に終わったあと、わたしは彼らの視線に耐えながら無言でお茶を飲み、バーニャで上がった体温を元に戻そうとしてとめどなく流れ出す額の汗を、ときおり拭《ぬぐ》った。

この日の午前中に、トリャとわたしがウラジーミル・ゴルツェンコ号に乗船することが承認され、船は翌日の午後三時頃に出港する予定だという知らせを受けた。海岸線を一二キロほど北に進んだところにある材木積出港、アディミから出港することになる。市長は、そのあたりの道路は通行可能だから、真昼の太陽が傾きかける前に出発すれば間に合うだろうと言った。

この知らせは、出発までのカウントダウンのはじまりだった。サマルガで過ごせるのは残りあと二四時間で、全員がその時間を一羽でも多くのシマフクロウ探しに費やしたいと考えていた。なにしろ、解氷のせいで、わたしたちは川の最後の区間での調査の大部分をあきらめるはめになったのだから。

しかしサマルガ川の上流は、川が開けていてそれほど遠くには行けなかったから、トリャとわたしは、片方のスノーモービルで彼が前日に調査した通い慣れた場所に向かい、セルゲイとシュリックは早朝に出発して、前年の夏にセルゲイが一羽のシマフクロウの鳴き声を聞いた、沿岸部のエディンカ川の河口まで行くことにした。

トリャとわたしが、谷を横切るスノーモービルの走行跡の上を進んでいたとき、トリャがふいにグローブをはめた手をスロットルから離し、たっぷり一〇〇メートルは離れた林の中の、ワシぐらいの大きさのぽってりとした茶色の影を指差した――それはシマフクロウで、サマルガ川の河口に棲むつがいの片方だった。二〇〇〇年にはじめてシマフクロウを見たあの日のあと、シマフクロウの姿をはっきりと見たのはこれがはじめてだった。

トリャが、もっとよく見ようとしてスノーモービルのスピードを緩めたが、わたしたちがちょっとためらっている間に鳥は飛び立ち、いったん後退してから葉を落とした枝の向こうに消えてしまった。一瞬でもシマフクロウを見られて嬉しかったが、不安にもなった。

この調査では、シマフクロウの捕獲は非常に重要な意味をもっていたが、どうやら彼らは、ひと目につくことを極力避けたがっているようだった。彼らが、アメリカンフットボールのフィールド一個分の距離を置きたがり、それ以上は決して近づいてこないのだとしたら、彼らを捕まえられると考えたことがそもそも間違っていたのではないか?

わたしたちは先へ進んだ。狭く浅い川の上を通り過ぎた直後に、背後で割れた氷が、その下の流れにのみ込まれていくことが度々あった。もしもこれが、スノーモービルで走行中に凍結した川が崩壊するのを目の当たりにしたはじめての体験だったなら、わたしも恐怖を感じただろうが、せいぜい不快に感じた程度で、上流での命の危険を感じた体験とは比べ物にならなかった。

周囲に広がる森は、シマフクロウが棲むのにうってつけの環境だと思えたが、調べられたのはほんの一部分だけだった。わたしたちがシマフクロウの姿を見たのは結局あの一瞬だけで、村に戻ってしばらくするとセルゲイとシュリックも帰ってきた。彼らはシマフクロウの形跡を一つも見つけられずじまいだった。セルゲイが、サマルガ村南部の磯浜で見かけた、餓死寸前の馬の様子を詳しく話した。

「馬は骨と皮ばかりに痩せてときどき体を痙攣《けいれん》させていた。じわじわと死に近づいていた」と言うと、その姿を思い出して顔をしかめた。「銃を持っていたら、撃ち殺してやったんだが」

第10章　ウラジーミル・ゴルツェンコ号

四月一〇日、わたしたちの仮住まいは活気に満ちていた。トリャとわたしはさっさと荷造りを済ませ、黄色いそりに荷物をくくりつけた。セルゲイが、似たような粘度の半解けの雪道と泥道が交互に続く海沿いの道を、スノーモービルでアディミまで送ってくれた。

町のはずれに近づくと大型の輸送車両がエンジンをかけたまま停車しているのが見えた。そこから先は伐採作業員の宿泊施設で、私用車の侵入は禁じられていた。わたしは待機していたトラックの後部によじ登り、トリャとセルゲイが手渡してくれる荷物を次々と受け取った。セルゲイとは一週間後にテルネイで会うことになっていたから、簡単な握手を交わし、短くうなずきあっただけで別れた。

トリャがはしごを上ってトラックに乗り込み、運転手への出発の準備完了の合図に金属製の天井を叩くと、車はゆっくりとアディミに入っていった。セルゲイは泥まみれのスノーモービルと空っぽのそりの隣で、遠ざかっていくわたしたちを見送った。

一九世紀のアメリカ西部の辺境の町のように、アディミの町も、切り倒したばかりの材木でできた木造の建物が、ふくらはぎの深さまでぬかるんだ大通り沿いにぎっしりと立ち並んでいた。伐採会社に雇われた作業員たちが、急ごしらえの木道の上を忙しそうに行き交っていた。トラックが着いた先は埠頭で、数カ月間の雇用期間を終えた伐採作業員たちが、身の回り品を詰めた荷物を肩にかけ、舷門を通ってウラジーミル・ゴルツェンコ号に乗り込むために行列を作っていた。

わたしにはタグボートとフェリーの折衷物のように見えたその船は一九七七年に製造され、一九九〇年から伐採会社が所有してきたものだった。小さな前甲板に押し迫るように直立する操舵室の後ろにはより広い後部甲板があり、甲板下の客室には一〇〇人は十分収容できる座席があったが、乗船している伐木作業員はおそらく二〇人ほどだった。

座席部分は飛行機の客席の並びとよく似ていて、横一列に並ぶ座り心地のいい座席の間に、二本の通路が通っていた。後部甲板寄りに小さなカフェテリアがあって、お茶やインスタントコーヒー用にいつでも熱いお湯が出るタンクが設置され、テーブルと長椅子からなる仕切り席がいくつかあった。客室の前方にはテレビセットがあって、ロシア軍基地での生活を描いた低予算の連続ホームコメディが大音量で流れていた。

なるべく見ないようにしていたのだが、どうやらそれは気立ては良いが軍人には不向きな徴集兵たちについての物語で、彼らは上官で、背の高い帽子をかぶった太った将校をしょっちゅう困らせるのだった。将校のお決まりの台詞は「ヨーマイヨー！」つまり「なんてこった！」で、手のひらで自分の額を強く叩く動作とともに、しょっちゅう口にされる。

伐採作業員のほとんどは、客室前方のテレビの近くに集まっていたので、わたしは後ろのほうの静かな場所を選び、隣り合う席のいくつかの上に持ち物を敷き詰めてあとで横になれるようにしておいた。この船で過ごす一七時間はとても長いものになりそうだった。その後、後部甲板に戻ると、トリャは、船の後方の空を舞うオオセグロカモメや、船が近づくと逃げてしまうヒメウ、船が通り過ぎたあとの波間に浮かぶコオリガモの写真をせっせと撮っていた。

アグズでもそうだったが、ここでもトリャとわたしは周囲からかなり興味をもって見られていた。アディミは隔絶された居留地で、だれもがお互いの顔をよく知っていた。そこへふいに、どこからともなく見知らぬ二人の男が現れたのだ。

一人目は、オリーブ色の肌をした背の低い男で、ありとあらゆるものを写真に撮りまくり、もう一人の長身で髭の男は明らかに外国人に見える。一七時間という持て余すほどの時間をもった伐採作業員たちは、退屈さと好奇心に打ち勝てず、その結果、この船旅の間じゅう、わたしたちは何度も、あんたたちは何者で、何のためにサマルガ村に行ってきたんだという質問を投げかけられることになった。

夕方の五時頃、トリャとわたしはカフェテリアに行ってお湯をもらってティーバッグのお茶を入れ、サマルガからもってきた軽食を食べた。軽食は、黒のビニール製の買い物袋に適当に入れてきた、パンの塊半分と何本かのソーセージだった。少し離れたところにあるテーブルで、男が二人、軽食を食べていた。片方の伐採作業員は細身で、もうひとりは巨体だった。わたしたちが席に着くなり、ふたりはこちらへ席を移動してきた。

「で」、とミハイルと名乗った大きいほうの男が聞いてきた。「あんたたちの話を聞こうか?」

男たちとの会話ははずみ、わたしたちはなぜサマルガへやって来たのかを話し、彼らは伐採会社でどんな仕事をしていたのかを教えてくれた。

ブルーとグレーのフランネルのシャツのボタンを下のほうまで外して、雪男のような胸毛を自由にさせているミハイルという男は、伐採機械の操縦を担当していた。彼は、スヴェトラヤ村の近くで、皆伐《かいばつ》された広大な森を目の当たりにしたときの恐怖感を語った。

ロシアでは、一部の木だけを伐採する択伐《たくばつ》が一般的だったが、一九九〇年代のはじめに、韓国の企業ヒュンダイと組んで行なわれたジョイント・ベンチャーが、スヴェトラヤの台地を乱開発して丸裸にしてしまった。ヒュンダイは、サマルガ同様、ウデへにとっての最後の砦であったビキン川流域にも目をつけたが、[*1]地元住民の猛反対に遭って、ヒュンダイは素晴らしい森林資源を手に入れ損ねた。それから間もなく、ヒュンダイとそのロシアのパートナー企業は、お互いを腐敗していると非難しあい、スヴェトラヤでのパートナーシップは破綻してしまった。

「どこかでウォッカを調達してこよう」とミハイルがにんまり笑って言ったとき、一人の船員が、船長の挨拶がはじまるから聞いてくれ、と呼びに来た。ウォッカの渦に飲み込まれかけたところを助かってわたしはほっとした。

前甲板に出ると、船長は沿海地方の沿岸部で過ごした自身の過去について、熱意を込めて滔々と語り、穏やかな日本海を隔てたおよそ一キロメートルほど西を、ゆっくりと過ぎていく沿海州の山々や渓谷の名前を挙げていった。船長はまた、海沿いにかつては点在していた漁村が、五〇年前のニシンの価格の急落により、今ではすっかり寂れてしまったとも話した。[*2]そして、そのうちの一つの村はカンツという村でした、と言いながらある方向を指差した。

「あそこにまだ一台のトラクターが残っています」と船長は残念そうに続けた。「あれが残っている唯一のものです――かつては畑だった場所に生い茂るカバノキやポプラの蔭に、錆びついた過去の名残がポツンと取り残されているのです」

そろそろ、ミハイルが話していたあの海沿いの伐採の村、スヴェトラヤが見えてきた。船は減速して岸に近づいた。

村はスヴェトラヤ川の北岸にあり、真向かいの南側には、黒檀製のナイフのように日本海に突き刺さる黒々とした崖があった。その切り立った岩塊の上にぽつんと一つ立つ灯台が、沈みかけた太陽の光を背に受けて、眼下の桟橋の残骸を見下ろしていた。桟橋は猛烈な嵐によって破壊されたに違いなく、その桟橋の抜け殻を通り過ぎた波が、崖下の岩肌に力なく打ちつけていた。海が穏やかであることに感謝した――荒れていれば、座礁は免れないと思えたからだ。

桟橋として機能する設備がなかったので、ウラジーミル・ゴルツェンコ号はその場に停泊して、プラストゥン行きを希望する一〇人かそこらの伐採作業員を乗せた小さな船が、村のほうから波に揺られながら近づいてくるのを待っていた。わたしは、船長と一緒に作業員たちが乗船するのを見守ってから、南へと航海を続ける船の甲板下に戻った。そろそろ暗くなってきたから、少し眠るつもりだった。

この時点で、船に乗っている作業員はおよそ三〇名で、つまり七〇席ほどの空席があるはずだった。ところが戻ってみると、わたしの席は酔っ払った作業員に占拠されていて、男は酔いつぶれ、席を取るために広げていたコートの上に大の字になって寝ていた。男を起こそうと遠慮がちに試みたあと、わたしは確保していた席を諦めた。

しかしそこ以外となると、テレビにより近い席に移動するほかなく、わたしのフォームタイプの耳栓は、テレビ画面上のおふざけを引き立てる効果音には歯が立たなかった。そして驚くべきことに、画面上ではいまだに、ロシア軍の小隊の大尉が苛立ち、「なんてこった!」とお決まりの台詞を繰り返す物語が繰り広げられていた。

時刻は夜の九時ごろとなり、眠れないわたしは、カフェテリアの周囲をできるかぎり大きく弧を描いて歩き回った。中で何が起きているかわからなかったが、漏れ聞こえてくる活気ある叫び声が、知らないほうがいいと告げていた。

後部甲板でトリャに会った。すでに真夜中で、暗闇の中、冷たい風を受けながら外にいるのは二人だけだった。この船は、あの軍隊の基地を舞台にした連続ドラマを全巻積んでいるに違いない――まだあれを流してるよ、とわたしは言った。

「気づかなかったのか？」とトリャが小声で指摘した。「同じ話だぜ。ずっと同じ一時間番組を、俺たちがこの船に乗り込んだときから繰り返し流してるんだ。俺がなんのためにここにいると思ってるんだ」

なんてこった、たしかにそうだ。

どうにかこうにか数時間眠って明け方早くに目覚めると、プラストゥンのすぐ北側の見慣れた岬が見えた。船は雨風から守られているその湾にうまく入り込み、わたしたちは船を降りた。約束通り、テルネイの知人のゼニャ・ギジコが、白のレンジローヴァーの運転席を倒し、タバコ片手にシンセティック・ダンス・ミュージックを聞きながら待っていてくれた。

サマルガへの調査旅行は終わった。わたしは、テルネイを出発してからまだ二週間もたっていないことに気づいて驚いた。氷と奇妙な出来事満載の、一三日間の波瀾に満ちた日々だったが、シマフクロウ探しよりも、さまざまな調整により多くの時間を費やしたように思えた。

しかし、これはよいスタートだった。ロシア極東でのフィールド調査では、調査と地元住人、そして自然の威力との間で、つねに折り合いをつけながら進めることが重要なのだから。

翌週一杯ほど、調査チームは短い休息期間に入る。トリャと私は、セルゲイがサマルガから南へ戻ってくるのをテルネイで待つ。その後セルゲイとわたしは、この五年間のプロジェクトの第二部にあたる、実地踏査を開始し、テルネイ地区のセレブリャンカ、ケマ、アムグ、そしてマクシモフカ川流域で、捕獲できそうなシマフクロウを探すことになる。六週間の小旅行となるこの第二段階は、テレメトリ［遠隔測定法］を用いたその後のシマフクロウ研究の基礎準備なのだ。

第2部　シホテ・アリン山脈のシマフクロウ

第11章　古来の響き

テルネイで数日過ごすうちに、トリャとわたしは、嵐のように過ぎたサマルガ川での氷と混沌の日々の疲れからようやく立ち直りはじめた。

まだ現地に残っているセルゲイはときおり電話をかけてきて、受話器が発する雑音に負けない大声で最新情報を伝えてくれた。セルゲイとシュリックを乗せて南へ戻るはずだった伐採会社の貨物船は時化《しけ》のために出港を見合わせ、おかげで彼らは予定より五日間も長く強風吹きすさぶ辺境の村に足止めされていた。

悪いことは重なるもので、二人が宿泊している宿舎に、役人の一団がやってきて——何しろそこは村で唯一のゲストハウスだったから——彼らはウォッカを持ち込んだ。セルゲイは、逃れようのないこの状況に苦しめられていた。

役人たちと河口までアイスフィッシングに出かけたときには、自分はスノーモービルに接続したそりの上でコートにくるまり、照りつける太陽の光を避けるようにして二日酔いに苦しんでいたのに、一緒に飲んだ役人たちはけろっとしてすぐそばで釣り糸を揺さぶり、タバコをふかしていた、とぼやいた。

その後、電話が来ない日が何日か続いた。

やがてウラジオストクのスルマチから、セルゲイとシュリックは伐採会社の船で出発したものの、悪天候のためスヴェトラヤの港で二晩退避することになった、と連絡が来た。沿岸部の波が荒く、乗客はみな嘔吐し、波に翻弄されて上下に揺れる船倉では、固縛から外れた積荷がぶつかりあった。セルゲイとシュリックはその後ようやくプラストゥンに到着し、休養のため、車でさらに南のそれぞれの自宅に向かった。

トリャとわたしは、思いがけず手に入れたこの自由時間を、テルネイに近いセレブリャンカ川流域でのシマフクロウ探しにつぎ込んだ。

サマルガ川流域での調査旅行で、シマフクロウを探す際に何に注目すべきかは学んでいた——森を構成する木の種類、その木に絡まっている銀色に光る羽、川沿いの雪の上に残された引っ掻いたような足跡、あるいは日暮れどきに響いてくる震えるような歌声——そしてそろそろ、テレメトリを利用した調査の対象となりそうなシマフクロウの個体のリストを作りはじめる必要があった。

それらの個体は、このプロジェクトの第三段階であり最後の局面である捕獲とデータ収集に、極めて重要な役割を果たすことになり、この最終段階は翌年の冬にスタートする予定だった。これらのフクロウから情報を集めることによってはじめて、彼らを守るための保全計画を作ることができるのだ。

しかし、このテルネイ地区でシマフクロウを一体何羽見つけられるだろう、とわたしは不安を抱いていた。わたしは、平和部隊時代の数年をテルネイでバードウォッチングをして過ごし[*1]、また地元の鳥類学者が、セレブリャンカ川流域の河畔林を調査するのに同行したことさえあった。その森は、まさにシマフクロウの生息地の特徴——川沿いの、ポプラやニレなどの水を好む巨木が多数ある――を備えていた。それにもかかわらず、そのときわたしはたった一羽の姿も見ず、声も聞かなかった。

わたしは、もっと北の、より人里離れたアムグ村の辺りならフクロウを見つけられるのではないかと考え、数週間のうちにはセルゲイとそこへ行くことにしていたが、少なくとも今テルネイ近辺を探索することに意味はあると思えた。他により良い策はなかったし、今回探索した経験を後に活かせるだろうから。

シマフクロウ探しには、たいていトリャと出かけたが、ときおりジョン・グッドリッチも加わった。ジョンは当時、テルネイに本拠地を置く、野生生物保全協会のシベリアトラ・プロジェクトのフィールド・コーディネーターを務めていた。[*2] 彼はすでに一〇年以上ロシアで暮らしていて、わたしとは六年来の知り合いだった。

長身で髪はブロンド、戦闘ヒーローの人形みたいにハンサムな顔立ちだった。じっさい、野生生物保護協会が本部を置くニューヨーク市のブロンクス動物園では、一時期、彼に似せて作ったという噂の関節が動く人形が売られていた。人形には、付属品として双眼鏡、バックパック、スノーシューズ、それにその人形が追跡するプラスチック製の小さなトラがついていた。

ジョンは、テルネイでの垢抜けない田舎暮らしにうまく適応し、どことなくロシア人らしくさえなっていたが、そんなに長くこの国で暮せばだれでもそうなりそうだった。冬には昔ながらの毛皮の帽子をかぶり、顔をきれいに剃り上げ、きのこ狩りとベリー摘みの季節が来るのを心待ちにしていた。

しかし、どんなにロシアのウォッカを飲んでも、彼がもつ農村部のアメリカ人らしさを消し去ることはできなかった。ジョンはテルネイの人々にフライ・フィッシングを教えただけでなく、夏になると、袖なしTシャツにラップアラウンド・サングラスという出で立ちでピックアップトラックに乗り込み、村じゅうを走り回った。その光景は、まるでアメリカ西部の田舎道から瞬間移動してきたかのようだった。

彼は野生生物への好奇心が旺盛で、自身はトラの研究者であるにもかかわらず、自由になる時間があるときにはシマフクロウの調査を手伝いたがった。

四月半ばのある夕暮れ、サマルガ川流域でシマフクロウの鳴き声をまだ一つも録音できずにいたわたしは、ジョンのためにシマフクロウの鳴き声を真似してみせた。セルゲイから教えてもらった四音節のデュエットと、一羽による二音節の鳴き声もやってみた。下手くそな鳴きまねをしてシマフクロウを貶《おとし》めるつもりはなかったが、ぜひとも知っておくべき重要な特徴は、声の低さと下げ調子で——森に棲む他のどんな生物もそんな声では鳴かなかった。

この地でよく見かけるウラルフクロウは、もっと高い三音節の音で鳴き、この地域で鳴き声が聞けそうな他のフクロウ——ワシミミズク、サメイロオオコノハズク、アジア産コノハズク、アオバズク、キンメフクロウ、そしてユーラシアスズメフクロウはみな、より高音の簡単にそれとわかる声で鳴く。だからシマフクロウの声は聞き間違いようがなかった。

ジョンが聞くべき声を理解したところで、わたしたちは出発した。ジョンが運転する車にトリャとわたしが乗り込み、テルネイから西へ一〇キロ離れた、セレブリャンカ川とトゥンシャ川の合流点まで行った。

そこから先は、道路は二股に分かれてそれぞれの川に沿って続いており、無数の浅い水路が流れ、巨木があちこちにあるそこは、シマフクロウの完璧な生息地に見えた。簡単に通える場所なので、運良くシマフクロウを見つけることができれば、絶好のシマフクロウの調査場所になりそうだった。

こういう場所では、シマフクロウ調査をはじめる前にやるべきことはあまりなかった。はるばるその土地まで行き、さらに結氷した川の上を移動しなくてはならなかったサマルガ川での調査とは対照的に、ここでは川沿いの泥道をただ車で進み、途中で停車して特徴的な鳴き声に耳を澄ますだけでよかった。川のすぐ側まで近づく必要もなかった。じっさい、近づかないほうがいいくらいだった。激しい水音が、どんな音もかき消してしまいかねなかったからだ。

ジョンは、橋のたもとでトリャとわたしを降ろすと、トゥンシャ川沿いの道を上流に向かってさらに五キロほど車を走らせた。日が暮れてから四五分後に、川の合流点に集合することにした。わたしは迷彩柄の上着とズボンを着ていたが、周囲の景色に溶け込むためというより、むしろ地元の人たちに溶け込むためだった。

わたしは泥道をある方向へと歩いて行き、トリャは別の方向に向かった。手探りで、ポケットに手用信号炎管が入っていることを確かめた。これは護身用だった。季節は春で、クマが出る時期だったからだ。外国人であるわたしは、小火器を携帯することができなかったし、熊よけスプレーを見つけるのは難しく、ほぼ入手不可能だった。手用信号炎管はロシアの船乗りたちが緊急時に使用するためのもので、ウラジオストクで間違いなく手に入り、紐を引くだけで作動して、大音響とともに高さ一メートルほどの炎と煙の柱が出現し、それは数分間続いたのち徐々に消えてなくなる。この「衝撃と畏怖」戦略を使えば、たいていの場合、危険なほど好奇心旺盛なクマやトラに攻撃を思いとどまらせることができた。

しかし効き目がなかった場合は、炎を武器として使うこともできた。ジョン・グッドリッチは、かつてこれをそんなふうに使ったことがあった。トラに仰向けに押し倒され、片方の手に嚙みつかれた彼は、もう片方の手でこの炎のナイフをトラの脇腹に突き立てた。トラは逃げ出し、ジョンは命をとりとめた。

半キロほど進んだときに、デュエットを耳にした。それは、わたしが向かっていた上流から響いてきて、おそらく二キロほど先から聞こえる四音節の鳴き交わしだった。これほど近くでシマフクロウの鳴き声を聞いたのも、これほどはっきりとしたデュエットを聞いたのもはじめてだった。

歌声はわたしをその場に釘付けにした。森に響く音の数々——シカの鳴き声、ライフルの発射音、鳴鳥のさえずりさえも——は、突然響き渡って瞬時に人の注意を引きつける。しかしシマフクロウのデュエットはそれとは違っていた。低い、息の混じった、ゆるやかなその声は、枝が擦れ合う音に紛れ、激しい川の流れに乗って、森の中を伝播されていく。それは古来の、本来あるべき場所にある音のように聞こえた。

遠くから聞こえてくる音の位置を特定するための信頼できる方法[*3]は三角測量法で、これはほんの少しの情報と、それを集めるための十分な時間さえあればできる簡単な方法だ。わたしの場合、必要なのは、シマフクロウの声を聞いたときの自分の位置を記録するGPS装置と、ホーという声が聞こえてきた方位（「ベアリング」と呼ばれる）を測定するための方位磁針、そして、フクロウが鳴くのをやめたり、移動してしまったりする前に、多数のベアリングを収集するための時間だった。その後、ＧＰＳが示す自分の位置情報を地図上に記入し、そこで計測したそれぞれの方位に合わせて定規で直線を引く。

これらの直線が交わる地点が、シマフクロウが鳴いていたおおよその場所である。理論上は、多くの場合、最低三つの方位が必要だと考えられていて、三つの方位を示す直線が交わってできた三角形の中に探している場所があるとされる（ゆえに「三角測量」と呼ばれる）。

作業を急がねばならなかった。子育て中のシマフクロウは、巣についている状態でデュエットをはじめることが多いが、すぐに狩りのために巣を離れてしまう。その前に方位情報を三つ集めることができれば、営巣木《えいそうぼく》を見つけられる可能性が高いのだ。

わたしは素早く方位を測り、ＧＰＳに自分の位置情報を記録して、道路を駆け上がった。泥道を数百メートル上ったところで急に立ち止まり、ドクドクいう心臓の鼓動を聞きながら、再び耳を済ました。またデュエットが聞こえた。ここでも方位とＧＰＳの位置情報を記録し、さらに走った。

三つ目の場所に着いたときには、フクロウは静かになっていた。耳を済まし、さっきより長く待ったが、森はしんとしていた。シマフクロウは、テルネイで暮らすわたしのそばにずっと前からいたのにまったく気づいていなかったのだ、ということをわたしはようやく理解した。適切な時間、適切な状況を選んで森に出かけるべきだったのだ。シマフクロウのデュエットは、他の物音に紛れてしまいやすいから、風が強かったり、あるいはだれかが近くで話していたりするだけで、歌声を聞き逃してしまった可能性があった。

それでも、二箇所で方位を測定できたことに、わたしは希望を感じていた。データが正確であれば、営巣木にたどり着けるかもしれなかったから。もう一度歌声が響くのを期待してさらにしばらく待ってみたが、歌は聞こえず、わたしは来た道を引き返した。真っ暗な中、地面を踏みしめる足の下で砂利が立てるザクザクという音が気分を高揚させた。

トリャとジョンも、それぞれ笑顔で戻ってきて、シマフクロウの歌を聞いたと報告した。トリャが歌声を聞いた二羽は、彼の説明を聞くかぎり、わたしが聞いたのと同じセレブリャンカ・ペアに違いなかったが、ジョンがデュエットを聞いた二羽は別のつがいだった。ジョンが耳にした歌声は反対の方向からのものだったから。

調査に使えそうな個体についてのリストは、一時間のうちにゼロから四羽に増えた。そして何よりも、聞いたのが一羽の鳴き声ではなく、つがいの鳴き交わしだったことに勇気づけられた。一羽だけなら、一時的に通りがかっただけかもしれないが、つがいはそこをなわばりとして棲みついている。来年捕獲して調査するのにちょうどよさそうだった。

その夜、わたしは測定してきた二つの方位を地図上に記入し、直線が交差する地点の座標をGPS装置に記録した。

翌朝、トリャとわたしは、埃《ほこり》っぽいでこぼこ道を車で走ってセレブリャンカ川に戻り、GPS装置のグレーの矢印が指し示す方向に従ってひたすら進んでいった。間もなく、幅の広い流れの速い川に行く手を阻まれた。前夜はここまでは来なかった。フクロウのつがいは、川の向こう岸で歌っていたに違いなかった。

わたしたちは腿までの長靴に両足を押し込み、セレブリャンカ川の本流に近づいた。向こう岸までは三〇メートルほどありそうだ。その場所の上流も下流も、川は歩いて渡れないほど深かったが、そこだけは、膝までの深さの所もあれば腰までの深さの所もある程度で、澄んだ水が、握りこぶし大の丸石やもっと小さい小石だらけの川底の上を勢いよく流れていた。

沿海地方では、膝までの深さの川でも、簡単に渡れるだろうと考えた不慣れな者を欺《あざむ》くことがある――セレブリャンカ川の流れは、サマルガ川やその他のこの地の沿岸河川同様、恐るべき相手となることがある。歩いて渡ろうとしたわたしたちに、セレブリャンカ川の速い流れが襲いかかった。進路を見定めようとして、一箇所に長く立ち止まり過ぎると、足元の小石が流れに浸食されて崩れていった。

ようやく向こう岸にたどり着いてみると、そこには、網の目状に交差する狭い流れに囲まれたたくさんの小さな島があった。島はマツやポプラ、ニレなどの老齢林に覆われ、川の氾濫の被害を受けやすい岸辺には、守りを固めるようにヤナギの木々が並んでいた。ＧＰＳ装置に導かれてわたしたちがたどり着いたのは、その中でもっとも大きな島だった。

島は周囲を川というよりは沼というほうがふさわしい淀んだ水たまりに囲まれていて、盛り上がった部分には、巨大なポプラの木立が、風でなぎ倒された同胞たちの腐敗しつつある遺骸と絡まり合う灌木の茂みの間から高くそびえ立っていた。わたしは双眼鏡を取り出し、そのポプラの木々の幹に大きく口をあけたうろを、一つ、また一つと調べていった。巣の可能性があるうろが驚くほどたくさん見つかった。

高く伸びたポプラの木立の中央には、一本のマツが、まるで意気地のない求婚者たちに囲まれた美女のように、しとやかに佇んでいた。それは、赤い樹皮に覆われた頑丈な幹をもつ健康的でたくましい美女で、幹はやがて、地表近くの緑色に茂る枝の中に隠れてしまった。そしてそのうちの一本の太枝にシマフクロウの羽が絡みつき、かすかな風に揺れているのをわたしは見つけた。大きく手を振ってトリャに合図を送る。二人で歩いてそのマツの木へ向かったわたしたちは、その場に立ちすくんだ。密集した枝によって暴風雪から守られてきたはずのマツの根本の地面に、何かが、溶け出した周囲の雪に混じって広がっていた。

それは、シマフクロウの白い糞便で——大量にあった——過去に食べた餌動物の骨が混じっていた。わたしたちはねぐらを見つけたのだ。シマフクロウは、このマツのような針葉樹を好んでねぐらにする。日中、彼らが眠っているときには日陰を提供し、風や雪、そして嫌がらせをしようとあたりを徘徊するカラスの目からも守ってくれるからだ。

わたしはすぐに、シマフクロウのペリット［フクロウなどが吐き出す、骨や羽毛などの不消化物の塊］が特殊な形状をしていることに気づいた。他の種のフクロウが吐き戻す、灰色のソーセージのようなものではなかった。フクロウの大半の種は哺乳動物を餌とするため、彼らのペリットは、動物の毛にしっかりと包まれた骨だ。しかし、シマフクロウが捕食後、消化できない部位を吐き出す際には、骨を包んで束ねるものは何もない。それらは、ペリットとは名ばかりの別物だった。

この発見に気をよくしたトリャとわたしは、ロシア版のハイタッチ、つまり握手をして喜び合った。シマフクロウは、他の何種類かのフクロウとは違って、いつも同じねぐらを使うとは限らず、これほど使い込まれたねぐらを発見できるのはとても珍しいことだった。しかしまた、ねぐらがあるということは、すぐそばに営巣木があることを示唆する有力な証拠でもあった。メスが巣についているとき、オスはたいていどこか近くでメスを見守っているのだ。

わたしたちは午前中いっぱい、はるか上方の、高さ一〇メートルから一五メートルのところにある大きく窪《くぼ》んだうろを、首を伸ばしてのぞきこみ、シマフクロウの巣があることを示するしを見つけようしたが、成果は得られなかった。わたしたちが偶然見つけたのはシマフクロウの秘密の場所で、小さな流れが作り出した島々と沼に囲まれているおかげで、ひと目につかずにすんできたのだ。

その後数日間、わたしたちはセレブリャンカ川とトゥンシャ川流域でシマフクロウを探し続けた。ジョンがデュエットを聞いたつがいの歌はわたしたちも聞いたが、物理的な形跡は見つけられなかった。渡り鳥ではない彼らは、冬中ずっとそこに留まっていたが、雪が溶けはじめ、葉芽が出はじめた今、足跡も抜け落ちた羽も、見つけるのがますます困難になっていた。

その数日後、トリャは、真南にさらに二〇〇キロほど離れたアヴヴァクモフカ川に向かった。そこは以前スルマチが、孵化したばかりのヒナを抱くシマフクロウの巣を見つけた場所だった。スルマチはトリャに、その巣を観察し、親鳥はヒナにどれだけの量の餌を届けたか、巣に届けられる餌動物はどんな種類で、ヒナはいつ羽毛がはえそろったかを記録するよう依頼したのだ。

わたしはその週を、ジョンと一緒にシマフクロウのデュエットに耳を澄まし、シマフクロウがなわばりとしそうないくつかの場所を探索することに費やした。スルマチとセルゲイが数年前に営巣木を見つけたシェプトゥン川も探索した。ジョンとわたしはその巨大なポプラを見つけたが、暴風雨で倒れて横たわり、その後に茂った低木に覆われてほとんど見えなくなっていた。そこではシマフクロウの歌声を聞くことはできなかった。

サマルガから戻って以来、わたしはずっとテルネイにあるジョンの家で暮らしていた。ジョンはテルネイの町を見下ろす高台に、鮮やかな青と黄色に塗られ、こぢんまりした庭まである、居心地のいい家に住んでいた。

わたしが滞在していたのはバーニャと棟続きの離れにある彼の家のゲストハウスで、部屋はかび臭く、薪ストーブと低い書棚、それに引き出すとでこぼこのベッドになる小さなソファがギリギリ収まる広さだった。

一本のリンゴの木を取り囲むようにして作られた広々とした玄関からは、テルネイの町に立ち並ぶ木造平屋の建物や、遥か彼方の日本海を見渡せた。その場所は、もう何年も前から、わたしにとって暖かい夏の夜を過ごす別荘のようなものになっていた。わたしたちは紅鮭の燻製をつまみにビールを飲み、そこからの素晴らしい眺めを飽きずに楽しんだ。

そしてその年の春の、トリャがアヴヴァクモフカ川に向けて出発して間もないいつもどおりに心地よいある夜、わたしたちはセルゲイとシュリックをスヴェトラヤに足止めしたあの暴風雨によって浜に打ち上げられた魚介類を食べながらくつろいでいた。そのとき、ジョンがトリャの話題を持ち出した。

「トリャがなぜ酒を飲まないか知ってるかい?」ジョンは静かにこう尋ねると、飲みかけの五〇〇ccのビール瓶の口ごしに探るようにわたしを見つめた。知らない、とわたしは答えた。ジョンはうなずくと話を続けた。

「彼の話では、数年前にアルタイ山脈のある家族を訪ねたときに、ピクニックに出かけた先でワインを飲みすぎてしまったらしい。彼は草原に寝転んで青い空を見上げ、そのときなぜか雨が降ればいいと考えた。すると驚いたことに、雨粒が落ちてきた。そのときトリャは、自分には天気を左右する能力があると気づき、その危険な力をきちんと管理する責任があると考えて、飲むのをやめたんだそうだ」

わたしはジョンの顔をじっと見た。どう反応すべきかわからなかったからだ。

「だれかのことを正気だと思ったとたんに」とジョンがビールをすすりながら言った。「そんなことを言い出すものなんだよ」


二〇〇六年の春の訪れは遅く、腿まで、あるいは胸までの長靴で渡れるだろうと考えていた川のほとんどは、いまだに雪解け水による増水が続き、溢れ出した水のせいで黒く濁っていて、歩いて渡るのは危険だった。セルゲイと話し合った結果、南下してアヴヴァクモフカ川にいるトリャと合流し、川がもう少し落ち着くのを待ってから、北のアムグへ向かうことになった。川が落ち着くまでのしばらくの間、わたしはトリャと一緒に巣につくシマフクロウの行動を観察したり、セルゲイがアヴヴァクモフカ川周辺で、テレメトリ調査に使えそうな別のつがいを探すのを手伝ったりする。

四月の末に、わたしはテルネイからダリネゴルスク行きのバスに乗った。ダリネゴルスクはセルゲイが住む町で、テルネイからバスで南に四時間行ったところにある。そこからは、セルゲイのピックアップトラックで、海沿いをさらに南下してアヴヴァクモフカ川に向かう予定だった。

第12章　シマフクロウの巣

ダリネゴルスクは、四万人の住民が、急な斜面に挟まれたルドナヤ川の川谷でひしめき合うように暮らす町で、[*1]一八九七年に俳優ユル・ブリナーの祖父がここに鉱山キャンプを作ったのがはじまりだった。かつてはこの町も川も谷も、すべてテチューへと呼ばれていたが、[*2]一九七〇年代初頭に、ロシア極東の南部の多数の川や山、町に突然中国語由来でない名前がつけられた。中露関係が悪化したのに鑑みた措置だった。

一九〇六年にルドナヤ川の川谷を通りかかった探検家のウラジーミル・アルセーニエフ[*3]とその隊員らは、そのあまりの美しさに魅せられた。険しい崖、深い森、そして川を遡上してくるとんでもない数のサケに、彼らはあっけにとられた。

しかし残念なことに、一〇〇年に及ぶ集中的な採掘と鉛の製錬によって、その輝きは失われた。サケの遡上の壮大な眺めは過去のものとなり——川の生息環境の劣化と乱獲によって——川谷は以前のそれの醜悪な抜け殻となった。息を吞むほど美しかった丘のいくつかは山頂除去採掘によって頂きを切り取られ、他のいくつかは、そこに埋蔵されている鉱石を求めて内部をくり抜かれた。

影響は人体にも及んだ。[*4]鉛の製錬を指揮していた四人の現場監督が次々とがんで亡くなり、近くの村の運動場の土壌からは、一万一〇〇〇ppm の鉛が検出され、それはアメリカで強制的な除去を命じられる基準値の二七倍を超える数値だった。ルドナヤ川流域のある村の住人は、テルネイの住人の五倍近い確率でがんを発症している。

セルゲイとバス停で落ち合い、翌朝二人でダリネゴルスクを出発した。セルゲイが運転してきたのはドミク（ロシア語で「小さな家」の意味）だった。一九九〇年代の始めに製造されたハイラックスで、後部にカスタムメイドのキャンパー用装備が施され、全体が明るい紫がかった色に塗られていた。後部のコンパートメントには茶色のカーペットが敷き詰められ、内装にはフラシ天（ビロードの一種）が使用されていた。テーブルと長椅子のセットが置かれ、二人の人間が楽に寝られるスペースがあった。暖房の効きが悪く、特に冬場の調査には不向きだったが、春のシマフクロウ調査にはぴったりだった。とことん調査して、疲れ切ったら、どこでも好きな場所に車を停めて眠ればいいのだから。

世界の他の場所では、とくに人目を引くこともなさそうなこの車が、この極東地方の真ん中ではかなりの注目を集めた。通りがかりの人たちは身を乗り出して車を観察し、村の少年たちは、早く見て、車が行っちゃうよ、と大声で知らせ合った。

二時間ほど走って、海沿いの町、オリガで車を停め、その村に住むセルゲイの兄弟のサシャと昼食を食べた。そのあと車を少し走らせてヴェトカという村まで行った。[*5] 一八五九年にロシア南東部からやってきた移住者によって作られた、沿海地方にあるロシア最古の村の一つだった。その後一世紀半の間には、この村も栄えていた時期があったのだろうが、ロシア連邦の片隅にあるこの村に幸運が降り注いでからかなりの年月が過ぎていた。

村には、傷みのひどい平屋の家が数えるほどあるだけで、荒れ果てた広大な畑に囲まれた土地で、険しい表情の年金受給者たちが暮らしていた。わたしたちの車は本道を逸れて大きく揺れながら丘を下っていき、破綻したソビエトの集団農場の崩れかけた遺骸の前を通り過ぎた。それはペレストロイカを生き延びることができなかった多くのものの一つだった。

農場の向こう側にあるのは村のゴミ捨て場で、生ゴミや割れた瓶が広範囲にわたって積み上げられており、すぐ横を流れるアヴヴァクモフカ川の浅い支流に溢れ出していた。この支流を渡ると、二〇〇メートルほど先の小道の上に人影が見えた。トリャがキャンプの外に立っていたのだ。トリャは、河畔林に隣接する原野のはずれにテントを設営し、小さな炉を作ってその上に大きいブルーの防水シートをかけていた。彼はすでに一週間以上をキャンプで過ごしていた。お茶を一杯飲んでから、トリャの案内で、漁師が川へ行くときに使う踏み分け道を歩いて営巣木まで行った。

トリャが案内してくれた木は、サマルガ川の河口付近で見た営巣木とよく似たケショウヤナギで、樹皮には深く細いくぼみが刻まれ、ねじくれた太枝が、海の怪物の腕のように空に向かって伸びていた。トリャが木の上のほうの湾曲した部分を指差した。かつては太い幹が続いていたはずのそこは、突然途絶えて裂けた木のギザギザの断面が見えていた。おそらく暴風に折り取られたのだろう。その裂け目には深い窪みがあって、それが巣穴だった。

巣穴から右に数メートル離れた場所には、長い竿のてっぺんに小さなカメラとＵＶ照射装置が取りつけられていた。この竿はトリャのお手製で、樹皮を剝がしたヤナギの木を何本かまとめたものを、ロープを使って直立させたものだった。竿にしっかりと巻きつけられ、螺旋《らせん》を描きながら下へと降りてくる黒いワイヤーは、地面の上をヘビのように這い進み、その後、近くにある迷彩柄のドームの中へ消えた。観察用の隠れ家だった。

トリャは、その隠れ家で夜行性の毎日を送っていた。日中に眠り、夜はこの隠れ家の中で無言でうずくまり、一晩中巣穴を観察して活動を記録していた。

「メスは一日中あそこで座っているだけだ」とトリャが言った。「飛び立つことはない。ただこっちをじっと見てる」

「つまり卵を抱いてるってこと？」わたしは小声で言いながら上を見上げた。

「決まってるじゃないか」とトリャはわたしが今頃気づいたことに驚きの声を上げた。「こうして話している間も、メスは俺たちのことを見てる」

わたしは双眼鏡を上に向けた。しばらくすると、メスの姿が見えた。ただの茶色の断片に見えていたものは、周囲の樹皮の色に溶け込んだその背中だった。それ以外の部分はよく見えなかったが、木のくぼみの前の縁の部分の細い裂け目に焦点を合わせてみると、黄色い目の片方が、険しい目つきでわたしの目を見返しているのがわかった。

謎に包まれたシマフクロウが、ほんの数歩先の木の上の、地上六メートルの場所にいた。わたしは天にも昇る気持ちだった。またもやわたしは、シマフクロウはただ森の中にいるのではなく、森の一部であることを思い知らされた。メスはカモフラージュが上手く、どこまでが森で、どこからがシマフクロウなのかまるでわからなかった。

また、なんだか夢を見ているような気分でもあった。サマルガやテルネイ付近の、人の手がほとんど入っていない森で、必死でシマフクロウを探し回った挙げ句に、わたしは今、村のゴミ捨て場所のはずれにある漁師の踏み分け道に立ち、シマフクロウに見おろされているのだ。

わたしは数日間トリャのキャンプに滞在し、その間セルゲイは、アヴヴァクモフカ川の支流のサドガ川の上流へドミクで向かい、シマフクロウを探すことになった。トリャのテントの近くに自分のテントを設営していたとき、トリャが今夜は観察用隠れ家で観察してみてはどうか、と提案した。喜び勇んでその提案を引き受けたわたしに、トリャが隠れ家での生活の基本的ルールを列挙した。

「音は一切立てちゃいけない。動くのも最小限にするように」とトリャはもったいぶって言った。「我々のせいで、親鳥たちがヒナから離れてしまうようなことがあってはいけない。我々が観察しようとしているのは、シマフクロウの自然な行動であって、人間が近づいたことによる影響を受けた行動ではないんだから。それから、朝までテントから出ないように。おしっこがしたくなったら、瓶を使え」

それだけ伝えると、トリャは頑張ってと言った。わたしは荷物をまとめ、森を抜けてあの観察用隠れ家に向かった。営巣木から一〇メートルほど離れた場所の下層植生の中に無理やり押し込まれたその隠れ家は、スリーシーズン使える二人用テントの上に、遮音・遮光性のある布と、カモフラージュ用のネットをトリャが縫いつけたものだった。

隠れ家の内部には、一二ボルトの車用バッテリーと、さまざまなアダプターやケーブル、それに小型の白黒のビデオ・モニターなどが雑然と置かれていた。わたしは、張り込み用の軽食を荷物から取り出した。紅茶入りのサーモスとスプーン数杯分の砂糖、それにパンとチーズだ。その後モニターの電源を入れると、その優しい光がテント内部を照らし出した。

わたしは、わざとゆっくり、音を立てないように動いた。メスが驚いて飛び立ってしまったのではないかと心配だった。巣についていたメスは、わたしが近づいてくるのを見ていたに違いなかったから。スクリーンのピントが合うとメスがいつもの場所にいるのがわかり、落ち着きを保っていることに安堵した。

夕暮れが近づいてきたとき、メスが何かを見つけたかのように身体を反らせ、間もなく木の上のほうでなにやら物音がした――オスが近くに舞い降りたのかもしれない。メスが巣を出てふらふら歩き出し、一本の枝の上を歩いて行って見えなくなってしまったとき、その推測が正しかったことがわかった。やがてデュエットがはじまり、朗々と響き渡るその低い声は、わたしのすぐ頭の上から聞こえた。

わたしは頭上のシマフクロウの歌声にうっとりと聞き入り、耳の中で響く自分の心臓の鼓動の音を鎮めようとした。フクロウが聞きつけてこの魅力的な儀式を中断してしまうことを恐れて、つばを飲み込んだり、身体をかすかに動かしたりすることも、できるだけ控えた。こんなに近くで聞いていても、その歌声はまるで枕に向かってホーと鳴いているかのように、くぐもって聞こえた。

モニターにはっきりと映っているシマフクロウのヒナは、ジャガイモを入れる小さな灰色の麻袋のようで、広くて平らな巣穴の中で、よちよちと行ったり来たりしていた。ヒナはもうすぐ食べ物が届くことを知っていて、わたしとは違って、じっくり歌声に聞き入る余裕などなかった。

デュエットが止み、それはつまり親鳥たちが狩りに出かけたことを意味していた。長く、魅惑的な夜だった。真夜中までに、親鳥たちは合計五回巣に食べ物を運んできたが、そのたびに、巣のある森へと急降下してきた彼らの大きな羽に打たれた樹冠部《じゅかん》の枝が、先触れのように大きく揺れた。折り取られた一本の枝が、観察用隠れ家の天井に当たったこともある。翼幅二メートルの羽をもっていれば、真夜中に川沿いの低地の鬱蒼と茂る森に入ろうとしてバランスを崩してしまうのも無理はない、とわたしは考えた。

どの餌運び行動も、あいにくカメラのアングルが悪く、また画像の粗さもあって、ヒナのもとに届けられた食べ物の種類はわからなかった。また、親鳥のうち、どちらがオスでどちらがメスであるかも見分けがつかず、そのためどちらが（差があるとすればだが）より頻繁に餌を運んできたかを特定することもできなかった。

この何年かあとには、わたしもメスはオスに比べて尾羽に白い部分が多く、それは性別を判断する際の信頼性の高い基準であると知ることになる。しかしこの夜、わたしにわかったのは、親鳥が近づいてきて巣穴の入り口に止まり、甲高い鳴き声を上げるヒナに食べ物を差し出したこと、するとヒナがヨタヨタと前に出てきてそれを受け取ったことだけだった。餌を与えると、親鳥はいつも飛び去っていった。

五回目に餌を運んできたあと、その親鳥は一〇分近く巣穴に留まってからまたどこかへ飛び去っていき、その後四時間以上親鳥を目にすることはなかった。その間ヒナは、ほぼずっと甲高い声で鳴き続けた。数えたところ、午前二時半から四時半の間だけでも、その耳障りな鳴き声は一五七回発せられ、わたしはそのたびに、観察日誌にチェックマークを入れた。

明け方、ひんやりとした静けさのなか、わたしは隠れ家を出てキャンプに戻った。ずっと前に消えたままの炉が、トリャがまだ起きていないことを示していた。身体を屈めて自分のテントに入り、寝袋に潜り込むと、すぐに眠ってしまった。

それからわずか数時間後、トリャに起こされた。ただ事ではないその声の調子に、すぐに目が覚めた。テントから飛び出すと、空は真っ黒で地上は炎に包まれていた。一〇〇メートルほど向こうで起きた森林火災が、強風に煽られ、南側に広がる牧草地の乾いた草を呑み込みながら、波のようにこちらへ向かってきていた。

「バケツだ!」トリャは大声で指示すると、わたしたちと炎を隔てている幅一メートルの小さな川に駆け寄った。「全部濡らせ!」

すっかり動転したわたしたち二人は、浅い川の真ん中に立ち、無我夢中でバケツで水をすくっては、向こう岸の草や木の上にかけ続けた。この一線だけは死守しなくてはならなかった。山火事がこの川を越えてしまえば、わたしたちはキャンプを失うことになる。炎は、ところによっては数メートルの高さにまで膨れ上がりながら、乾燥した草木を呑み込んでいた。押し寄せる炎が川に近づきすぎれば、一気に川を飛び越えてしまうことだろう。炎はさらに近づき、おそらくあと三〇メートルほどのところまで来ていた。

「怖いか?」とトリャがこちらを振り向きもせずに、腕を風車のように振り回して、水と泥をできるだけ遠くに撒き散らす作業を続けながら問いかけた。

「そりゃ怖いよ」とわたしは答えた。ほんの少し前まで、幸せな気持ちでぐっすり眠っていたというのに、今は下着姿にゴム長靴という出で立ちで泥水の中に立ち、たった一つのバケツで、テントを森林火災から守ろうとしているのだ。

炎は、わたしたちの水の盾の縁《ふち》まで達して、湿った草や低木をためらいがちに舐めはじめた。火の手は激しく迫ったが、草木は燃え上がらなかった。一線は守られた。山火事は、川の数メートル手前でぱっとしない死を迎え、攻撃は、わたしたちの介入によって完勝を阻止された。

灰にまみれ、燻《くすぶ》っている草地を見つめながら、どうしてこんなことに、とわたしはトリャに尋ねた。だれかが草地のずっと向こうまで車で向かい、しばらくそこに留まってから、また車でどこかへ去っていくのを見たとトリャは言った。そのときはなんとも思わなかったが[*6]、今朝煙を見たときにはじめて何が起きたかわかったんだ、と続けた。

春に牧草地に火を放つのは、この村の住民にとってはごく普通のことだった——それをやると、植物の成長を促し、牧草を食む家畜につくマダニを駆除し、土壌に養分を与えることができると考えられていた。しかし、野焼きのあと、きちんと後始末せずに放置されることがよくあり、今回のように火が森林に燃え移って甚大な被害を及ぼす危険性があった。じっさい、この山火事が数週間遅れて発生していたら——そのときシマフクロウのヒナはすでに羽が生え揃って巣立ち、しかしまだ飛べない状態だ——ヒナは炎に覆われてあっけなく死んでしまったかもしれない。

こうした森林火災は、とくに沿海地方南西部で破壊的な力を振るっていて[*7]、ゆっくりと、組織的に、深い森を——絶滅の危機に瀕したアムールトラの、地球上最後の生息地だ——カシの木がまばらに生える見晴らしのいい草原に変え続けている。

翌朝、セルゲイが戻ってきた。数日後にはトリャを残してテルネイに戻り、さらにアムグを目その前にアヴヴァクモフカ川周辺をもう少し調べることにした。アヴヴァクモフカ川の道路沿いで、テルネイ付近でわたしとトリャとジョンが調査したときのようなやり方で、シマフクロウの歌声に耳を澄ませてみたところ、ヴェトカから二〇キロほど上流の小さな支流の近くでデュエットを聞くことができた。

セルゲイとわたしは、川のすぐ横に設営したテントで二晩泊まり、そのあたりの森で巣穴を探し歩いた。一晩目と二晩目に聞いた鳥の声はそれぞれ別の場所から聞こえ、またシマフクロウは毎年繁殖するわけではないため、彼らは巣を作っていない可能性があった。とはいえ、古い営巣木と思われるものと、その近くの木がねぐらだったことを示す形跡を発見することはできた。この場所にもう少し長く留まりたかったが、ある朝目が覚めると土砂降りの雨で、川があふれてテントが水浸しになっていた。

わたしたちはアヴヴァクモフカ川の下流へ移動し、セルゲイが数年前に巣穴を見つけた、河口に近い別の支流を探索することにした。しかしその巣は空っぽで、森は静まりかえっていた。

セルゲイとわたしが北へ向かって出発する日の朝、トリャから、行ってしまう前に新鮮な食料を買ってきてほしいと頼まれた。近隣の村ヴェトカは、小さすぎて店がなかったので、セルゲイとわたしは紫色のドミクに乗り込み、トリャに頼まれたジャガイモ、卵、焼き立てのパンを探しに五キロほど先の少し大きめの村、ペルムスコイに行くことにした。

わたしはドミク後部の、座面の柔らかい長椅子の上で揺られながら、色のついた窓ガラスからカーテン越しに外を見ていた。ペルムスコイぐらいの規模の村にはたいてい店はあったが、店先に品物を並べたり看板を出したりという宣伝をしていない店も多かった。思うに、村の商人たちは、店の品物を本気で買いたがっている人はみな、店がどこにあるか知っている地元の人間だから、宣伝は不要だと思っていたのだろう。わたしたちは、ペルムスコイ村を通る唯一の道路を車で行ったり来たりしたが、明らかに店舗だとわかるものは見つからなかった。

そこで車を道路の片側に寄せ、セルゲイがカーウィンドウを降ろして、すぐそばの道端のベンチにすわっていた、ずんぐりした体型の二人の中年女性に道を尋ねた。二人は卵とジャガイモを買える場所を教えてくれた――村のはずれに輸送コンテナで運ばれてきた商品を売っている女性がいるとのことだった――しかし残念ながらパンは手に入れられそうになかった。オリガから毎朝焼き立て熱々のパンが届くのだが、すぐに売り切れてしまうという話だった。村の人々が必要とする量だけしか運ばれてこないのだ。

セルゲイがこの情報をもってドミク後部にやってきて、トリャのパンを買うために、わざわざ時間をかけてオリガに行く必要があるかどうかを話し合っていたとき、後ろのドアをノックする音がした。セルゲイがドアを開くと、そこにはさっきの二人の女性たちがいて、好奇の目でこちらをのぞき込んできた。

「それで」と女性の片方が言いづらそうに切り出した。「あなたたちのは、どんなシステムなの？　予約が必要なの、それとも一軒一軒回ってくれるんですか？」わたしたちは、ポカンとして彼女たちを見返した。セルゲイが、もう少し詳しく話してほしい、と丁寧に頼んだ。

「あなたたちはお医者さんでしょ？」ともう一人の女性が口を挟んだ。「レントゲン検査の機械を積んだ紫色のトラックが来てるって村で噂になってた……お医者さんが、貧しい住民のために、ただでレントゲン検査をしてくれるって聞いたけど？」

わたしは顔をしかめた。セルゲイはこの一週間、この道路を車で行ったり来たりして、シマフクロウがいそうな場所をあちこち調べに行っていた。それを見ていたペルムスコイやヴェトカの住人たちは、わたしたちのことをフリーのレントゲン技師の移動チームだと結論づけたのか？　おかしなことを考えるものだ。しかし彼らにとっては、きっとそちらのほうが真実よりしっくりくる答えだったのだろう。

セルゲイが、わたしたちは医者ではなく鳥類学者で、希少なフクロウを探しているのだと説明したときの彼女たちの表情を見れば明らかだった。命をかけ、健康を犠牲にして穀物畑や野菜畑で働き、かろうじて日々の暮らしを維持している村人たちにとって、鳥を探し、それを仕事と呼ぶ人たちがこの世に存在するなんて、予備のレントゲン撮影機材を車に積んで移動する医者よりも、はるかに奇妙なことだったのかもしれない。

わたしたちは、輸送コンテナで運ばれてきた卵とジャガイモを買い、さらにオリガまでパンを買いに行ったあと、それらをすべてトリャに届けてから、引き返して北へ向かった。セルゲイが運転している間、わたしは、ドミク後部の寝心地のいい長椅子に横になって眠っていた。

ダリネゴルスクに到着すると、ドミクをセルゲイのガレージに停め、彼が所有するもう一台のトヨタ・ハイラックスに乗り換えた。こちらは赤色で、エンジンがパワーアップされていた。調査の現場に強いピックアップトラックで、荷台の濃い緑色のビニル覆いの下には、ベッドや野外調査に必要な用具の数々が詰め込まれていた。軍の指導者が運転していそうな車で、この先テルネイ地区でわたしたちを待ち受けている悪路や泡立つ川を切り抜けるのに最適だった。わたしたちは再び自然の中に分け入ろうとしていた。

第13章　標識がない場所

わたしたちは、ときおり車を停めてシマフクロウの声に耳を澄ませながらゆっくりと進んでいった。そしてテルネイ付近の、トリャとジョンとわたしが二つのつがいの歌声を聞いた場所からそれほど遠くない所で、ファータ川沿いの伐採トレイルの先から聞こえる歌声を頼りに、三つ目のつがいを探し当てた。

わたしたちは北へ向かう唯一のルートであるベリョーゾフィ峠へと車を進めた。[*1] そのあたりの山々には、二万ヘクタールを超える鬱蒼としたチョウセンゴヨウの原生林を焼き尽くした、何十年も前の森林火災の爪痕が今もまだ残っていた。この大災害があとに残した風景――炭色になった切り株が林立するなだらかな丘――はまるで古代の埋葬場のようで、木の番人たちが見張っている死の森を車で走り抜けているような気がした。森林火災のこの傷跡は、あらゆるものが葉を落とす冬にはさほど目立たないが、緑が萌える明るい春になると、この焦土と化した高地には、弔いのようなどんよりとした空気が垂れ込めた。

やがて道路は下り坂となってベリンベ川を渡った。そのあたりの流れは急で川幅も狭かったが、沿岸部に近づくと川幅は広がり深い流れとなる。

わたしは数年前にこの川の河口を訪れたことがあって、サケの密漁者が入れ替わり立ち替わり現れては刺し網で魚の通路を遮断し、握りこぶし大の鉤縄を川に投げ込んで手当り次第に引き上げるのを目の当たりにして唖然とした。彼らの狙いは、カラフトマスのメスのよく太った腹の中にある高値で売れる魚卵で、メスたちは下流の丸い小石の隙間に卵を撒き散らしにやってきたのだ。網と鉤の試練を乗り越えられたものがいるとは、とても思えなかった。

ベリンベ川沿いの道を少し東へ進んでから、ギアをローに落としてケマ峠を上る。ぬかるんだ道を登りつめるとその先は二つに分かれていて、弾丸で穴だらけの標識が、直進はケマ、左はアムグと告げていた。わたしたちは左に曲がった。この先は、南に戻る道中に再びこの標識を通り過ぎるまで、これ以外のどんな道路標識も、マイル標も目にすることはない。*2

標識を過ぎてさらに北に進むと、迷宮のように入り組んだ林業専用道が、何百キロも先の材木積出港、スヴェトラヤまで続いていたが、途中、分かれ道のどれが孤立した集落への道で、どれが伐採キャンプに続いているのか、あるいはどれが行き止まりなのかを示す標識は一切なかった。ペルムスコイ村の商店に看板がなかったのと同じで、ケマ北部の道路にわざわざやってくる者は、自分の行き先を知っているはずだと考えられていたのだ。

峠を越えたところで、セルゲイが車のスピードを緩めた。テクンジャ川が近いのだ。車は道路を外れて、わたしには低木の林に見えた場所に突っ込んだが、じつはそれは、草木がぼうぼうに伸びた森林作業道だった。わたしたちは、周囲から迫ってくる枯れ葉をつけた枝に車体のあらゆる表面を叩かれ、こすられ、磨かれながら、まるで洗車機を通過するように、上下に揺れながら進んでいった。

森林作業道を抜けた先には空き地があって、かつて伐木運搬の中間準備地として使われていた場所だった。わたしたちはそこに車を停めた。日暮れが近く、シマフクロウの歌声に耳を澄ますにはうってつけの時間だったが、その夜は風が強く、風の音にかき消されて何も聞こえなかった。

懐中電灯の明かりを頼りにテントを設置し、持参したキャンプ用コンロで急いでお湯をわかした。「ビジネス・ランチ」という名の味気ない夕食に注ぐためで、粉末状のマッシュポテトと灰色の肉片が入った、フリーズドライのパック入り食品だった。一人前の分量について、このパック入り食品の製造元の若手社員ほどの関心をもてなかったわたしたちは、ベトナムのチリソースにお湯を注ぎ過ぎ、ソースを黙々と飲み下すことになった。

四年前にセルゲイがその付近で発見した営巣木が、おそらくキャンプから三〇〇メートルほどのところにあるはずで、翌日の明け方に行ってみることにした。そのときのつがいがまだここにいれば、道路から近いという利点もあることだし、テレメトリを利用した調査の理想的な対象となりそうだった。


翌朝、まだ朝露《あさつゆ》に濡れる丈の高い草が生い茂る集材路——伐採作業員が材木を搬出するために臨時に使う小道——をたどって川へ向かった。セルゲイが前を歩いた。セルゲイも、シマフクロウに関わる重要な場所、たとえば営巣木や狩り場の位置情報をGPSに記録することはあったが、その場所をもう一度探しに行くときにGPS装置を使うことはめったになかった。それにはしごくもっともな理由があった。シマフクロウの生息地を理解するための最善の方法は、感じながら動く——川や森を歩き回る——ことだからだ。本当に急いでいるときにはもちろんGPSに頼ればいい。しかし、日常的にバッテリーで動く箱を見つめてばかりいると、森を見るのが二の次になってしまい、重要な細部を簡単に見落としてしまう。セルゲイはわたしたちを川の上流へ案内し、水に削られて丸くなった小石だらけの河原で立ち止まると、林の奥をのぞき込んだ。「目を凝《こ》らして見ると」とセルゲイが身体を林のほうに傾け、目を細めながら言った。「ここからでも木のうろが見えるんだ」

川岸から四〇メートルほど離れた場所にあるヤナギの林の真ん中に、高さ二〇メートル近い一本のニレの木が、ひときわ高くそびえ立っているのが見えた。高さの半分ほどのところで幹は二股に分かれ、片方はさらに上へと伸びて葉の茂る樹冠をつくり、しかしもう一方の、かつては枝があった部分には深い穴が残されていた。その空間がテクンザ・ペアの巣穴だった。

わたしがそれまで見てきたシマフクロウの巣穴同様、これもまた煙突型の巣穴だった。巣穴が今現在使われているかどうかを判断するのは困難だった。双眼鏡で見ても、こういう場合に探すべきだと学んだ、それとわかる証拠の数々、たとえば、巣穴付近の樹皮に引っかかっている抜け落ちた羽や、親鳥が巣穴の縁に止まったときに残した真新しい鉤爪の跡などは見つからなかった。

セルゲイは、もしもつがいが子育て中なら、メスは巣について離れず、オスは護衛のためにどこか近くに隠れているはずだ、と考えた。つまり、今やるべきことは、オスをうまく騙して姿を現すように仕向けることだった。わたしたちは、賑やかな音を立てて流れる川から離れて目当ての木に近づき、下層の茂みに横たわる丸木に腰を下ろした。周囲には草木が生い茂り、息苦しさを感じるほどだった。

セルゲイが、ヴェトカの巣穴でわたしも聞いた、あのヒナの鳴き真似をはじめた。それはヒナだけでなく成鳥もときどき発する、餌をねだる声で、歯の間から空気を無理に押し出して作る、しゃがれた、下降する鳴き声だった。セルゲイは本物のシマフクロウそっくりの声を出し、ほぼ瞬時に反応が返ってきた。川下から、つがいのよく響く歌声が聞こえてきたが、それは、つがいの狼狽《ろうばい》ぶりを示す、うまく噛み合わない、てんでバラバラのデュエットだった。このなわばりは今も専有されているが、棲んでいるつがいは子育て中ではないとわかった。子育て中なら、メスはわたしたちの頭の上の巣にいるはずだからだ。

二羽は、彼らのなわばりの真ん中の、営巣木のあるあたりで見知らぬシマフクロウの声がしたことに激怒していた。そのときふいに、わたしたちの頭上にそびえるトウヒの木の一本が、その樹冠にかかるシマフクロウの重みで揺れ動いた。

その後に続いたデュエットの順番から考えると、現れたのはオスだった。メスも近くまで来てはいたが、まだ姿を隠していた。どちらも苛立ち、侵入者を追い出したがっていた。

下層木に隠れて身動き一つせず、ニヤニヤ笑いを浮かべているセルゲイは、つがいの敵意をさらに焚きつけようと、再び鳴き真似をした。オスが、営巣木から真横に伸びた、わたしたちが隠れている場所の真向かいにある枝に移動して、まるで怒れるドラゴンのように、その黄色い両目で地上をくまなく探しているのが見えた。

このシマフクロウという鳥は、すべてが印象的だった。胸元の薄い黄褐色の羽毛にはより濃い色の横縞が点々と入っていて、それがこの鳥を木の一部のように見せており、まるで木の大きなコブに命が宿り、復讐心を燃やしているかのようだった。また、オスがホーと声を絞り出すときには喉の白い部分が大きく膨らみ、直立したぼさぼさの大きな羽角《うかく》が、シマフクロウが身体を動かすたびにコミカルに揺れていた。

とそのとき、上方の青く澄んだ空から、羽をたたんだノスリがシマフクロウ目がけて急降下してきて、衝突寸前で向きを変えて飛び去った。シマフクロウは身をかがめ、頭を巡らせて去っていくノスリを見ていたが、そのとき、次に向かってくるハシボソガラスに気づいて身をかわした。

わたしは唖然《あぜん》とした。隠れていたシマフクロウをおびき出せたのはよかったが、[*3]彼らの鳴き声が今度はタカとカラスを呼び寄せてしまい、交互にシマフクロウに攻撃をしかけてきたのだ。攻撃してきた二羽はどちらも付近に巣を作っているに違いなく、おそらくシマフクロウをワシミミズクだと勘違いしたのだろうと思われた。ワシミミズクは、カラスやタカを殺して食べるのだ。ノスリとハシボソガラスは、天敵同士ではあったが、共通の敵を追い払うために、難しい同盟関係を結んだのだ。こんなことは見たことがなかった。

シマフクロウは集中できなくなった。地上にいるはずのよそ者のフクロウを探し出すか、それとも上空からの攻撃をかわすか？　セルゲイとわたしは、自分たちには手の施しようがない事態となってしまったことに気づいた。そして、この状況を収束へと向かわせるための最善の方法は立ち去ることだと考えて、キャンプへ退却した。それでも、このテクンザ・ペアの興奮は収まらず、彼らがようやく落ち着きを取り戻し、鳴き声がやんだのは数時間後のことだった。

さしあたり、ここで知りたかったことはすべてわかった。このなわばりにはまだつがいが棲んでいるが、子育て中ではないこと、そして捕獲候補のつがいのリストにさらに一組が追加できたことだ。

これで捕獲候補は六つがいとなった。オリガ近郊のアヴヴァクモフカ川流域で二つがい、テルネイに近いセレブリャンカ川流域で三つがい、そしてケマ川流域のこの一つがい。昼食後、わたしたちはトラックに荷物を積んで再び土埃のたつ道路に戻り、ケマ川沿いの道をさらに北へ向かった。

その日はあまり遠くまで行かないうちに――二〇キロも走らなかった――次の目標地点に到着した。川の向こう側に小さな谷があり、そこはセルゲイがずっとシマフクロウを探したいと思っていたのに、時間がなくて行けなかった場所だった。今回はセルゲイにとって絶好のチャンスだったのだ。

わたしたちは胸までの長靴を穿き、幅五〇メートルの川を渡りはじめた。流れが急な場所では、重い竿を使って身体を支えた。数週間前にトリャと渡ったセレブリャンカ川同様、この川もグズグズしている人間のことが我慢ならないようで、わたしが立ち止まるたびに、必ず激しい力で押し寄せてきて、身体に当たった水が下流に渦を作った。わたしより経験豊富なセルゲイが川の様子を調べながら前を歩き、浅くて安全なルートを選んで後ろにいるわたしに大声で指示を出してくれた。

岸に上がると、わたしたちは長靴を脱ぎ捨てた。シマフクロウ探しに長靴を森の中まで引きずって行きたくはなかったし、正直なところ、こんなものを盗むために、危険を冒してこの川を渡ってくる人間がいるとは思えなかった。それに、この日一日、わたしたちは自分たち以外の車をほとんど見ていなかった――この道路を使っている人は少なかった――そしてその日じっさいに見かけた何台かは、たいてい伐採業者のトラックだった。

じきに細い道が見つかり、たどって行くとモミとトウヒの若木が並ぶ薄暗い林に出た。セルゲイは落胆した――シマフクロウの生息地とは程遠い場所だったからだ。その先に、ハンターの小屋が建つ小さな空き地が見えたので、小道をそこまで歩いていった。小屋は長い間だれも住んでいないように見えたので、軒から飼いネコが飛び降りてきたときにはとても驚いた。それは毛の長いブチネコで、毛は汚れて絡まり合っていた。

ネコは、わたしたちに向かって唸り声をあげた。悲しみに満ちた、絶望的な声だった。腹をすかせているのだろうと思ったが、与えられる食べ物をもっていなかった――川を渡ってくるときに食べ物は置いてきてしまったのだ。

ハンターが、木の壁や床にあいた穴を破って狩猟用の小屋に入り込んでくる、ハンタウイルスを媒介するネズミの増殖を防ぐためにネコを飼うのはよくあることだったが、[*4] 悲しいことに、狩猟シーズンが終わるとそのネコが捨て置かれることがよくあった。わたしも、だれもいない小屋にネコの死骸があるのを何度か見たことがあった。

哀れな鳴き声を上げるネコを後ろに引き連れたまま小屋を通り過ぎて進んでいくと、谷はますます狭くなり、針葉樹の林の下層植生はますますまばらになって、ついには失われ、地面には芳しい香りを放つ針のような葉がやわらかく降り積もっているだけとなった。そこには、わたしたちが求めるものは何もなかった。

わたしたちは、道のない場所をぐるりと回って谷の反対側に出ると、ケマ川の方向に引き返した。ネコもついてきた。セルゲイは、ネコを置き去りにしたハンターへの罵りの言葉を吐くと、木の枝を投げつけて小屋に戻らせようとした。ネコはわたしたちの行動の意味を理解し、それまでの力強い嘆きの声は、意気消沈した、恨みがましい声に変わった。

ネコはさらに、わたしたちのあとを距離を置いて一キロほどついてきて、姿は見えなかったが、声だけがずっと聞こえていた。ようやく川のそばまでたどり着くと、嘆願するようなネコの声も水音にかき消されて聞こえなくなった。わたしたちは、後ろを振り返らずに川を渡った。

その後、北へ向かったわたしたちの車は、間もなく、今回の旅でもっとも印象的だった峠に差しかかった。アムグ峠だ。道幅の狭い急なヘアピンカーブが続くこの道は、徹底した集中力を必要とした。周囲の山の景色に視線をうつろわせれば、どんなドライバーでも、崩れやすい路肩から転落したり、連続カーブの向こうから突然現れる伐採用トラックに正面から突っ込んでしまう危険があった。

峠を下りきるとそこはアムグ川の中流で、道路は川沿いを走り、やがてさまざまな種の樹木が茂る青々とした森を抜けて行く。川の様子を見ると、厄介なことに茶色く濁り、荒れ狂うように流れていた。アムグ行きを先延ばしにしたのは、まさにこれを避けるためだったのに。

わたしたちは、来週のいずれかの日に、ハイラックスでアムグ川の河口付近を渡ってシマフクロウを探しに行くつもりだった。わたしはセルゲイに、こんな様子で安全に渡れるだろうか、と聞いてみた。

「問題ない」とセルゲイは答えて、わたしの不安をきっぱりと打ち消した。「アムグの知り合いにトラクターをもってる男がいる。水位が高すぎたら、そのトラクターにトラックをつないで、牽引して渡ればいい。大丈夫だ」

その日の夜にはアムグ村に到着するつもりではあったが、その前に村まであと一六キロの地点で車を停めた。日暮れが近く、そこはアムグ川と、その支流の一つであるシャーミ川の合流点だった。

セルゲイはここで、もう何年も前からつがいが鳴き交わす声を聞いてきた。営巣木を探し出そうと、昼夜を問わず数え切れないほどの日々を費やしてきたが、汗と満たされない思い以外、何の成果も得られていなかった。セルゲイはこの調査にケリをつけたいと考えていて、この日の夜につがいの歌が聞こえるかどうかを確かめたかったのだ。

セルゲイは、シャーミ川上流へと続くぬかるんだでこぼこ道でわたしを降ろした。上流にはかつて村があったが、もう何十年も前に人が住まなくなり、しかし道路だけが残っていたのだ。セルゲイはその道路をさらに上流へ向かった。行けるところまで行って車を停め、シマフクロウの歌声に耳を澄ませてから、引き返してくる。わたしは、歌声に耳をそばだてながら歩いて道路を上っていき、戻ってきたセルゲイと合流するという予定だった。

わたしは、弱まっていく日の光のなかを無言でぶらぶら歩いていった。気持ちのいい夕方で、シマゴマの急降下するようなさえずりや、コノハズクのコッコッという元気な鳴き声、それに一度など、アオバズクが快活にホーホーとひとしきり鳴くのも聞けて満足だった。しかしシマフクロウの声は聞こえなかった。

おそらく二キロほど歩いた頃に、前方にセルゲイのトラックが見えた。トラックは、川底の小石にかぶる程度の水が流れる浅い川の向こう岸に停車していた。セルゲイはそこで、無言でタバコを吸っていた。彼もまたシマフクロウの声を聞けなかったのだ。

セルゲイが、黒ずんだ川の水を指差して、水温を調べてみろと言った。わたしが怪しみながら指をつけてみると、水は温かかった。本当なら凍る寸前の冷たさのはずだった。セルゲイが、このあたりは、地下から漏れ出した天然のラドンガスが川を温めているのだと説明した。

ラドンガス――世界中の地下に潜む、発がん性のある無臭のガスとしてもっともよく知られている――は放射性金属が分解することによって自然発生する。発生したガスは、地面の裂け目を通って空気中に漏れ出す。ここではラドンガスが直接水中に漏れ出しており、そのためこのあたりの川は冬でも結氷せず、おかげでシマフクロウはここで生き延びられる。獲物を狩るのに最適な開けた川があるからだ。セルゲイは、沿海地方の川の多くがラドンガスによって温められていて、だからこの地でシマフクロウが見つかる見込みが高いのだ、と言った。

わたしたちはハイラックスの座席に乗り込むと、本道に戻って再びアムグを目指した。アムグにはセルゲイの友人のヴォヴァ・ヴォルコフが住んでいて、わたしたちが周辺を調査中、部屋を貸してくれる約束になっていた。シャーミ川は村のすぐ近くなので、わたしたちはヴォヴァの家に滞在して現場に通うことになる。

間もなく、車は低い塀に囲まれた最初の集落にたどり着き、そこから丘を下っていくとアムグ村の中心地だった。村には街灯がなく、あたりは真っ暗だった。セルゲイが、窓からまだ明かりが漏れている数少ない家の一軒の前で車を停めた。

夜も遅かったにもかかわらず、ヴォヴァ・ヴォルコフは、門の内側の戸外にいて、投光照明の下で食品移動販売トラックらしきものの修理をしていた。セルゲイとわたしが錬鉄《れんてつ》の門を開けて庭に入っていくと、小太りの人物がセルゲイに向かってにこやかに笑いかけて走り寄り、手首をぐにゃぐにゃさせながら右腕を差し出した――これは、手が汚くて普通の握手はできない、ということを示すロシア風の合図だった。セルゲイとわたしは、順番にヴォヴァの前腕をつかんで力いっぱい振り回した。

ロシア語で「オオカミの」という意味のラストネームをもつヴォヴァは四〇代半ばの陽気な男で、当然のように口が悪かった。ヴォヴァはわたしたちを家の中に招き入れると、ドア近くの壁に釘で取りつけられた給水器の水で手を洗い、その間にセルゲイはヴォヴァの妻のアーラに挨拶し、それからわたしのことをアーラに紹介してくれた。アーラは、おそらくヴォヴァより一〇歳ほど年上だったが、丸々とした体型も、そしてすぐにわかったのだが、野卑《やひ》な言葉を使うところも、夫とそっくりだった。

アーラとヴォヴァは、わたしたちを台所のテーブルに案内し、自分たちの料理の持ち駒を放出しはじめた。それは、わたしがまったく予期していなかった闘いのはじまりだった。鹿肉のカツレツ、海藻サラダ、それに焼きたてパンの皿がテーブルの端に寄せられ、空いたスペースに、次々と運ばれてくるふかしジャガイモや焼き立ての目玉焼き六個を載せたスキレット、なみなみと注がれたサケのスープのボールが並べられた。

ヴォルコフ夫妻は食べることに真剣に向き合っており、一旦料理をはじめると、それは抑止不可能な武力となった。もう満腹だという抵抗は無視され、あるいは無遠慮な嘲《あざけ》りを受け、さらに新たな料理で応酬された。ロシア人は、キッチンテーブルでのもてなしの手厚さで知られているが、わたしの知る限りヴォルコフ夫妻を上回る人はいなかった。

ヴォヴァは、自家製ウォッカも作っていた。しかしボトルが空になるまで飲む、というしきたりが親しい友人の間で強要されることはなく、わたしたちは何杯かずつ飲んでお互いのことを少しだけ知り合った。

ヴォヴァは以前は職業的なハンターで、彼もまた、アグズ村のハンターや罠猟師たちに資金提供をしたあのソビエトの事業に属していた。ヴォヴァは今もまだ、シェルバトフカ川上流の狩猟用テリトリーを保有しており、そこは彼と彼の父親が何十年間も狩りをしてきた場所で、のちにわたしたちがシマフクロウ探しを計画した場所でもあったが、いまやヴォヴァは、かつてのように好きなだけ森で過ごすことはなかった。

彼の毎日は、そのほとんどが商売のために費やされた——彼と妻のアーラは、村に三、四軒しかない店の一軒を経営していたのだ。商売のほうはアーラが取り仕切り、ヴォヴァは日々の維持管理を統括し、建築作業から、アムグで頻繁に起きる停電時の発電機の操作まで、あらゆることを担当した。

しかし、これまでのところ、彼の最大の、そしてもっとも時間を取られる役割は、店の商品の補充だった。六週間おきに、トラックを運転して南のウスリースクまで行く必要があり、ほとんどが危険な道ばかりの一二〇〇キロメートル近い道のりを、四日がかりで往復しなくてはならなかった。

ヴォヴァにこの土地で何をするつもりなのか尋ねられたセルゲイが、手始めにアムグ川とその西のシェルバトフカ川流域で一週間シマフクロウ探しをしてから、さらに北のサイヨン川やマクシモフカ川流域へ移動するつもりだと説明した。シェルバトフカ川に行くためには、アムグ川の河口付近で川を渡らねばならないため、セルゲイはヴォヴァに川は今どんな状態だろうと尋ねた。

それを聞いて、わたしはこのヴォヴァこそが、セルゲイが以前、川の流れがピックアップトラックでは太刀打ちできないほど激しかった場合は頼れると吹聴していた、あのトラクターを所有する友人だと気づいた。

ヴォヴァは顔をしかめて答えた。「アムグ川は恐ろしいぞ。ついこの間も、トラクターで川を渡ろうとして、車ごともっていかれた奴がいる」

わたしたちは、計画どおり村から通える範囲でシマフクロウを探し、その後北へ向かってサイヨン川とマクシモフカ川流域で調査をしてから、危険なアムグ川を渡ってシェルバトフカ川へ向かうことにした。

わたしたちは一週間の大半をシャーミ川のつがいのなわばりの調査に費やした。そこでは、わたしの前腕ぐらいの長さの抜け落ちた風切羽から、魚やカエルの骨を含む大量のペリットが地面に散らばる、信じられないようなねぐらに至るまで、かなりの数のシマフクロウの形跡が見つかった。しかしそれにもかかわらず、また毎晩のようにつがいの力強い歌声を聞いてもいたのに、彼らのなわばりの中心地——つまり営巣木——の場所を突き止めることができなかった。

最初の夜は、アムグ川の向こう岸、シャーミ川との合流点とは逆側からデュエットが聞こえたので、翌日の夕方は胸までの長靴を穿き、恐ろしさに耐えて夜の川を渡ったにもかかわらず、歌声はシャーミ川の上流から響いてきた。三日目の夜に、先の二つの場所の中間に位置する山の斜面からホーという声がしたときには、わたしたちはもうお手上げだと諦めた。彼らが今年は繁殖しておらず、わたしたちを巣穴へ案内する気がないことは明らかだった。

しかしある夜、がっかりして村へと戻る帰り道に、一つ前向きな展開があった。アムグ川を渡った先にあるクジャ川の川谷から、別のつがいの歌声が聞こえてきたのだ。調べに行く時間はなかったが、この発見は、翌年の調査で捕獲できそうな対象が、これで八つがいとなったことを意味していた。

五月半ばに、わたしたちは赤のハイラックスに荷物を満載して出発し、途中、パン屋に立ち寄って焼き立てのパンを何個か買った。熱々、カリカリのパンの皮を大きくちぎって食べながら、サイヨン川とマクシモフカ川が流れる北へ向かって車を走らせた。

第14章　ごく普通に道路を走る

サイヨン川は、アムグから北へおよそ二〇キロ離れた場所にあった。わたしたちは、そこへ向から唯一の道をハイラックスで進み、数百キロ圏内に一つしかないガソリンスタンドを越え、伐採会社の本社も通り過ぎた。

伐採会社の本社は津波警戒区域より高い丘の上にあり、えび茶色の屋根の下にクリーム色のビニルの日除けが垂れ下がる平屋の建物が複数集まってできていた。その小綺麗さが、この辺境の町に似つかわしくないと感じられ、イバラの藪《やぶ》に差し込まれた一本の造花のバラがやけに目立っていた。

そこから先は、道路はアムグ湾の北側の広々とした砂浜に沿って続いていく。砂浜は起伏のない広がりで、薄汚れた流木や風雨にさらされた海洋ゴミがあちこちに散らばり、ところどころにある低木の茂みは海風を受けて陸側へ傾斜していた。トウヒとモミが茂る低い峠を越えると、道はふた手に分かれる。比較的維持管理されているほうの道は、北西方向の伐採許可地である古儀式派の村ウスチ＝ソボレフカと、林業の町スヴェトラヤに至る。

もう一つの道路は北東方向にさらに八〇キロ離れたマクシモフカ村に続いていた。人口一五〇人のこの村は、同じ名をもつ川の河口近くにある。冬には、地元の人々は結氷した川や凍った沼の上を車で走って、いつも通り村に出かけていた——そのほうがずっと速かった——しかし一年の大半は、ドライバーはごく普通に道路を走るほかなかった。わたしたちの車はスピードを緩めてマクシモフカ村の村道を上り、間もなくラドン温泉の前で停車した。

シャーミ川の温泉が、冷たい川の流れにラドンガスが溶け込んでできた温かい水の流れに過ぎなかったのとは違って、こちらの温泉は源泉を掘って立木で囲ったもので、地面に掘られた窪みは腰までの深さがあった。ロシアでは、水に溶け込んだ状態の放射性物質、ラドンに曝露《ばくろ》することによって、高血圧から糖尿病、不妊症にいたるまで、さまざまな病が治癒すると――特に旧ソ連邦を構成した共和国の人々の間で――信じられていた。[*1]そしてここでは、ロシア正教会の巨大な十字架が、温かい湯をたたえた窪みを見下ろすようにそびえ立ち、歩いてすぐのところに小さな丸木小屋が建てられていた。

車で近づいていくと、小屋のすぐそばに、ナンバープレートのないオンボロの白のセダンが停まっているのが見えた。北のはずれのこの地では、法的な登録を済ませている車はほとんどなかった。法的手続きをしろとせっつく警察官がいないからで――いちばん近い警察署はテルネイにあった――だからわざわざ手続きをする者などいなかったのだ。

痩せた裸の人影が一つ、車のエンジン音に気づいて、ラドンが溶け込んだ水をのろのろとかきわけながら上がってきた。セルゲイがハイラックスを停め、わたしたちは歩いてその男性に挨拶しにいった。身体の揺れ具合からみて、男性は酔っているようだった。

「あんたたち、いったい何者だ?」とその男性が水を滴《したた》らせながら、早口でまくしたてた。地元の人間は、おうおうにして自分たちの資源を守ろうとする意識が強く、ここではまさに全員が全員を知っていた。わたしたちはよそ者で、しかも、なんと、車にナンバープレートをつけている気取り屋だった。

「鳥類学者です」とセルゲイが、ラドン温泉から生まれたばかりのこの濡れそぼった生物をながめながら答えた。「シマフクロウを知っていますか？　見たことや、声を聞いたことはないですか？」

男性は覚束《おぼつか》なげにわたしたちを見た。セルゲイの答えと、それに続くまさかの逆質問に、面食らったようだった。そのとき、男性の視線がセルゲイのハイラックスに向かい、ナンバープレートの「ＡＣ」という文字に留まった——文字はダリネゴルスクを意味していた。法的登録を済ませた車はすべて、二文字の略号を見れば登録された地区がわかるようになっているのだ。

「同郷人《ゼムリャック》か！」セルゲイが自分の故郷の出身であることに気づいて男が大声を上げた。それから、初対面の相手とハグし合うときの最低限のドレスコードについての暗黙のルールに従ったのだろうか、男は大急ぎで自分のボクサーパンツに足を突っ込むと、セルゲイの首に手を回し、互いの額をくっつけ合うようにしながら歯を見せて笑った。

男はダリネゴルスクでの子ども時代の話や、しでかしたさまざまな失敗のこと、またチャンスに恵まれその後マクシモフカ村に移住し、伐採作業員として働いているという話をとうとうと語った。二人は共通の知り合いについて、知っていることを披露し合った。何分かが過ぎた頃、あたかもはじめて気づいたかのように、男のぼんやりとした視線がわたしに止まった。

「で、この無口な男はだれだい？」ほぼ裸同然の、まだ濡れた身体の紳士が、迷彩服を着て腕組みをし、鬚をはやしたわたしの姿を見つめながらセルゲイに尋ねた。わたしのベルトには大きなナイフがぶら下がっていた。「あんたのボディーガードか？」

わたしは、初対面の相手に出会ったときの最善の策は、その人が酔っ払っているときはとくに、黙っていることだとすでに学んでいた。というのも、外国人に出会ったときの彼らのもっともよくある反応は、一緒にウォッカを酌み交わすことを強要し、文化的相違についての探求を長々と繰り広げることだったからだ。

すでに予定していた時間は過ぎており、この上さらに時間を差し出すつもりはなかった。セルゲイもその危険性はよく承知していたから、彼はボディーガードではないとだけ告げて、再び話題を、あの一家やこの一家のこと、だれがどこに引っ越したか、だれが何が原因で死んだか、といった話に戻した。そのうちようやく、男性はズボンとシャツを身につけ、ダリネゴルスクのあの人やこの人にどうかよろしく伝えてほしいと頼むと、車に乗り込んで走り去った。

わたしたちは、徒歩でサイヨン川に向かった。サイヨン川流域には、セルゲイがよくキャンプをする小石だらけの広々とした河原があって、そのすぐ隣には、川の急な湾曲部にできた深い淵がとてもよい釣り場となっている場所があった。そこから五〇〇メートルほど離れた場所にシマフクロウの営巣木があり、それは一九九〇年代の終わり頃にセルゲイがはじめて発見した巣穴だった。フクロウの歌声を聞くにはまだ時間が早すぎたので、わたしたちは歩いてその営巣木を探すことにした。

サイヨン川下流の川谷は、わたしがそれまでに見てきたシマフクロウの生息地の多くとは違っていた。そのあたりは、森というより沼地と呼ぶほうがふさわしい開けた湿地で、谷の真ん中にはカラマツの林と草で覆われた小山が陣取り、落葉性の木々が流れの縁ぎりぎりのところに並んでいた。まばらな植生は、ねぐらで休むシマフクロウを隠してくれそうになかった――ここではしょっちゅうカラスに悩まされるに違いない。

セルゲイによると、サイヨン川の川谷は、第二次世界大戦中、政治犯の捕虜収容所があった場所だった。今でも時折、スゲの茂みに隠されていた人骨が発見されることがあった。

営巣木はすぐ見つかり、川岸からほんの数メートル行った場所にあった。巣穴は空で、最近使われた形跡もなかった。それはケショウヤナギの木の、地上たったの四メートルという驚くほど低い位置につくられたむき出しの状態の巣穴で、縁の部分が腐食しているせいで、巣穴というより展望台のようだった。この巣穴で暮らしていたつがいは、他のよりよい巣穴に移動したのだろうと思われた。

ハイラックスまで戻ってくると、セルゲイが、もうひとりで巣穴探しに行っても大丈夫だろうとわたしに言った。すでに二カ月近く、セルゲイのそばで仕事をしてきて、彼とはいつも一緒だった。彼の専門的な助言に頼らず、一人きりで森を探索したほうが、わたしのためになるだろう、とセルゲイは考えていた。わたしもぜひやってみたいと思った。

わたしたちのキャンプは、サイヨン川とセセレフカ川の二つの小さな川谷が合流する場所にあり、わたしはその日はサイヨン川沿いを歩いてみることにした。バッグに十分な量の軽食を詰め込み、サーモスにお茶用の熱い湯を満たした。

セルゲイは、その日はシマフクロウの餌密度の評価に時間をさくつもりだと言った。それは、見え透いているのに大真面目に語られる、魚釣りの婉曲表現だった。セルゲイは頑張って、とわたしに言うとハイラックスの後部ドアを開け、あちこち引っ掻き回して釣り竿と釣り道具箱を探しはじめた。

わたしが戻ってきたとき、セルゲイはまだ釣り針に釣り餌《え》をつけ終わっていなかった。

「見つかりました」

「もう？」セルゲイは驚いてはいたが、まるで息子の成長を喜ぶ父親のように誇らしげだった。

川谷を北西方向に歩いて上ったわたしは、キャンプから六〇メートルも行かないうちに切り倒された巨大なドロノキの切り株を見つけた。どうやら近くに橋を作るために伐採されたようで、この木のどこかに巣穴があったかどうかはわからないものの、シマフクロウの巣があってもおかしくないほど大きく、樹齢の古い木であることは間違いなかった。

この切り株に上ってみたところ、他にも大きなドロノキがあるのに気づいて双眼鏡をそちらに向けると、煙突型の巣穴の縁にシマフクロウがぶら下がっているのが見えた。その木のそばまで寄ってあたりをざっと調べたところ、近くにシマフクロウが吐き出したペリットも見つかった。それ以上の証拠は必要なかった。わたしはＧＰＳ座標を記録し、キャンプに戻った。出発してから二〇分もたっていなかった。

わたしたちはサイヨン川のなわばりに二晩滞在したが、シマフクロウの声を聞くことはできなかった。新たに発見した営巣木や、その付近でも見つかった抜け落ちたばかりの羽は、このつがいが繁殖を試みたことを示唆していたが、ヒナが生まれた形跡は見つからなかった。

五月二一日、わたしたちはキャンプをたたみ、最北端の目的地、マクシモフカ川をめざして旅を続けた。そこに長く留まるつもりはなく、マクシモフカ川の支流で、セルゲイが二〇〇一年に営巣木を見つけたロセフカ川にちょっと立ち寄ってから、南へ引き返すつもりだった。しかしフクロウのほうは、わたしたちのために別の計画を用意していた。

サイヨン川のキャンプを出ると、道路は川谷を見下ろす高台に上り、川に沿って上流へと続いていった。谷の両側の切り立ったマツの斜面は、先へ進むほど狭まっていったが、マクシモフカ川流域に入るとその圧力は解き放たれ、川谷は大きく広がった。車一台分の幅しかない、木製の長い橋が見えてきて、それは高い崖の片方からもう片方に、川を見下ろすようにして架けられていた。

マクシモフカ川本流は全長一〇〇キロメートルを少し超える川で、針葉樹が立ち並ぶ岩の多い急峻な峡谷とヘラジカやイノシシ、ジャコウジカなどが多数生息する湿原からはじまる。その後、川はほぼずっと比較的狭い谷を流れていき、この橋のあたりで突然ラッパ状の花をつける植物のように大きく広がっていた。ここで川は多数の支流に分かれ、さらに東へ一六キロメートル流れて日本海へ注ぎ込む。

わたしたちは橋を渡り、マクシモフカ川の北岸に沿って走る林業専用道に入った。途中、次々と現れる伐採機がちょうど通れる幅の集材路を越えて進んでいったが、それらは、まるで鳥の羽根の羽軸から放射状に広がる羽枝のように森を侵食していた。その光景はセルゲイを驚かせた。彼が最後にこの地を訪れた二〇〇一年には、このあたりには幹線道路が一本通っていただけで、伐採の波が押し寄せてきたのはつい最近のことだったのだ。

二〇キロメートルほど走るとロセフカ川が近くなり、わたしたちはキャンプする場所を探しはじめた。これはと思う横道を見つけて入ってみると、五〇メートルほど進んだところで道は途切れてマクシモフカ川にのみ込まれてしまい、その後川の向こう岸に、何食わぬ顔で再び現れた。

二つの岸の間に横たわる、幅三〇メートルの深くて速い流れには、どう見てもつい最近までそこにあったはずの橋の破片が残っていた。この行き止まりは水場に非常に近く、またセルゲイの勘では探している営巣木にもわりあい近そうだったので、わたしたちはそこでキャンプをすることにした。

それぞれのテントを設営し、急いで軽食を流し込んでから、ロセフカ・ペアの営巣木を探しに出かけた。五年ぶりにこのなわばりを訪れたセルゲイは、ここにまだかつてのつがいがいるかどうかを知りたがっていた。わたしたちは、川の増水の被害を受けた落葉樹の森を東へ向かって歩いていった。

下草は川下の方向へ倒れかかり、破壊された橋の破片が、低い枝からクリスマスの花輪のようにだらりと垂れ下がっていた。やがてわたしたちは、大きく開けた草地に出た。フットボール用のフィールドが、縦に六つ、横に二つは並びそうな広さだった。

この広大な土地の真ん中に、春に芽吹く鮮やかな緑の草に埋もれるようにして、また周囲をトネリコやハコヤナギ、ポプラの森に囲まれて、一軒の薄汚れた家と荒れ果てた納屋が建っており、この二つの建物の周囲のおそらく半分ほどをかつての柵の名残が取り囲んでいた。建物のすぐ後ろでは桜の木立がピンク色の花をつけている。

母屋は大きく、サドルノッチ加工を施した丸太で建てられた切妻屋根のログハウスで、あちこちに、板切れが貼り付けられたり、修繕跡があったりしてでこぼこしていた。見るからにずいぶん古い建物のようで、セルゲイの説明によると、本当にそうだった。

これは、一九三〇年代にソビエト政府によって整理解散された古儀式派の居留地ウルンガ村の、残存する最後の証拠だった。[*2]一時は、アムグ村北部だけで、古儀式派の居留地が少なくとも三五箇所あり、それは現在同じ場所にある村の数の五倍にあたる。

古儀式派の信徒たちは、帝政ロシアの弾圧から逃れるために沿海地方にやってきた人たちで、悪魔のようなヨシフ・スターリンや彼が考案した集産主義に、信仰を捨てて屈服するつもりはなかったのだ。その結果生まれた不穏な状況下で、古儀式派の一部の人々は処刑され、さらに何百人もの人々が逮捕されて投獄され、あるいは国外追放となった。

一九五〇年代には、古儀式派の居留地跡の大部分が、ここと同じような空き地となった。やがて、血液が染み込み、建物が焼き払われたあとに残った木炭によって肥えた土壌に草が生い茂った。この残された最後の一軒は、過去の暴力的な出来事の証拠だった。

セルゲイは、この建物は古儀式派の人々の学校として使われていたものだが、なぜそれが保存され、残っているのかはよくわかっていない、と教えてくれた。二〇〇六年までは、このログハウスはマクシモフカに住む片目のハンター、ジンコフスキーの狩猟用の山小屋として活用されていた。わたしたちはこの敷地の周囲を回って、支流であるロセフカ川がマクシモフカ川に流れ込む地点にまで行った。そこは、セルゲイが営巣木を見つけるための最初の目印だった。

森の中を歩いていくと、集材路が次々と現れた。セルゲイは、網の目状に広がるこの木材搬出路に惑わされ、いつもの方向感覚を失ってしまった。営巣木のＧＰＳ位置情報をもっていなかったことが、調査をより困難にした。セルゲイが最後にここに来たときには、ロシアではＧＰＳ装置はまだ使われていなかったのだ。セルゲイは、勘を働かせればその木を探し当てられるだろうと考えていた。

地面から立ち上る湿気による蒸し暑さのなか、わたしたちは青々と茂る森を二時間近く探し回り、頭上高く生い茂る樹冠がつくる薄暗がりのなか、腰の高さまで伸びたシダの間を汗だくになってよろめきながら歩いた。

途中、わたしたちに驚いた一羽のハイタカが飛び立った。すらりとしたこの捕食者は、絡み合った枝に行く手を塞がれ、パニックを起こしてもがいていたが、やっとのことでロセフカ川上空の障害物のない風の通り道に到達し、灰色の水平線の向こうに姿を消した。

セルゲイは、以前に彼が訪れたのとまったく同じ森の一画に案内してくれたようだったが、そこにシマフクロウの営巣木らしきものはなかった。とそのとき、わたしたちはその切り株に気づいた。「くそ」とセルゲイがロシア語で、英語に翻訳するのもはばかられるような罵りの言葉を吐いた。「切り倒しやがった」

わたしたちはその巨大な切り株の上に立ち、周囲のシダと一緒に、スッパリと切り倒されたその切り口を、球場でヒット・アンド・ランのシーンに見惚れる観衆のようにポカンと口を開いて見つめていた。

この地域の伐採会社は、ポプラやニレなどの、商業的価値がない朽ちかけた巨木を切り倒し、川に架ける橋の材料とする習慣があった。大木を数本流れに横たえて橋にするほうが、細い木を何十本も並べるよりもずっと簡単だったし、老齢樹の幹に空いた空洞が天然の暗渠の役割を果たして、水の通り道ともなった。

探していた営巣木も、ここへ来るまでに通ってきた一〇本ばかりの橋のどれかの一部になったのかもしれず、キャンプのそばの最近流された橋の一部だった可能性さえあった。沿海地方の沿岸部の川は毎年のように洪水になり、貪欲な川の流れが橋を頻繁に持ち去るため、巨木への需要は常にあった。そして、道路の大部分は、またシマフクロウの営巣木となりうる木のすべてが川のそばにあったので、それらの森の巨人たちは、手っ取り早く橋をかけたがっている伐採会社にとって、格好の目標物となった。

こうした経緯が、シマフクロウの営巣木を——あるいは営巣木となりうる木を——着々と森から取り除き、景観を形づくる希少な資源を奪い去って、シマフクロウが家庭を作る場所を見つけるのをますます困難にしていった。一本の木が、シマフクロウが巣作りするのにふさわしいほど大きく育つまでには何百年もかかったのだ。すべての巨木が失われたら、シマフクロウはどうすればいいのだ？

調べるべき巣穴がなかったので、わたしたちはがっかりしてキャンプに戻った。このキャンプでは一晩泊まるだけの予定だったが、ロセフカ川のシマフクロウについて何か知りたければ、ゼロからはじめなければならないことははっきりしていた。

翌日遅く、わたしは自分のテントでイヤホンをつけ、鳴鳥についての修士論文に取り組んでいたときに録音した鳥の声のテープを聞きながら、この土地の鳥の鳴き声について自分がどのくらい知っているかを確認していた。そのとき、わたしがいる布製のドームにふいに影がさした。テープレコーダーをオフにすると、セルゲイがさっきからずっとテントに覆いかぶさるようにして喚《わめ》いていたのがわかった。テントのファスナーを下げて顔を出した。

「ジョン、急がないと潰されるぞ！　あの音が聞こえないのか？」セルゲイは絶望的な表情で、走ってきたせいで顔が赤らみ、胸までの長靴からはまだマクシモフカ川の水が滴っていた。彼はその日の午前中ずっと川にいて、シマフクロウの餌密度の評価を入念に行なっていたのだ。耳を澄ましてみると、重機がたてるリズミカルな轟音が響いているのがわかった――イヤホンから聞こえてくる鳥のさえずりに隠れて、聞こえなかったのだ。

「ここを出なきゃならん、すぐにだ」セルゲイが、ポールを折りたたみもせず、寝袋と枕を入れたまま驚くほど乱暴に自分のテントをたたみ、ピックアップトラックの後ろに積み込むのを、わたしは眺めていた。それをじっと見ていた。

「身体を動かせ、頼むよ！」とセルゲイが怒鳴った。「あと一カ月間、ここに閉じ込められたいのか？　俺たちを掘り出すのにそれぐらいはかかるぞ。今、閉じ込められかけているんだよ！」

彼が何の話をしているのか、まったくわからなかったが、彼らしくないその不安げな様子に自然を身体が動いた。わたしたちは大急ぎでキャンプを解体し、五分もたたないうちに猛スピードで車を走らせていた。

ロセフカ川への分かれ道までの残り五〇〇メートルは直線道路で、そこまで来て、ようやくわたしにもセルゲイが慌てていた理由がわかった。前方に一台のブルドーザーがいて、道路の真ん中にとんでもない量の泥土を積み上げ、わたしたちを閉じ込めようとしているのが見えた。セルゲイはクラクションに寄りかかり、ヘッドライトを瞬かせた。

あとでセルゲイから聞いたところによると、その朝川で釣りを楽しんでいたとき、ときどきディーゼル・エンジンの騒音が聞こえてきた。付近に伐採キャンプがあることを知っていたセルゲイは、その騒音がもつ重要な意味に気づかなかった。

しかしその後、どうやらその音が道路の分岐点の右側から聞こえてくるらしいことに気づいた彼は、その直後に、伐採会社は、密猟者が夜中に車で乗りつけてシカやイノシシ、ときにはトラまで撃ちに来るのを防ぐために、使わなくなった林業専用道を封鎖するという、褒め称えられるべき、珍しい習慣をもっていることを思い出した。おそらく今それが行なわれようとしていると気づいた彼は、あわててキャンプに駆け戻った。

トラクターの運転手は作業を中止し、口の端にタバコをぶら下げたまま、驚いたような顔でわたしたちをじっと見た。エンジンをかけっぱなしにして止まっていた白のトヨタ・ランドクルーザーからも、やはり驚いたような表情の三人の男性が降りてきた。

「いったいここで何してるんだ?」最年長らしき男性が問いただすように言った。男は背が低く、六〇代くらいで白髪だった。しかしセルゲイに気づいて大きな声を出した。「あれ、鳥類学者じゃないか! しばらくぶりですね。フクロウのほうはどうです?」

この男性はアレクサンドル・シュリキンといって、地元の伐採会社の最高責任者だった。セルゲイは、前回マクシモフカ川に調査に来た二〇〇一年に彼に会っていた。シュリキンが路上に防塞を作ったのは、彼と彼の息子のニコライ自身がハンターで、近くに土地をもっていて、シカやイノシシの頭数を維持することに関心をもっていたからだ。

ブルドーザーはたった今道路を封鎖しはじめたところで、まだいくつか通過できるスペースがあったので、わたしたちは車で低い防塞の向こう側に出て、重機が仕事に専念する様子を見守っていた。ブルドーザーは、泥道の二箇所を横三メートル、深さ一メートルの大きさに四角く掘り進み、掘り上げた土や石を、その間の道路上に堆《うずたか》く積み上げた。

「俺たちはトラックにシャベル一つ積んでない」ブルドーザーの作業を眺めながら、前かがみになってタバコを吸っていたセルゲイが言った。「泥の山を掘って抜け出すのに一週間はかかっただろう」

この出来事の翌年から、セルゲイがいつも車にシャベルを一つか二つ積むようになったことにわたしは気づいていた。ブルドーザーが仕事を終えると、高さおよそ七メートルの急峻な山が出来上がり、それはどんな車も通過不可能な防壁となった。ここに到着するのが一時間遅れていたら、わたしたちにできることは何もなかっただろう。ブルドーザーはすでにその場を離れたあとで、わたしたちは取り残されてしまったことだろう。

危機一髪だったにもかかわらず、わたしは感激していた。道路封鎖が、密猟者に対する効果的な抑止力となることは間違いなかった。この地で非合法に狩りをしようとする人はみな、土の壁を見て車を止め、もっと簡単に行ける場所に向かうことだろう。つまり、防壁の向こう側は事実上の鳥獣保護区となる。理論上は、すべての伐採会社が、ある地区での森林伐採を終えたら道路を封鎖する義務を負っていたが、ロシア連邦の森林法に見受けられる矛盾が、その義務を果たしている会社はほとんどない、ということを示していた。

突然住む場所を失い、しかしロセフカ川での調査がまだ終わっていなかったわたしたちは、林業専用道をさらに進み、ロセフカ川の川べりに開けた平らな場所を見つけてキャンプ地とした。わたしは川の水を汲んでお茶を飲むためのお湯をわかし、セルゲイは昼食の支度をはじめた。

セルゲイがトラックから真っ先に下ろしてきたのは、彼のクーラーボックスだった。アルミで内張りをした容量四五リットルの薄いブルーの箱を、セルゲイは魔法の道具だと信じているようだった。春のはじめには、この箱は立派に役目を果たしたが、今や気温は夏の暑さで、それに伴い湿気も高くなっていて、このクーラーボックスに、内部に貯蔵されている生鮮食品の上で糸状《しじょう》菌《きん》が繁殖するのを防ぐ力はほとんどなかった。ところがセルゲイは、この超自然的な力をもつ箱に肉やチーズを入れておけば、冷却機能がなくても長期間保存できると頑なに信じていた。

どうやら、テントを設営した場所は伐採キャンプのすぐ近くだったようで、ついさっきシュリキンと出会ったときにその場にいて見覚えがあったガードマンが、道路の封鎖場所から戻ってくる途中に、わたしたちのテントに立ち寄った。パシャという名の太った男で、エンジニア・キャップのような帽子の下からのぞいている髪も瞳の色も茶色だった。六〇年近くその体重を支え続けてそろそろガタが出てきた両膝をいたわるように、用心しながら歩いていた。

わたしたちは、いっしょにお茶と軽食でもどうか、と彼を誘った。パシャは極端なほど落ち着いた人間で、冬眠から覚めたばかりのクマを思わせた。彼は、もう何年も前の、最後にテルネイに行ったときの話をしてくれた。慢性的な症状に悩まされていた彼は、医師の診察を受けるためにヘリコプターでテルネイに向かい、そこで、その日の当直で酒を飲んでいた医師から、手術して盲腸を取ったほうがいいと言い含められた。

「その医者が席を外したとき、看護師たちが、あなたってどうかしてる、彼に殺されるまえにさっさと立って出ていったほうがいい、と小声で医師を非難した。でも俺はもうそこにいたんだ、わかるだろう？　そういうわけで医者は手術し、その結果がこれだ」ガードマンは、着ていたフランネルのシャツをたくし上げて巨大な盲腸の手術跡をわたしに見せた。「でも悩み事は一つ減ったんだ」

わたしたちが話をしている間、セルゲイは食糧を点検していた。クーラーボックスから長いソーセージを一本取り出すと、二本の指でつまんで高く掲げ、鼻にシワを寄せて細部まで吟味した。パシャは、その様子を疑わしそうに眺めていた。セルゲイが、そのソーセージを人間が摂取するのに適していると見なし、温かいお湯の中でゆすいで、なにがしかの糸状菌を洗い流そうとしたとき、パシャが自分の意見を口にした。

「そのソーセージ、食べても大丈夫とは思えないね」医学的な理由もなく、酔った医者に盲腸を切り取られるがままになっていた男が、抗議の声を上げた。「たぶん腐ってる」

セルゲイは男の意見を却下した。「大丈夫だ、クーラーボックスに入れてたんだから」と言うと、蓋が大きく開いたまま外気にさらされている彼のブルーの魔法の箱を指差した。クーラーボックスの銀色の帯金が、午後の暑い日差しを受けてキラキラ輝いていた。


わたしたちはその日の夕方と翌朝をかけて、ロセフカ川の川谷のもつれ合った下層植生をかき分けて歩いた。セルゲイが食べ、わたしは食べるのを拒否したソーセージのせいでセルゲイの身に何か起きないかとずっと注目していたが、そんな気配はまったく見えなかった。

わたしは前夜、川下の、マクシモフカ川の近くで一羽のシマフクロウの鳴き声を聞き、セルゲイはその朝、河口近くで、ねぐらについていた一羽のシマフクロウを驚かせて飛び立たせていた。そこで翌日は、ロセフカ川上流のキャンプを引き払い、マクシモフカ川の近くに移動して、そこで集中的に調査することにした。

わたしたちがキャンプ地に選んだのは、マクシモフカ川の川岸の開けた土地で、壊れた橋の脇の以前のキャンプ地から二キロほど川下だった。焚き火の跡があることから、ここはしょっちゅう使われている場所で、おそらくマクシモフカ村の漁師たちがよく来ているのではないかと思われた。

フクロウの歌声を聞きに行く前にテントの外で夕方の軽食を食べていたとき、不意に、川の向こう岸からシマフクロウのデュエットが響いてきた。それは嬉しい新事実を示していた。一般に、つがいの片方が死ぬと、生き残った一羽はその場所に残り、新しいパートナーを呼び寄せるために鳴き声を上げる。だから、耳にするのが一羽の声ばかりなのは、つがいの片方が死んでしまったからではないか、とずっと心配していたのだ。しかし違った——つがいはどちらも生きて元気にしていた。

川は歩いて渡るには深すぎるし流れも早すぎたので、それ以上近づくことはできなかった。そこでわたしたちはその場に腰を下ろし、歌声に聞き入っていた。そのとき、セルゲイが指を一本掲げ、右耳が川下に向くように小首をかしげた。

「聞こえたか？」とセルゲイが小声で尋ねた。

わたしは、川の水音と、向こう岸でつがいが鳴き交わす声が聞こえるだけだと答えた。

「それじゃない。川下からのもっと低い声だよ。別のつがいのデュエットだ！」

セルゲイは勢いよく立ち上がり、あっという間にハイラックスに乗り込んだ。マクシモフカ川の向こう岸のつがいには、川が邪魔して近づけなかったが、川下のフクロウのほうは、見つけられる可能性があった。

後方に泥を跳ね上げ、上下に大きく揺れながら、わたしたちのトラックは林業専用道へ戻り、泥道は砂利道となった。四〇〇メートル進んだところでセルゲイが車のエンジンを切った。セルゲイが聞いたという歌声のことを、わたしはまだ少し疑っていたが、川から離れて声の出所に近づけばわたしにも聞こえるはずだ、とセルゲイは受けあった。

彼は正しかった。ロセフカ・ペアが川上でのデュエットを終えると、直後に、川下の二番目のつがいがデュエットで答えた。二つのつがいの歌声を一度に聞けたのだ！

彼らはそれぞれのなわばりの端っこにいて、互いに牽制し合う敵対する国の国境警備隊のように、声を上げ合った。セルゲイが車のエンジンをかけ、わたしたちはさらに近づいていった。五〇〇メートル先の、低い丘に沿って道路がカーブしている所で車を停めた。

じっと待ったが、川上からの今では微《かす》かに聞こえる程度のデュエット以外、何も聞こえなかった。もう少し待ってみたが、やはり何の物音もしなかった。セルゲイが、我慢できずに切り札を使った――シマフクロウのヒナの甲高《かんだか》い声の鳴き真似だ。森がふいにざわついた。つがいはずっと、わたしたちの頭上の、鬱蒼と茂る樹冠の上に止まっていたのだ。

この調査旅行のはじめの頃に、テクンザ川のなわばりでつがいを苛立たせたときのように、このつがいも激しい怒りにかられて、木から木へと飛び回った。ロセフカ・ペアとのデュエット対決ですでに興奮気味だったところに、今度は道に迷ったシマフクロウが自分たちのなわばりの奥深くまで入り込んできたのだ。耐えがたい侵略だった。

わたしたちはそこに留まり、頭上で苛立つ羽のはえたゴーレム［ユダヤ教に伝わる、自力で動く泥人形］たちの様子を日が暮れるまで観察し、この日の思いがけない展開にいたく満足してキャンプに戻った。

＊

翌朝、前夜にフクロウのつがいを驚かせた場所に車で戻り、巣穴を探して川沿いの低地を数時間歩き回ったが成果は得られなかった。午後はセルゲイのゴムボートを膨らませてマクシモフカ川の激しい流れを渡り、向こう岸の、かつてウルンガ村があった場所にたどり着いた。そこは、前夜シマフクロウのつがいの声がしたあたりの近くだった。

地図で確認して、つがいのデュエットが聞こえてきた島状の場所は、西から東へと伸びる長方形の土地で、その北側と東側はマクシモフカ川の本流と接し、西側と南側はより小さな支流に接しているとわかっていた。島のおよその大きさは、幅五〇〇メートル、奥行き一五〇〇メートルだった。

わたしたちは送受信のできる無線機が使えることを確かめてから、ふた手に分かれた。セルゲイは島の北半分を探索し、夕方には西側の斜面で待機して、シマフクロウが歌うのを待つことになっていた。

わたしの持ち場はその島の東側半分だった。氾濫原をまっすぐ進んでいくと、そこは太古の森のようで、目を瞠《みは》るほど美しかった。ポプラやニレ、マツの木が高い位置に樹冠を作り、根元のほうは青々と茂る下草に覆われ、付近には泡立ちながら流れる小さな川や、サクラマスやアメマス、コクチマスの群れが棲む池もあった。

有蹄類の足跡が至るところに見つかり、そのほとんどはイノシシのものだった。彼らの糞や足跡、それに抜け落ちた長い毛がマツの幹から垂れる松脂《まつやに》にからみついているのを、何度も見かけた。ノロジカも見たし、クロテンも一頭見かけた。

クマタカに殺されたと思われるエゾフクロウの死骸もあった。フクロウの死骸のなかに、まるで犯人を告げる不気味な印のように、タカの羽が混じっていたのだ。[*3] クマタカは、一九八〇年代のどこかの時点に日本からやってきて沿海地方にひそかに棲みついた巨大な猛禽だ。

小さな川をたどって谷の南の端まで行くと、予想した通り、急な斜面に沿って流れる水路にぶつかった。夕暮れがすぐそこまで迫っていたので、小川が水路に流れ込む場所の近くの静かな一画の、座り心地のいい丸木に腰掛けて待つことにした。

春の夜の森は素晴らしかった。わたしは丸木に座って、芳しい香りのひんやりとした空気を胸一杯に吸い込み、頭上から聞こえてくるヨタカの鳴き声に耳を傾けた。だれかがせっせときゅうりを刻んでいるような音だった。そのとき、何かが水路を歩いてこちらへ向かってくるのがわかった。足を運ぶ際に跳ねる水の抑えた音と、踏まれた石が擦れて軋《きし》む音がしたのだ。それがセルゲイではないことはわかっていた。今頃彼は西の斜面にいて、わたしと同じようにシマフクロウの歌声に耳を澄ませているはずだったから。

しかし考える暇はそれほどなかった。ほどなく、黒い塊のような巨大なオスイノシシがのんびり歩いて来る姿が見えてきた。身体を覆う黒い毛皮が、曲がった牙の白さを際立たせていた。わたしは息を潜めてその様子を見守った。イノシシは水の中をゆっくりと進んできて、こちらまでせいぜい二〇メートルのところで立ち止まると、川下のほうへ行ってしまった。わたしは安堵の息をついた。

野生のイノシシは普通は攻撃的ではないが、[*4] 怒らせると凶暴になることがある。じっさい、たった今通り過ぎたイノシシと同じくらい大きなオスが、牙でトラに致命傷を負わせた例も知られている。銃撃されると、イノシシは逃げるより突進してくる可能性が高く、ときには、ハンターが銃を再充塡するより先に、彼らを殺してしまうこともある。ジョン・グッドリッチから聞いた、身の毛のよだつような例を紹介しておくと、あるイノシシは、発砲してきたハンターを殺害したあと、その両足を食べてしまった。

待ちくたびれてうとうとしかけたときに、無線の呼び出し音が鳴ってビクッとした。セルゲイが怒鳴っていた。

「気をつけろ、奴らが来るぞ！」

「え、もう一度お願いします」わたしは困惑して問い返した。

「どこかに避難しろ！　嵐がそっちへ向かってる！」セルゲイが大声で言った。その声は笑いを含んでいた。

しばらくすると聞こえてきた。森を移動してくる波のような音が。草木が立てるサラサラいう音や、枝が折れる音にかぶさって、何かがキーキー鳴く声が。急いで立ち上がり踵《きびす》を返して一本の木の後ろに隠れたそのとき、イノシシの群れが津波のように押し寄せてきて、小川の向こう岸の植生を乗り越えると、目の前を次々と行き過ぎていった。その半数は子どものイノシシだった。

あとでセルゲイから聞いたところによると、彼が座っていたところから一〇メートルも離れていない場所にたくさんのイノシシが現れ、どうしても我慢できなくて、彼らに向かってクマのような吠え声を上げたということだった。イノシシの群れは驚き慌てて、偶然、わたしが待機しているだろうと思われる方向に向かって逃げていった、というわけだった。

イノシシが行ってしまうと、わたしは再び待機場所に戻った。次第に暗くなりはじめ、半時間ほどは何の物音もしなかった。その後、あたりがさらにしんとした頃に、セルゲイが囁《ささや》き声で連絡してきた。

「ジョン、ちょっと見てほしいものがあるんだ。大急ぎでこっちへ来れるか？」

わたしはヘッドランプのスイッチを入れると藪をかき分けて三〇〇メートルほど進み、セルゲイの居場所につながっているはずの支流沿いを進んだ。いよいよ近くなると、丘の上で光る閃光灯の明かりで彼がどこにいるのかわかった。顔が見えるほど近づいてみると、セルゲイは困惑顔だった。

「シマフクロウの甲高い鳴き声が聞こえたんだ」とセルゲイは説明した。「だから、営巣木が近くにあるのは間違いないと思った。無線で連絡したのはそのときだ。こっそり近づいていくと、あそこにシマフクロウの成鳥のシルエットが見えた」とセルゲイはその場所を指差した。「そいつは向こう岸からやってきて、俺が近づくと飛び立って向こう岸に戻った。しかしここには何もないんだ。営巣木にふさわしいほど大きな木がまるでない。あの甲高い声を上げるのは、巣についているときだけだと思っていたんだが……」

わたしたちは、黒々とした川を渡ってキャンプに戻った。

翌日もまた島状の土地を訪れ、何時間もかけて営巣木を探し回ったが、良い結果は得られなかった。シマフクロウがこの場所を使っているのは間違いなかったが、あるいは狩り場として利用していただけで巣は作っていなかったのかもしれない。

わたしたちは、この特別な鳴き声の働きを見直さねばならなかった。ずっと正しいと考えていたことが、そうではなかったとわかったのだから――シマフクロウの甲高い鳴き声は、巣穴のある場所だけで観察されるものではなかったのだ。その後経験を積むとともに、シマフクロウは食べ物をねだる際に――巣穴にいるときも、巣穴から離れているときも――あの甲高い鳴き声を上げることがわかってきた。

今にして思えば、あのときセルゲイが見つけ、鳴き声を聞いたのは生後二年目のヒナだったのではないか。その年齢のヒナは、輪郭だけ見るとシマフクロウの成鳥と間違えるほど大きいが、親の手をまったく借りずに狩りをすることはまだできない。ヒナはきっと親鳥を呼んでいたのだ。

その夜は雨で、わたしたちにはもうあまり時間がなかった――数週間後にはアメリカに戻る飛行機を予約していたし、セルゲイは自宅に帰ってやらなければならないことがあった。ロセフカのつがいが今年は巣作りしていないのは間違いなさそうで、彼らを一箇所にとどまらせる使用中の巣がないからには、彼らを見つけられる可能性はほとんどなかった。しかし、つがいが生きてそこにいることは確かめられたわけで、今はそれで十分だった。

わたしたちは、ロセフカ・ペアと川下のまだ見ぬつがいを、翌年捕獲できるかもしれない候補のリストにつけ加え、そろそろアムグに帰るときだと決断した。その前に、この北部地域でもう一箇所、シェルバトフカ川に立ち寄らねばならず、その後わたしたちは、法の執行や道路標識といった快適な環境が整った、テルネイやその他の場所に戻ることになる。フィールドシーズンが終わりに近づいていた。

第15章　洪水

　無事アムグに到着したが、前夜の雨をたっぷり含んだでこぼこの泥道に隠された深いくぼみからたびたび跳ね上がる泥水が、ピックアップトラックの泥除けを茶色く汚していた。アムグ川の水位を調べにいくと、一週間半離れていた間に、許容範囲まで下がっていて、セルゲイは、これなら心配ない、ハイラックスで渡れる、と請け合った。

　わたしたちは川べりにしばらく留まり、浅い流れが川底の丸石の上を穏やかに流れていく様子を見ながら、今後の方針を考えた。向こう岸では数日かけて、シェルバトフカ川のつがいのなわばりを探索することにした。都合のいいことに、このつがいが棲む場所とヴォヴァ・ヴォルコフの狩猟用の小屋はそう離れていなかった。ヴォルコフがわたしたちの調査に参加したがっていることは知っていたので、川を渡る前に、遠回りして町の反対側にある彼の家に向かった。

　セルゲイとわたしが、薄暗い玄関ホールを通り抜けて台所へ入っていくと、そこには奇怪な光景が広がっていて、わたしは一瞬、自分たちが何のためにそこへ来たのかを忘れかけた。台所のテーブルのほぼ全面を、ぽっちゃりした妻のアーラの手でごくごく細かく切り刻まれた魚の肉の山が覆い隠しており、アーラは色の薄い魚肉を丸めては、小麦粉で作った生地でしっかりと包んでいた。それは魚のペリメニという、茹で団子やラビオリに似た料理で、彼女はそれをこれから蒸すところだった。

わたしは、その料理の絶対的な数の多さに驚愕し、その魚をどこで手に入れたのか、とアーラに問いかけた。

「今朝、ヴォヴァが河口近くの海岸でタイメンを獲ってきたんだ」エプロンや両腕を粉まみれにしたアーラが、疲れを含んだ声でそっけなく答えた。

興味を抱いたわたしはさらに尋ねた。「彼は何匹獲ってきたんですか？」

アーラは、うさんくさそうにわたしを眺めてから「タイメン」、とそれが単数であることをわからせようとするかのように、ロシア語の語尾を強調して繰り返した。「一匹よ」

わたしは、目の前の切り刻まれた魚肉の山をつくづくと眺めた。これが、何であれ一匹分の肉であるとは、ましてや一匹の魚のものとは信じ難かった。わたしが半信半疑でいるのを察知したアーラは、屈んで床の上に置いたビニール袋の中から、見たことがないほど大きな魚の頭を取り出した。そしてそれを高く掲げて、さっきと同じ言葉を繰り返した。「一匹」

サハリンタイメンは、世界でもっとも大きいサケ科の魚で、最大体長二メートル、重さは五〇キログラムにまで成長する。サハリンタイメンはまた、絶滅の危機に瀕していて、その主たる原因は乱獲である。[*1]

サハリンタイメンは、ヴォヴァがこの魚を自分のボートに引き上げる数カ月前に、保護が決まったばかりだった。隣接するハバロフスク地方の、サマルガ川のすぐ北を流れるコピ川沿いにその後の二〇一〇年に設立された自然保護区[*2]は、タイメンの産卵場所を保護することを一つの目的としていた。

ヴォヴァは家にいて、ぜひとも一緒に調査旅行に行きたいが、必要な荷物をナップサックに詰める間ちょっとだけ待ってくれと言った。アーラが、すでに作ってあった魚のペリメニを詰めたガラスの広口瓶を、夫に何個か手渡した。これが、その後数日間のわたしたちの主たる食糧となった。

そのときは、サハリンタイメンが絶滅の危機にあることをわたしは知らなかったが、知っていたら食べなかっただろう。シマフクロウやアムールトラを食べるようなものだからだ。ヴォヴァもまた、タイメンが保護状態にあることを知らなかったのではないかと思う。彼は高潔なハンターだったし、絶滅危惧種への指定といった類のニュースが、大国の端から端まで伝わるにはかなり時間がかかりそうだから。

ヴォヴァの父親で、地元の国境警備隊を退役したヴァレリーという名の育ちのよさそうな初老の男性も、そのとき台所にいた。薪ストーブのそばの背の低い腰掛けに静かに座って、料理をするアーラの話し相手になっていた。

ブーツを履きながら、まだタイメンのことを考えていたわたしは、思いつきでその父親に、ヴォヴァと沖釣りに行ったことはあるか、と尋ねた。老人は膝をたたき、大笑いしながら答えた。

「あの海にはもう二度と行かんよ!」しかし理由を聞く暇もなく、セルゲイとヴォヴァがわたしを玄関から押し出した。

アムグ川の渡河点に着くと、ヴォヴァが、普段はここに橋がかかっていて、一カ月ほど前まではあったのだが、川が氾濫して、まるで春の大掃除のように橋を日本海に押し流してしまったのだと説明した。しかし伐採会社がシェルバトフカ川上流で伐木作業を準備中で、多数の水路をもつその浅い川は、この渡河点から数十メートル下流でアムグ川に合流している。だから近いうちに必ず新しい橋が建設されるはずだ。それまでは、車で川を渡らなくてはならない、とヴォヴァは言った。

川の向こう岸に見えるシェルバトフカ道路は、良好な状態だった。セルゲイが、自分たちが今いるのはテルネイから伸びる、昔からある道路の終点で、この先へ進めるのは、川の河口部分や湿地帯が結氷する冬に限られており、一九九〇年代までは、アムグに通じる唯一の陸路だったのだ、と説明した。今は、内陸の道路を使って一年中アムグに行くことができるようになり、海沿いの道は人気がなくなって、使うのは伐採作業者と密猟者、そして狩猟用の丸木小屋に行くときのヴォヴァくらいのものだった。

分かれ道を過ぎ、小さな橋を渡った先にその小屋はあった。昔ながらのロシアのハンターの小屋だった。丸木八本分の高さの、四隅を蟻組み接ぎ工法で仕上げ、切妻屋根の下の空間が収納庫となっている小屋が、草ぼうぼうの空き地の巨大なトウヒの木の下にうずくまるようにして建っていた。

わたしたちは車を停めて、荷物を下ろしはじめた。セルゲイも、近頃はブルーのクーラーボックスはもう役に立たないと認めていて、町で買ってきた肉やチーズなどの生鮮食品と数本のビールを下ろすと川までもっていった。それらをアルミの容器に入れて容器ごと浅い流れに浸し、食糧が流されてしまわないように、重たい石をおもり代わりに取りつけた。ヴォヴァとわたしは、自分たちの寝具を小屋まで運んでいき、わたしの肩の高さしかない低いドアを、頭をひょいと下げてくぐり抜けた。

森の山小屋の多くに見られるように、壁のあちこちに打たれた釘に、米や塩、その他のあらゆる食べものを入れた袋がぶら下がっていた。人間同様、この小屋を自分たちの家と見なしているネズミたちから、保存の効く食糧を遠ざける工夫だった。天井は低く、すすで黒ずんでいた。セルゲイが小屋に入ってくると、ヴォヴァが魚のペリメニの瓶を一つテーブルに置き、蓋を開けて、わたしたち一人ひとりにうなずきながらフォークを配った。昼食が振る舞われたのだ。

雨は、わたしたちがアムグ村を出てからすぐに降りだしていた。最初は霧雨《きりさめ》だったが、すぐに雨粒となって間断なく降り続いた。昼食を終えると、わたしは自前のレインパンツとジャケットを着込み、みなでシマフクロウの営巣木を調べに出かけた。営巣木は川谷を一キロメートルほど上流に向かって進み、その後川に向かって谷を少し横切った場所にあった。そのあたりの森はほとんどが針葉樹だった。

半時間ほど歩いた頃、膝から下がぐっしょり濡れていることに気づいた。二カ月間、このあたりの森によくある棘《とげ》の多いやっかいな植物、エゾウコギをかき分けて探索を続けた結果、わたしの両足は、汚染された棘に深く刺し貫かれ、高価な雨具はザルのように水漏れするようになったのだ。わたしは、二人のロシア人のほうを見た。どちらもすでに全身びしょ濡れで、綿とポリエステル混合の迷彩服は、濡れそぼってネズミ色になり、身体に張りついていた。彼らとわたしの違いは、セルゲイとヴォヴァは自分たちの衣類の浸透性について幻想を抱いていなかった、ということだった。

じっさい、ロシア人の共同研究者たちは、前年に沿海地方の森に痛めつけられた衣類の代わりに、わたしが毎シーズン新調して持参する軽量の衣類について、そのどこが最新で最高なのかとたびたび茶化した。この種の衣類は、北米の国立公園の、手入れの行き届いた幅の広いトレイルには適していたかもしれないが、ここでは無傷でいられる可能性はほとんどなかった。

　セルゲイが、制止するように手の平を掲げた。営巣木が近いから静かに歩けという意味だった。次の瞬間、まばらに生えているモミの木の合間に立つ巨大な木が見えた。それはポプラの大木で、驚いたことに、地上一七メートルの所にうろがあった――これまで見たうちで、もっとも高い位置にある巣穴だった。セルゲイが最後にここに来てから数年が過ぎており、またわたしたちには、巣穴がまだ使われているかどうかを確かめるすべがなかった。

　巣が使われているかどうかを調べるときにセルゲイがいつもやっているように、道具を使わずにこの木に登るのは難しかった。地面から一番近い枝でさえ、ゆうに地上一〇メートルの高さはあったからだ。セルゲイは、ときには昇柱器[*3]を使って巣穴に近づくこともあった。樹木医や架線作業員が、木や電柱に登るときによく使う、靴につける尖ったスパイクのことだ。しかしそれも、今回は使えなかった。この朽ちかけたポプラの樹皮が厚く剝がれやすくなっていて、安全な足場を確保することができなかったからだ。

　わたしたちは五〇メートルほど引き返し、雨の中、暗くなるまでそこにとどまっていた。近くでデュエットする歌声か、巣穴のヒナの甲高い鳴き声が聞けることを期待したのだ。しかし、サラウンドシステムのように四方から聞こえてくる、雨粒が木の葉を激しく叩くやかましい音以外、何も聞こえなかった。これほど激しい雨では、シマフクロウも歌など歌いそうになく、たとえ歌ったとしても、周囲の音がうるさすぎて聞き取れなかっただろう。

　わたしたちは山小屋に戻り、魚のペリメニで夕飯を済ませて床についた。二つあるベッドの片方にヴォヴァとセルゲイが潜り込み、わたしはもう片方のベッドを一人占めした。

＊

翌朝起きると外は雨で、冷えた魚のペリメニと温かいインスタントコーヒーの朝食を食べながら、その日の予定を考えた。営巣木の場所はもうわかったので、わたしたちの次の関心は、このなわばりに棲むつがいの狩り場を突き止めることだった。ヴォヴァが運転するハイラックスで谷沿いを上流へと向かい、セルゲイとわたしは小屋から五、六キロ川上で落としてもらうことになった。

わたしはその後川を渡り、川の向こう岸の谷を探索したあと、ヴォヴァの山小屋の谷を隔てたちょうど反対側の地点まで歩いて戻る。山小屋の位置はGPSに記録してあった。その後、川谷を横切って山小屋に戻る予定だった。セルゲイは、川の本流沿いを上流へと進み、同じように戻ってくる。ヴォヴァはさらに上流の、道のない場所を進んだ先にあるもう一つの山小屋まで歩いて行き、いくつか修繕をしてくることになった。

車から降りたあと、わたしは川沿いの低地に続く急な斜面を下り、浅い川を渡って向こう岸に出た。見たところ、シェルバトフカ川の本流に、わたしの腰より深い場所はなさそうで、腿までの長靴を穿いて渡れる場所を見つけるのにそう長くはかからなかった。川の水が長靴に入り込むのはどうってことなかった——どのみち雨でびしょ濡れになるとわかっていたから。

向こう岸では、草木が生い茂り、倒木に塞がれた、沼地のような場所を流れる水路に沿って谷を歩いていった。希望が湧いてきた。流れる水とほどよい大きさの魚の群れ。シマフクロウの狩り場かもしれない。

わたしは水路に沿って歩きながら、木の枝に羽が絡まっていないか、地面にペリットが落ちていないかに目を配った。この森は、大半を占める落葉性の樹木の中に、ときおり針葉樹の密林が交じる、興味深い作りだった。

そして、そうした針葉樹の林の一つを通り過ぎたあと、地面に毛の塊やいくつかの骨、最後には頭骨が落ちているのに気づいた。それはノロジカの死骸で、いくつかの部分は水底に沈んでいたが、しかし多くは、谷の斜面の下の低地を流れる水路沿いに散らばっていた。

近寄って見ると、白色の鳥の糞が――たくさんあった――落ちているのがわかり、最初はオジロワシの糞ではないかと考えた。沿海地方北部でシカの死骸に集まる清掃動物として真っ先に思い浮かぶ猛禽だ。このあたりでは、冬にはオオワシも見られるが、オジロワシほど頻繁に見かける鳥ではなかった。

しかしこのよく茂った樹冠を、ワシはいったいどうやって突き抜けてきたのだろう、と上を仰ぎ見たそのとき、垂直に伸びた苔むした枝からぶら下がっているシマフクロウを目の当たりにすることになった。シカの死骸はそのすぐ真下にあった。地面の上をよく調べてみると、骨に混じってシマフクロウの羽が落ちているのがわかった。

フクロウがシカを殺したとはさすがに考えなかった[*4]――そんなことはほぼ不可能だ――しかし、この鳥が、階下に停車した鹿肉の食糧移動販売車を最大限に利用したことは明らかだった。わたしはその光景を写真に収め、ペリットを少しばかり採取し、ＧＰＳに位置情報を記録してから、強まる雨脚に追い立てられるようにして再び歩きはじめた。

ようやく山小屋に着いたのは日暮れ近くだった。全身びしょ濡れで、しかしありがたいことにヴォヴァはもう帰宅していた。薪ストーブが放出する過剰な熱を逃すためにドアが少し開けられており、そこから暖かい空気が流れ出していた。熱湯入りの黒ずんだやかんが薪ストーブの隣の平たい石の上に置かれ、お茶の準備も整っていた。ヴォヴァはたいして報告すべきことがなく、イノシシを見かけたくらいだった。

セルゲイはまだ帰っていなかったが、テーブルには夕食の準備ができていた。フォークが三本と、魚のペリメニの最後の一瓶、それにマヨネーズ一瓶だ。着ていたものを乾かすためにヴォヴァの衣類の隣の釘にかけ、わたしたちはセルゲイを待った。外では雨が絶え間なく降り続いていた。ヴォヴァがテーブルの上のろうそくに火を灯したちょうどそのとき、セルゲイが雨水を滴らせながら小屋に入ってきた。

シェルバトフカ川の水位が上がっているのは間違いない。川に沈めておいた肉やチーズ、ビールなどの食糧も流されてしまった、とセルゲイが不安げに言った。わたしたちは、魚のペリメニの最後の瓶を平らげた。タイメンを食べていたら、ヴォヴァの父親ヴァレリーの妙な返答のことを思い出した。沖釣りに行くのか、と問いかけたときのことだ。わたしはヴォヴァにそのことを尋ねてみた。

「本当にびっくりするような話なんだ」ヴォヴァはそう前置きすると、椅子の背にもたれ、ずっと以前の、しかし重要な記憶を思い出そうとする人がよくやるように、視線を天井に向けた。山小屋は暖かく、一本のろうそくの柔らかい光が室内に影をつくっていた。

雨は規則正しく天井を打ち続け、ときおり、すぐそばに立つトウヒが風に大きく揺れると、その枝に溜まっていた水が一滴残らずぶちまけられ、一斉射撃のように激しく打ちつけた。小屋の中では、乾きかけた衣類から落ちた水滴が、熱々の薪ストーブの上でシューシュー音をたてていた。セルゲイが笑みを浮かべてベッドに寝転んだ。以前にもその話を聞いたことがあるが、もう一度聞くのも悪くない、と思っているようだった。

一九七〇年代のはじめ、ヴァレリーは自分の釣り船で友人をマクシモフカ村へ送っていった。マクシモフカ村は今もなお、陸路で行くのは困難な場所だが、アムグから海沿いをモーターボートで北上すれば、たったの三〇キロほどの距離だ。

アムグ村が見えてきて、あと少しで帰り着くというときに、船の発動機が停止してしまった。エンジンをかけなおそうとしたが、かからなかった。潮の流れが、彼の船をどんどん陸から遠ざけた。慌てた彼は、オールを一本握りしめ、必死で陸へ漕ぎ戻ろうとしたが、潮流はあまりにも強かった。

哀れなヴァレリーは、岸がみるみる遠ざかり、自分の船が静かに波打つ恐ろしい外洋へと徐々に流されていくのをなすすべもなく見ていた。ヴァレリーは、今回の往復のためにもってきた軽食のわずかな残りと、数発の砲弾が入ったライフル、それに少量の飲水をもっていた。しかしその食糧は、二日目には尽きてしまった。偶然飛んできた数羽のカモメを撃って銃弾を使い果たし、そのうちの一羽を仕留めたが、潮流に邪魔されて、海に浮かぶ鳥の死骸を引き上げることができなかった。

外洋を漂いはじめて三日目、ヴァレリーは一隻の船を見つけた。彼は大声で叫び、オールを振り回した。船員が彼を見つけて、航路を変更して近づいてきた。助かった、と彼は思った。巨大な船がヴァレリーのボートに横づけするように停まり、ロシア人の船員が、日本海の真ん中でオンボロのボートに乗って漂うこの真っ黒に日焼けした頭のおかしい人間を、面白そうに見下ろして尋ねた。「そんなところで、一体何をしてるんだ？」

脱水のせいでしわがれた声で、ヴォヴァの父親が答えた。「潮に流されたんだ」

「だったら潮に押し戻してもらうんだな」船員は笑いながら言い返し、船はそのまま行ってしまった。見捨てられ、呆然とする男を、死ぬとわかっていながらその場に残して。

流されて四日目、ヴァレリーが目覚めるとボートはアムグの波止場に流れ着いていて、岸から妻が呼んでいた。しかし次の瞬間、彼は海の真ん中に浮いているボートから半身を乗り出している自分に気づいた。幻覚のせいで、もう少しで溺れ死ぬところだったのだ。ヴァレリーはこのせん妄状態と何時間も闘った。沖へと流されてから五日後、ヴァレリーはラ・ペルーズ海峡[*5]［宗谷海峡の別称］でロシアの船によって救出された。

「ラ・ペルーズ海峡？」わたしは驚きのあまり椅子から飛び上がりそうになった。その海峡はアムグから真東に三五〇キロメートルも離れている。

ヴォヴァはわたしの派手なリアクションを無視して話を続けた。ロシア船はヴァレリーを沿海地方南部の、ウラジオストクに近いナホトカ港まで運び、彼を救助した人々は、ヴァレリーから聞き出した特徴をもとに、彼を見捨てた船を特定した。

海を漂流していたソビエト市民を見捨てたかどで、あの船員がどんな罰を受けたかヴォヴァは知らないが、厳しいものだったことは間違いなかった。船を降りて上陸すると、関係当局の職員らは親身になってヴァレリーの話を聞き、その後、身元確認のためにパスポートを見せてほしい、と丁寧に依頼した。

「パスポート?」ヴァレリーは信じられない思いで声を上げた。「友だちをマクシモフカまで送りにいっただけなんです。パスポートなんてもってるはずがないでしょう?」

「しかしここはナホトカですから」と当局の職員たちが反論した。「しかもあなたは我々にアムグに連れていってほしいと言う。あそこは国境警備隊が駐屯する国家にとって重要な場所です。連れていくには当然あなたの身元確認が必要だ」

コミュニケーション手段がそれほど発達していなかった当時、ヴァレリーの身元が確認され、家に帰りつけるまでさらに二週間近くかかった。家に帰ったときには、いなくなってから一カ月近くが過ぎていた。家族はヴァレリーの葬儀を済ませ、彼の不在を嘆き悲しみ、そして立ち直りかけていた。

ヴァレリーが、勤務していた国境警備隊に報告に行くと、上司は、海で行方不明になったままだったほうがよかった、と腹立たしげに言った。なぜなら、彼の鋼船が五日間も日本海を漂いながら検知されなかったことにより、国境警備隊の無能さが図らずも露呈してしまったからだ。なにしろ彼らの役割は、つまるところ、海上の無登録の船——おそらくスパイだ——を検知してその動きを遮断することだったのだから。このなさけない失態について、彼らはウラジオストクの本部から激しく叱責された。

ヴォヴァは一呼吸おくとため息をつき、それからこう続けた。

「おやじは、午後に海岸沿いをちょっとそこまで行ってくるつもりで船を出し、それから一カ月間地獄のような日々を送ることになった。だから、もう二度と、海に行くつもりはないんだ」

雨は一晩中激しく降り続いた。朝方、屋外便所に行って戻ってきたセルゲイは、上着についた水滴を払うと、下手するとここで足止めを食うことになるぞ、と告げた。川の水かさが一晩で指数関数的に増えて、山小屋のすぐそばを流れる小さな川にかかっていた橋、つまりわたしたちが二日前に渡ってきた橋はすでに流されていた。セルゲイはタバコに火をつけると、ドアの近くに立って煙が外に流れていくようにした。

「川を渡るタイミングを逸してしまったかもしれない。しかしやってみるべきだ。さもないと水かさが下がるまでここで待つことになり、そうなったらあと一週間は動けない可能性がある」セルゲイは、一瞬口をつぐんだ。「今行くしかない」

これまでの経験から、セルゲイが「今行くしかない」というときには、本当に行くことになるとわかっていた。わたしたちはハイラックスに荷物を積み込んで村の方向へ向かった。川は水で溢れ、土手を破った水が道路に流れ出して、少なくとも一キロは下流に向かって流れ続けたあと、元の川に再び流れ込んだ。

道中、三つの橋が流されてなくなっていた。そのうちの二つについては、大きな問題もなく車で川を渡ることができたが、残る一つでは三人とも腰まで水に浸かり、流れをせき止めてトラックが安全に渡れないほど水位を高くしている一本の丸木を、顔を真っ赤にして押したり引いたりした。

こうした障害を乗り越えてきたので、アムグ川の渡場に着いたとき、そこが数日前とはすっかり様変わりしているのを見ても驚かなかった。あのとき、ハイラックスは、ふくらはぎぐらいの深さの浅く透明な川を惰性で進んでいったが、今、その川は濁り、おそらく腰の高さ以上の深さになって、急き立てるような激しい勢いで流れていた。

遅すぎた、それは疑いようのないことだった。わたしたちは足止めを食ったのだ。いくらセルゲイでも、この渦を巻く大釜に、トラックで乗り入れられるはずがなかった。

ところがセルゲイとヴォヴァは話し合いを続けていて、まるで作戦でも立てているかのように、両腕の肘を曲げたり、何かを指し示すように伸ばしたりしていた。その後どういうわけか、ヴォヴァが車のボンネットを開けにかかり、セルゲイはグローブボックスの中を引っ掻き回して、梱包用テープを一巻き取り出した。ふたりは、エアフィルターから吸入ホースを取り外すと、開いたままのボンネットの上にテープで貼りつけた。

彼らは、本気で川を渡るつもりで、渡っている途中にディーゼル・エンジンに水が入って動かなくなるのを避けようとしていたのだ。胸までの長靴を穿いたヴォヴァが、土手の上を四〇メートルばかり川上に向かって歩いていくと、流れのほうに向き直り、横足でゆっくり流れに足を踏み入れた。水の勢いに斜め方向に押し流されながら、幅五〇メートルの川を渡りきって向こう岸に到着すると、そこは再びはじまる道のすぐそばだった。

ヴォヴァが無事に渡り終えたのを見て、わたしは安堵のため息を漏らし、ヴォヴァはセルゲイとわたしに向かって両手の親指を立てて見せた。まったく理解できなかった。流れは早く、水深はゆうに一・五メートルはあった——もう少しでヴォヴァを呑み込んでしまいそうだった——それでも渡るというのか？　サマルガのナレドのときより、もっと狂気の沙汰だと思えた。

わたしたちはトラックに乗り込んだ。何も見えなかった——吸入ホースを濡らさないようにボンネットを開けたままだったので――そこでセルゲイは、運転手側の窓を下ろすと、ハンドルはしっかりと握ったままできる限り身を乗り出した。セルゲイは三点方向転換で車の向きを変えると、ヴォヴァと同じルートで土手をバックで進み、向こう岸の人影が大きく手を振って合図すると車を停めた。ヴォヴァはさらに、海軍の信号旗手のように両腕を繰り返し振り回し、わたしたちに入水の角度を示した。わたしたちの車は水に入った。

信じられないような光景が、眼の前でスローモーションのように繰り広げられた。川はわたしたちをまんまと招き入れ、ドアの継ぎ目から水が入り込んできた。運転席の窓から半身を乗り出したままのセルゲイは、自分たちがどこに向かっているかある程度わかっていて、ハンドルを急に押したり引いたりすることを何度も繰り返していたが、コントロールを取り戻すことはできず、悪態をつきながら、車をなんとか導こうとしていた。

ハイラックスが川底にあたって跳ね上がった――つまりわたしたちはほぼ浮かんでいるということで――そういう状態では、ハンドルは、船の壊れた舵と同じくらい効力をもたないのだ。手動ウィンドウのハンドルを強く握りしめていたわたしの指の関節は、真っ白になっていた。足元では水が波打っていた。とそのとき、ハンドルが固定されて効くようになった。川のもっとも深い部分をなんとか越えることができたのだ。

ハイラックスは、引き揚げられる難破船のように水を後ろになびかせながら、ヴォヴァの指示通りの場所に上陸した。セルゲイは、こうなるとわかっていたかのように笑みをうかべていた。ヴォヴァは、こうなったことを驚いているかのように声を上げて笑っていた。わたしはトラックから飛び降り、この川渡りが悲劇に終わらなかったことへの安堵に打ち震えていた。わたしたちを無事に渡らせたことについて、川が考え直した場合に備えて、川から離れて安全な距離を取った。

二〇〇六年のフィールドシーズンが終わった。わたしはさらに南のウラジオストクに戻ってセルゲイ・スルマチに報告をし、その後六月半ばに、ソウルからシアトル経由で太平洋を横断してミネソタ州の自宅に戻ることになる。

その夏は忙しくなりそうだった。わたしはカレンという女性と四年近く交際していて――沿海地方での平和部隊のボランティア仲間として出会った――八月に結婚を予定していた。その後は、シマフクロウの保全計画づくりに必要な能力を身につけるためにミネソタ大学の講義を受講する。猛禽類の捕獲についての文献を大急ぎで探さねばならなかったし、翌年のフィールドシーズンに備えて、関連性のあるあらゆる専門家の意見を聞きに行く必要もあった。

五年計画のプロジェクトは、まだ三カ月が過ぎたところだったが、わたしはすでにその旅に魅了されていた。人間の文明が及ばない辺境の地に滞在し、謎めいたシマフクロウについての新たな発見ができた。

この数カ月間に、セルゲイとわたしは、シマフクロウの捕獲に専念できそうな、一三のなわばりを探し出した。そのなわばりのほとんどで、わたしたちはつがいの歌声を聞いていたが、さらに重要なことに、そのうちの四つの場所で営巣木を見つけていた。

来年の冬、その冬はじめての雪が降り、あちこちの川が結氷したら、わたしは沿海地方に戻り、再びセルゲイと組んで、それらのシマフクロウのうちじっさいに何羽を捕獲できるかに挑むことになる。

第3部 捕獲

第16章　わなを準備する

二〇〇七年の一月末に、スルマチが勤務するウラジオストクの生物学・土壌学研究所でセルゲイと待ち合わせた。散髪したての髪に磨いたばかりの靴を履き、鬚もきれいに剃り上げたセルゲイは、自信にあふれていた。

ソビエトの威信と色あせたレンガでできた四階建ての建物に入り、エレベーターが降りてくるのを待つ。明かりのついていない吹き抜けホールで焼き菓子を売っている女性が、こちらをちらりと見て、配管工かと尋ねた。セルゲイが違うと答えて菓子パンを一つ買った。

そのとき、人工木の扉が開いて棺桶のように狭いエレベーターが現れた。それは、強度の疑わしいケーブルに吊り下げられてギシギシと軋《きし》みながら上っていくことにより、閉じ込められている乗客をびびらせメンテナンスを懇願させようとする巧妙な仕掛けだった。

カーペットが敷かれていない灰色の廊下を靴音を響かせて歩いていき、ドアを引き開けると、押し合うようにしてスルマチの狭いオフィスに足を踏み入れた。

わたしたちは、来たるべきフィールドシーズンについて、細部を最終的に詰めるために集まっていた。シマフクロウの捕獲にはじめて挑戦することになる今シーズンは、この多年度プロジェクトの非常に重要なステージでもあった。

今後数年間に、どの地区のシマフクロウを研究対象とするかについての概略は決めており——

テルネイ地区とアムグ地区だ――わなを仕掛けられそうな場所も一〇箇所以上見当をつけていた。できるだけ多くのシマフクロウを捕まえて発信機を取りつける計画で、「タギング」と呼ばれるこの作業は、シマフクロウの行動を追跡することを目的とする。

発信機は一度つければ終わりではない。フィールドワークではしばしば、難しい、あるいは面白みのない活動を繰り返すことになる。一つの疑問に、粘り強く、勤勉に取り組んでいれば、いつの日か答えが浮かび上がってくるものなのだ。シマフクロウに発信機を取りつけたら、そのなわばりを数年間にわたって繰り返し訪れてデータを収集し、またプロジェクト終了時には、タギングした個体を再捕獲し、発信機や認識用の標識を取り外さねばならない。

最初の一、二年でシマフクロウの移動状況に関する情報がある程度集積できたら、彼らが巣作りしたり狩りをしたりする場所に何らかの特徴があるかどうかを知るために、シマフクロウの生息地の調査も行なう。巣穴や狩り場の正確な場所がまだわかっていなくても問題なかった――時間をかけて、根気よく作業を続けていれば、やがてわかってくるからだ。

わたしたちは、お茶を飲み、チョコレートを食べながら来シーズンの計画を話し合った。今年の調査は、二〇〇六年とはまったく異なるペースで進むことになる。前年よりもゆっくりと、より方法論的に作業を進める。今季の目標は、シマフクロウのなわばりを見つけることではなく、ある一つの地区で捕獲の腕を磨くことだったからだ。

その地域とはテルネイだった。去年の調査で、シマフクロウがテルネイに多数生息していることがわかっており、だからテルネイで捕獲をはじめるのは理にかなった選択だったのだ。セレブリャンカ、トゥンシャ、そしてファータのなわばりに棲むシマフクロウについてはもう少しよく知る必要があり、わなを仕掛ける場所を決めるために、それぞれのつがいの狩り場を少なくとも一箇所は見つける努力をしなくてはならなかった。

テルネイはまた、わたしたちの最初の活動の拠点とするのにうってつけの場所でもあった。野生生物保全協会のシホテ・アリン・リサーチセンターには、雨をしのげる屋根に守られた温かいベッドがあって、わたしたちが目標とするすべての調査場所が、そこから二〇キロ以内に位置していたからだ。

今回もまた、別の用事でわたしたちのプロジェクトに参加できないスルマチは、さまざまな種類の鳥を捕獲した自身の体験や、シマフクロウを捕まえる際にわたしたちが直面するだろう困難について、臨場感あふれる話しぶりで教えてくれた。スルマチには、暴言を吐くときに、普段話しているよりずっと小さい声になる愛すべき癖があった。彼が毒づくことは多くはなかったが、極度に興奮すると、チョウゲンボウの狩りのような唐突さで、話の途中で音量が急降下し、再び急上昇した。

オフシーズンには、カリフォルニアを拠点とする猛禽類捕獲の専門家であるピート・ブルームに助言を求め、また科学文献を読み込んで、シマフクロウの捕獲に効果的だと思われるいくつかのわなを選んだ。候補はたくさんあった。*1 人類は、何千年とは言わずとも、何百年間も猛禽を捕らえてきたのだから。

時の試練を経た方法、たとえばバル－シャトリについての文献も読んだ。これはインドで最初に考案された、エビ用網カゴに細いくくりわなを取りつけたような装置で、内部におとり用の生きた鳥かネズミが入れられている。生き餌をかっさらおうとしてカゴに舞い降りた猛禽は、くくりわなに絡まってしまう、という仕掛けだ。

穴トラップと呼ばれる別の方法は、鳥を手に入れるために人はどこまで耐えられるかを試すかのようなものだ。ハゲワシやコンドルなど、腐肉を漁る猛禽を捕獲するために考案された手法で、人が入れる大きさの穴を掘り、死んだウシ（あるいは他の動物）を穴のすぐ横まで引きずってくればわなは完成だ。

研究者らは悪臭を放つ死骸からほんの一、二歩しか離れていないその穴に入って身を潜め、目当ての猛禽が餌を食べにやってくるのをときには何時間も待つことになる。猛禽がやってきたら暗闇から手を伸ばし、[*2] 不意をつかれて驚く鳥の両足をつかんで捕まえるのだ。

猛禽を捕獲する際には、その成否に影響を及ぼすさまざまな要因があって、シマフクロウについてもその点を考慮する必要があった。種によって、わなにかかりやすいものとそうでないものがあるが、[*3] 性別や時期、年齢、健康状態などによる個体差もある。たとえば、比較的若いタカは経験不足でわなへの警戒心をまだもっていないし、満腹のワシは、腹をすかせたワシよりも捕獲が難しい。

シマフクロウの捕獲についての科学文献はあまりなかった。ロシアでのシマフクロウの捕獲に関する数少ない記録のほとんどは、かつてウデへが食用のためにシマフクロウを狩っていたという歴史的な記録や、[*4] 科学者によって銃で撃たれて殺され、博物館の展示ケースに入れられた個体の記録など、[*5] 捕まえて殺されたフクロウについてのものだった。

しかし一つだけ例外があった。数年前に、セルゲイが、テルネイから北西に一〇〇キロメートルほど離れたアムール州に滞在していたときのもので、そこはシマフクロウの活動域ではないと考えられていた。セルゲイはそこでシマフクロウの足跡を見つけたが、だれも信じてくれないとわかっていたから、落としわなを作って足跡を発見した場所に設置した。

そのわなは、よくたわむヤナギの若木に漁網をかぶせて作った天然のドーム形の籠を、仕掛け線をつないだ枝で支えて大きく口を開かせた、今にも倒れそうな仕掛けだった。原始的な、漫画に出てきそうなものだったが、フクロウはまんまとわなにかかった。セルゲイは、わなをしかけた数日後にはシマフクロウを手に入れた。[*6] 証拠として何枚か写真を撮ってから、離してやった。

わたしが見つけた、シマフクロウの捕獲と放鳥についての詳しい情報の大部分は日本のものだった。日本では、以前から網を用いたシマフクロウの幼鳥の捕獲が行なわれてきたが、[*7] 成鳥の捕獲についての記述は見つからなかった。今回のプロジェクトに未成熟な鳥は必要なかった——幼鳥の行動は一貫性がなく、シマフクロウの保全計画を作るのに必要な、なわばり内での成鳥の移動の特徴を読み取ることができなかったからだ。

そこで、日本のシマフクロウ研究者にEメールを送り、シマフクロウの成鳥の捕獲について、何か助言をもらえないか聞いてみた。しかし返事はなかった。日本の研究者たちは、絶滅の危機に瀕するこのフクロウに関するどのような情報も他人と共有するつもりはなく、このフクロウの見つけ方や捕まえ方についてはなおさらそうだったのだ。

ひょっとすると、日本の熱心すぎるバード・ウォッチャーや野生生物専門の写真家たちが、もっとよく見ようとしてうっかりシマフクロウの巣穴を壊してしまったり、鳥たちを不安にさせてしまうことが過去に多々あったことが理由だったのかもしれない。[*8] それに、わたしは名も知れぬ大学院生で、シマフクロウ研究の世界でまだ認められていなかったから、メールを受け取った人にしてみれば、突然連絡してきて厳重に守られている秘密を教えてくれといってきた、見知らぬ人間に過ぎなかったのだ。

シマフクロウの捕獲に関する情報が不足しており、異なる種類のわなのどれをシマフクロウが警戒するかもわからなかったので、セルゲイとふたりで試行錯誤を重ねながら、自分たちで学んでいくことになりそうだった。わたしたちはもはや独断で、一年目のこの年は、四羽のシマフクロウを捕獲できればまずまず成功だろうと考えた。

わたしが持参した六個の発信機は、今回の調査で重要な役割を果たすものだった。この小さな装置は、複数の単三電池の上部に長さ三〇センチの自由に曲げられるアンテナを取りつけたような形をしていた。この発信機は、シマフクロウの両方の羽に回されたベルトでバックパックのように装着され[*9]、胸峰に渡されたベルトでずれないように固定される。装置は、無音の無線信号を絶え間なく発信し続け、わたしたちはその音を特殊な受信機を使って聞くことができた。

その後、三角測量法で、シマフクロウのおおよその位置を算出する。[*10]これは前の年に、シマフクロウの声がした場所のコンパス方位を記録して営巣木《えいそうぼく》を探したのと同じ方法で、違っているのは、今回はシマフクロウの声ではなく、無線信号の強さに着目する点だった。多数のシマフクロウの位置情報を数年間にわたって蓄積することによって、シマフクロウはどのような種類の生息地を好み、どのような場所を嫌うかについて理解を深めることができる。

このいわゆる「資源選択性[*11]」の分析により、生物学者は、異なるさまざまな生息場所や、餌動物の豊富さをはじめとする自然界の特徴（それらをすべて「資源」と呼んでいる）の重要性をランク付けできるようになり、ある特定の種がどのような環境を必要としているかを、よりよく知ることができる。

たとえば、わたしたちはシマフクロウが食糧を確保するために川を必要としていることを知っている。しかし、狩りをするのはどんな川でもいいのか？　彼らが狩りをする水路（あるいはその一部分）には、川幅や水深、あるいは基質などの何か特別な要素があるのか？　また彼らはどこに巣を作るのか？　シマフクロウが巣を作る場所の特徴は、大きな木があること以外にもあるのか？　あるいは周囲の森に何か別の特徴があるのか？　たとえば針葉樹の割合などの？　さもなければ、村からある程度離れていることが、シマフクロウの巣作りを促すのか？

数多くのシマフクロウにタギングし、繰り返し観察される行動様式を見つけることによって、彼らの資源選択性をよりよく理解できるようになる。こうした評価こそが、多くの保全計画の基本を成すものであり、このプロジェクトの要だった。

フィールドでの活動を制限するいくつかの要因についても確認済みだった。一つ目は天候だった。一年のうち捕獲に最適な季節は冬だとわかっていた。冬はシマフクロウの形跡を見つけやすかったし、狩りができる限られた場所に留まっているからだ。一方で、サマルガ川での体験から、冬は予測不能な季節であることもわかっていた。吹雪で移動やわなの設置が困難になる可能性があり、春の訪れの脅威は常にあって、三月に入るとなおさらそうだった。

人員の問題もあった。セルゲイを除いて、スルマチのチームには、二カ月連続で森に入れる人員は一人もいなかった。みんな他に仕事をもっていたり、家で待つ家族がいたりした。わたしたちは、毎年一人か二人のフィールド・アシスタントに交代制で入ってもらうことにしたが、みなそれぞれ強みと弱みをもっていた。

考慮すべき最後の、そしてチームのあらゆる決断に影響を与える問題点は予算だった。このプロジェクトの資金源は、わたしの研究費だけで、しかしこの研究に使用する装置は高額だった。だから、見つけたフクロウすべてにＧＰＳ装置を装着するわけにはいかなかった。

戦略的に考える必要があった。たとえば、手持ちの送信機の数次第では、一羽を捕獲したあと、その場所に留まってつがいのもう片方を捕獲するよりも、キャンプを引き払って別のなわばりへ移動するほうが理にかなっているかもしれなかった。シマフクロウの行動について当時わたしたちが理解していたことから考えると、同じなわばりに棲む二羽にタギングするよりも、異なるなわばりで暮らす二羽にタギングするほうがよかったのだ。

こうしてわたしたちは、一つの戦略を立てて二〇〇七年のシーズンのスタートを切ったが、しかしフィールドワークの常として、計画は変更されることもあると知っていた。ものごとに柔軟に対応し、進捗状況に応じて迷わず大きな決断をしていく必要があった。

セルゲイとわたしは、ウラジオストクを午前の中頃に出発し、山と森しか見えない薄暗い道を何時間も走って、同じ日の真夜中近くにテルネイに着いた。セルゲイが赤のハイラックスを運転し、サマルガで使った黒のヤマハのスノーモービルを牽引して行った。ハイラックスはオフシーズンに手を加えられ、自在に動かせるシュノーケル吸気管が取りつけられているのを見てわたしは喜んだ。この改造のおかげで、この先どんなに深い川を車で渡ることになっても、ボンネットを開けたり、荷造りテープを用意したりする必要はなくなった。

シホテ・アリン・リサーチセンターは木造三階建ての建物で、村全体と日本海、それにシホテ・アリン山脈の、息を呑むように美しい景色を見渡せる丘の上にあった。このセンターを運営しているのは野生生物保全協会のデイル・ミケルで、彼は一九九二年から沿海地方で暮らしていて、彼ほど長くこの地に滞在しているアメリカ人をわたしは他に知らなかった。デイルはわたしとセルゲイに、いつでも必要なときに好きなだけセンターに宿泊していいと言ってくれた。

快適な一夜を過ごしたあと、セルゲイとわたしは翌朝早く、はやる気持ちでテルネイを後にした。気温は摂氏マイナス二〇度台の半ばで、わたしは凍結してつるつる滑る、こぶだらけの急な坂道を注意深く進む車の中から、車窓を過ぎ去っていくレンガの煙突から立ち上る幾筋もの煙を、日本海から顔を出したばかりの太陽がまばゆく照らしているのを眺めていた。

町を出てセレブリャンカ川沿いに西へ一〇キロほど進むと、前年の春にわたしがつがいの歌声を聞いた場所に出た。路肩に車を停め、オークとカバノキの葉を落とした樹冠《じゅかん》の下を歩いて硬い氷の帯にたどり着いた。セレブリャンカ川だ。

この冷たい大通りに足を踏み出してみると、ほぼ完全に凍結しているのがわかった。歩いていくと、川が開けて水が流れている部分は数えるほどしかなく、そのうちのいくつかは、幅、長さともに数メートルの小さなもので、この地に棲むつがいにとって狩り場の選択肢は限られていることがわかった。わなを仕掛けるべき場所がはっきりわかった。

なわばりをもう少し探索してからトラックに戻った。セルゲイが火を起こし、お茶を飲むために汲んできた川の水を沸かし、二人で今後の見通しを話し合いながら夕暮れを待った。シマフクロウのつがいは、ご褒美にデュエットを聞かせてくれた。ことはすんなりと進みそうだった。

テルネイに戻ると、わたしたちはわな作りに取りかかった。ふたりが最初に試したかったのは、

「ヌース・カーペット」と呼ばれる方法だった。*12 さまざまな種類の猛禽類に効果があることが知られている単純な仕掛けで、頑丈なステンレス・スチール製の長方形の網の上に、釣り糸でできたたくさんの大きく開いた輪なわを、まるで大きな花弁のように直立させたものだ。出来上がった仕掛けは、鳥が舞い降りたり歩いたりしそうな場所に設置され、鳥の足がこのほとんど見えない釣り糸に接触すると、鳥は反射的に足を後ろに引き戻し、それによって輪なわが締まって鳥は捕まってしまう。

ヌース・カーペットには、バネつきの重りがロープでゆるく結ばれていて、捕まった鳥が逃げ出そうとするとそれを阻止する働きをする。また輪なわの結び目は、鳥が強く引っ張りすぎるとほどけるようにできている——血流が滞って、鳥が足を負傷するのを防ぐための予防的措置だ。しかしこれは、ヌース・カーペットで捕らえたフクロウが逃れようとしてもがくのを長く放置しすぎるのは禁物で、放っておくとそのうち逃げられてしまうという意味でもあった。

できあがったわなを早く仕掛けたくてたまらなかったが、前年の冬にアグズ行きのヘリコプターが飛ばずに足止めを食らったときと同じくらいの規模の大吹雪がテルネイに居座り、ついには七〇センチ近い雪が降り積もった。わたしたちが閉じ込められたリサーチセンターが建つ尾根には、腰の高さまで達する雪の吹き溜まりができていた。

この天候では、シマフクロウの捕獲は無理だった——雪がわなを覆い隠してしまうだろうから——そこでセルゲイとわたしは、リサーチセンターに腰を落ち着けてヌース・カーペット作りに打ち込み、ビールを飲み、バーニャで温まり、降り積もる雪を眺めていた。

天候が回復してセレブリャンカ川に戻ってみると、川の土手の雪の上には足跡一つなく、わたしたちはがっかりした。大吹雪以降、わたしたちが狩り場だと考えていた場所で、シマフクロウが狩りをした形跡はなかった。

ひょっとすると、深く積もった新雪のせいで、シマフクロウが川岸に舞い降りるのが困難になり、そのせいで同じなわばりの別の場所に移動したのかもしれなかった。日本では、シマフクロウのつがいが、巣穴から三キロ離れた場所で狩りをしていた例がある[*13]と知っていた。同じことがここでも起きたのかもしれなかった。

セルゲイが、ウデヘのやり方を真似てみようと言い出した。切り株を置くのだ。アグズの地元住民から、かつてウデヘが、木の切り株を浅い川に設置し、その上にはさみわなを置く仕掛けを使ってシマフクロウを狩っていたという話を聞いたことがあった。フクロウは、新たに出現した狩猟用のとまり木の上の、これまでにない眺望の良さに惹きつけられ、この致命的な場所に舞い降りたのだという。

もちろんわたしたちはシマフクロウを食べる気などなく、ただ見つけたいだけだったので、セルゲイがチェーンソーで五つの切り株を切り出し、浅い川の流れに設置し終わると、わたしは一つひとつの切り株の表面に雪を振りかけていった。そうしておけば、何であれ、そこに舞い降りたものの足跡が残る。

二日後に切り株を調べにいくと、五つのうち四つにシマフクロウの足跡が残っていて胸が高鳴った。いよいよわなを仕掛けるときがきた。

第17章　ニアミス

すべてうまくいっていた。テルネイに到着して一週間もしないうちに、シマフクロウのつがいの狩り場を見つけ、わなの準備も終えた今、わたしたちはフクロウを捕まえるためにセレブリャンカ川に向かっていた。ハイラックスの後部座席には、できあがったヌース・カーペットが整然と並べられ、トラックの荷台はキャンプ用品で一杯だった。

通りすがりのヤナギの枝を見つけては強く引っ張ろうとする好奇心旺盛なナイロンの輪に気をつけながら、わなを抱えて森を抜け、今回の捕獲場所である開けた川にたどり着くと、小さいほうのヌース・カーペットは切り株の上に、長さが一メートルほどある大きいほうは、川べりの過去にシマフクロウが舞い降りたことがある場所に設置した。

それぞれのわなには、トラップ送信機が取りつけられていた。[*1] これはビーコンと呼ばれる装置で、ヌース・カーペットに何かが接触したら、わたしたちがもっている受信機に無線信号を送ってくる。信号を受信したら、わたしたちはできるだけ早く、スキーでその場所に駆けつけることになる。

わなをどう隠すかは、考慮すべき重要な問題だった。お気に入りの狩り場にやってきて、様子がいつもと違っていることに気づいたとき、フクロウがどんな反応を示すかわからなかったからだ。たとえばコヨーテやキツネを狩る場合、[*2] わな猟師は、わなの部品をすべて煮沸し、手袋をして周辺に人間の臭いを残さないように気を配る必要がある。さもなければ彼らはわなに近づかないからだ。

フクロウが計略に気づくことを恐れたわたしたちは、武装部隊に追われている山賊のように、わなまで行くときは、雪の上に足跡を残さないように、必ず川の中を歩いていった。また、自分たちのキャンプがわなから見えたり、声が届いたりする範囲にあると、フクロウがそこで狩りをするのをためらうのではないかという心配もあった。そこで、テントは川から遠い、二五〇メートルは離れた場所に設営し、木々が絡み合う氾濫原の森に、それぞれのわなまでスキーで行ける小道を切り開き、必要に応じて丸太を動かしたり、枝を払ったりして、急いで駆けつけるときの邪魔にならないようにした。

わなを仕掛けた初日、日が暮れかけたので木切れを集めて焚き火をした。キャンプにはピリピリとした緊張感が漂っていた。プロジェクトは一山越えて次の段階に入っていた。これまでやってきたこと、巣穴や狩り場を探すことはすべてセルゲイの得意領域だった。彼はその種のことをすでに一〇年間もやってきていて、わたしにとって彼はずっとよい教師だった。

ところが今、わたしたちは二人とも、新たな領域に足を踏み入れていた。シマフクロウの捕獲は未知の分野だった。はたしてフクロウは、わたしたちのわなにかかるだろうか？　捕まったとき、シマフクロウはどんな反応をするのだろう？　猛禽のくちばしは鋭いから、苦もなく釣り糸を噛み切れるだろう。フクロウはそれを知っていて、さっさとわなから逃げ出すだろうか？　それともパニックになってよけいにわなに絡まってしまうだろうか？

冬の夜空には目には見えない電波が飛び交い、受信機から漏れ出す雑音が緊張感をさらに高め

11月の新刊 ●13日発売

ちくま文庫

やわらかい頭の作り方

細谷功 ヨシタケシンスケ 絵

●身の回りの見えない構造を解明する

世界が違って見えてくる

あなたのものの見方や考え方、固まっていませんか？ 視点や軸を変えたり「本当にそうなのか」と疑ったりすることで、自由な発想ができる!

43918-5 792円

ひみつのしつもん

岸本佐知子

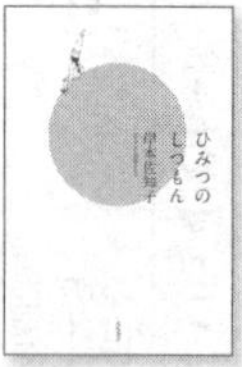

※こちらは単行本時の書影です

もっとくらくら、ずっとわくわく、一度ハマったらぬけだせない魅惑のキシモトワールド!

『ねにもつタイプ』『なんらかの事情』に続く『ちくま』名物連載「ネにもつタイプ」第3弾! 文庫化に際して単行本未収録回を大幅増補!!

43927-7 792円

出久根達郎の古本屋小説集

出久根達郎

一冊の本にもドラマがある。古書店を舞台に繰り広げられる本と人との物語。23編をセレクトしたオリジナル・アンソロジー。（南陀楼綾繁）

43916-1 1100円

新版 慶州は母の呼び声

森崎和江

●わが原郷

わたしが愛した「やさしい故郷」は日本が奪った国だった。1927年・植民地朝鮮に生まれた作家の切なる自伝エッセイ、待望の復刊。（松井理恵）

43919-2 880円

京都食堂探究

加藤政洋／〈味覚地図〉研究会

●「麺類・丼物」文化の美味なる世界

きつねうどん、しっぽく、けいらん、のっぺい、衣笠丼、町中華……唯一無二である京都の食堂文化の謎を徹底研究。文庫オリジナル。

43920-8 880円

6桁の数字はISBNコードです。頭に978-4-480をつけてご利用下さい。
内容紹介の末尾のカッコ内は解説者です。

11月の新刊 ●13日発売 ちくま学芸文庫

論語

土田健次郎 訳注

至上の徳である仁を追求した孔子の言行録『論語』。原文に、新たな書き下し文と明快な現代語訳、解釈史を踏まえた注と補説を付した決定版訳注書。

51195-9 1980円

動物を追う、ゆえに私は(動物で)ある

ジャック・デリダ 鵜飼 哲 訳 マリ=ルイーズ・マレ 編

動物の諸問題を扱った伝説的な講演を編集したデリダ晩年の到達点。西洋哲学における動物観を検証し、人間の「固有性」を脱構築する。(福山知佐子)

51087-7 1760円

所有と分配の人類学

■エチオピア農村社会から私的所有を問う

松村圭一郎

これは「私のもの」ではなかったのか? エチオピアの農村で生活するなかでしか見えてこないものがある。私的所有の謎に迫った名著。(鷲田清一)

51200-0 1650円

国家とはなにか

萱野稔人

国家が存立する根本要因を「暴力をめぐる運動」の中に見出し、国民国家の成立から資本主義との関係までを論じ切った記念碑的論考。(大竹弘二)

51211-6 1430円

晩酌の誕生

飯野亮一

はじめて明らかにされる家飲みの歴史。いつ頃から始まったのか? 飲まれていた酒は? つまみは? 著者独自の酒の肴にもなる学術書、第四弾!

51216-1 1430円

読み書き能力の効用

リチャード・ホガート 香内三郎 訳

労働者階級が新聞雑誌・通俗小説を読むことで文化に何が起こったか。規格化された娯楽商品に浸食される社会を描く大衆文化論の古典。(佐藤卓己)

51217-8 2310円

6桁の数字はISBNコードです。頭に978-4-480をつけてご利用下さい。
内容紹介の末尾のカッコ内は解説者です。

た。突然発せられるピーとかザーとかいうノイズに、こうした雑音に不慣れなセルゲイとわたしは縮み上がった。

わたしたちは、ビーコンがいつ鳴り出してもいいように準備万端で待機していた。しかしビーコンは沈黙を守っていた。そのうちあまりにも寒くなってきたので、テント内の羽毛の寝袋の中に撤退し、二人で三時間交代で一晩中受信機を見守り続けた。

最初の見張り番はわたしで、寒さでバッテリーが上がってしまわないように受信機を胸に抱いて横になり、この無線機が奏でる奇妙な音楽をどうにかして楽しもうとした。休憩の順番がきても、なかなか眠れなかった。気温は摂氏マイナス三〇度に近づいていたが、外気とわたしたちを隔てるのは薄いポリエステルの膜一枚だった。テント内の呼気が凍り、身体を少しでも動かすと、天井から銀色の氷の雨が降ってきた。

こんな夜が四日続き、しかしわなを訪れる者は皆無だった。わたしたちは毎朝ヌース・カーペットを調べ、あちこちいじくり、配置場所を調整した。フクロウが鳴き交わす声は毎夜聞こえていた。なぜ彼らは、わたしたちのわなに近づかないのか？　捕獲が簡単ではないことは予想していたが、ずっと続く寒さや不規則な睡眠時間などのさらなるストレスがあるとは思いもしなかった。

捕獲のために日中にできることはほとんどなく、といって彼らの森を踏み荒らし、目的のつがいを不安にさせたくはなかったので、セルゲイとわたしは達成感を求めて、昼間は近くにある別のなわばりでシマフクロウの形跡を探し、夜になったらセレブリャンカ川に戻ることにした。

わなを仕掛けた場所から北東に一〇キロほど離れた場所に、トゥンシャ川とファータ川、それにこの二つの川が合流した川に窮屈そうに囲まれた、三角形の青々と茂る河畔林《かはんりん》があった。セルゲイとわたしは、前年の春に伐採キャンプの近くであるつがいの歌声を聞いていた。鮮やかな色の混交林を通り抜け、ファータ川の開けた場所をフクロウの足跡を探して歩いていると、実りある活動をしていると思えた。わなのほうは停滞気味かもしれないが、少なくとも次の捕獲場所の下見はできたのだから。

わたしも経験を積み一人でシマフクロウを探せるようになっていたから、ふた手に分かれ、時間を決めて、たいていは夕暮れ近くだったが、トラックを停めた場所で落ち合うようにした。その後キャンプに戻って凍える寒さのテントで縮こまり、決して鳴らない電話のそばで悶々とする求婚者のように、シマフクロウがやって来るのを静かに待った。

ファータ川流域での探索の二日目、川がほんの少しだけ開けている場所があった。そして川幅がたったの四メートル、水深二〇センチしかないこの場所で、わたしはシマフクロウの足跡を見つけた。ぞくぞくした。滑らかな氷の棚で縁取られた水際の、たっぷり降り積もった雪の上に、あの特徴的なKの形をしたシマフクロウの足跡が、くっきりと、あるいは薄れかけて、多数残されていたのだ。ここが重要な狩り場であることは間違いなかった。わたしは安堵の笑みを浮かべながら現場の写真を撮り、GPS装置に位置情報を記録した。これは収穫だった！　わなを仕掛ける場所が見つかった。

数時間後にセルゲイと再会してこのニュースを伝え、互いに情報を交換し合った。セルゲイは、わたしがシマフクロウの足跡を見つけた場所からほんの五〇〇メートルほど離れたところにある山小屋に一人で住んでいるアナトリーという男に出会ったと言った。

「なかなかよさそうな男でね」とセルゲイは言いかけて口ごもった。「若干……妙なところはあるが。目つきは普通じゃないが、害はなさそうなんだ。俺たちさえよければうちに泊まっていいと言ってる」

暖房のきいた山小屋に泊まれれば、冬のキャンプのつらさをしのぐことができる。しかしわたしは警戒した。ロシア極東の森には隠遁者があちこちに潜んでいて、なかにはよろしくない理由でそこにいる者もいた。法を逃れるためにやってきた犯罪者たち。犯罪者に追われている人々。そして、別の犯罪者から逃げている犯罪者。森で人に出会うと、たいていろくなことがなかった。それは一〇〇年前でさえ変わらぬ真実で、ウラジーミル・アルセーニエフも、森について「もっとも危険なのは……人との出会いだ」[*3]と述べている。

セルゲイが見張り当番だった二月二四日の午前一時頃、わなに接触があったことを示すピーというパルス音が響いてテント内は騒然となった。ビーコンの一つが作動したのだ——キャンプから一番遠い川下のヌース・カーペットだった。

わたしたちはテントから飛び出し、暗闇の中、カチカチに凍った腿までの長靴に足を押し込むと、スキーを履いて森へ突っ込んでいった。周囲を照らすのはヘッドランプだけだ。先を行くセルゲイはすぐに見えなくなった。スキーで進む小道を事前に整えていたとはいえ、木々の間を縫うように進み、倒木を乗り越え、小川を抜けて行かねばならず、ツルツル滑る氷の道をものともしないセルゲイのような敏捷さはわたしにはなかった。

静かな森に、自分の荒い息遣いとスキーが地面をこする音だけが響いた。点滅するヘッドランプの光が照らし出す木の幹が、悲しくなるほどゆっくりと通り過ぎていった。ほんの数分の行程だったが、わたしにはずっと長く感じられた。ようやく川にたどり着くと、セルゲイは川の中にいて、岸に残るシマフクロウがもがいた跡を見ていた。わたしにも、シマフクロウの足跡と輪なわが解けて壊れたヌース・カーペットが見えた。遅すぎたのだ。

わたしは、もっとよく見ようとその場に近づいた。わなの重しには小さな木切れを利用し、フクロウに見られないようにそれを雪の中に隠してあったのだが、どうやらそれが仇《あだ》となってわなが壊れたようだった。木切れの周囲の雪が固く凍って固定具のようになり、フクロウが飛び去ろうとしたときに、地面を引きずられていって鳥が飛び立つのを妨害するはずの重しが、その場に張りついて動かなかった。そのせいで、フクロウは輪なわを強く引っ張ることになり、ついには結び目が解けてしまった。

フクロウがそれほど長くわなにかかっていたはずはなく、わたしたちが川まで行くのにかかった時間とほぼ同じくらいだと思われたが、この短い拘束のストレスがフクロウにどんな影響を与えたかは見当もつかなかった。シマフクロウが姿を現すまでに一週間近くかかったのだ――危険を察知した今、再び姿を現すまでにいったいどのくらいかかるだろう?

わたしたちは、セレブリャンカ川での捕獲を一時的に停止して、ファータ川に目を向けることにした。そこには、少なくともわなを警戒していないつがいがいて、もしかすると温かい寝床も借りられるかもしれないのだ。わたしたちはわなを片付け、キャンプをたたみ、ハイラックスにスノーモービルをつなぐと、アナトリーの山小屋を目指した。彼の招待がまだ有効であることを願いながら。

第18章　隠者

本道に戻り、固く凍った平らな道をトゥンシャ川の川谷に沿って進んでいった先に、アナトリーの小屋はあった。凍結しているにもかかわらず、この道路は、一年のなかで冬がもっとも状態がよかった。路面のでこぼこに溜まった雪が道路を平坦にしてくれたからだ。この道路を一〇分ほど走ったところで林業専用道に入ると、道路は氾濫原を横切り、マツの老齢樹とポプラやニレ、それにケショウヤナギの巨木が入り交じる林を抜けていった。

そのどれもが、ここがシマフクロウにとって素晴らしい生息場所であることを示していた。それから間もなく、トゥンシャ川とファータ川の合流点を通り過ぎると森は突然姿を消して、一軒の小屋と、燻製小屋、それに荒れ果てて使いみちのないパゴダ［仏塔］がトゥンシャ川を見下ろすように建つ空き地が出現した。

アナトリーは本当に奇妙な男だった。年は五七歳。一〇年間一人で森で暮らしていて、住まいにしている山小屋は、第二次世界大戦中、テルネイに送電していたトゥンシャ川の送電施設だった場所の一角だ。どうやらそこは、一九八〇年代の終わりまでソ連の青少年のためのユース・キャンプとして活用されていたようだった。

ボロボロのコンクリートの支柱が数本、水に浸食されて角が取れた大岩のように川から突き出し、錆びついた機械が放置され、その横に、現在アナトリーが住居として使っている、二部屋からなる管理人用の山小屋があった。彼はここで何かから身を隠しているに違いない、とわたしは思った。

アナトリーは、平均的な背丈と体格の、禿げかかった男だったが、頬の真ん中あたりまで勢いよく広がったもみあげをもち、長い髪を集めて細いポニーテイルに結っていた。どこか妖精のような、あるいはノームのような風情があり、先が尖った冬用の帽子をかぶると特にそう見えた。いつもニコニコしていて、声を上げて心の底から笑うので、わたしはすぐに、彼は心優しい友好的な男に違いないと確信した。握手をしたとき、彼の片方の小指がほとんどないことに気づいた。

山小屋の外壁はもう何年も手を入れられていなかったが、風雨にさらされずにすんだわずかな箇所が、小屋がかつて緑色に塗られていたことを示していた。煙突もひどい状態で、先端のレンガのいくつかが、緩んだり、失くなったりしていた。

寒さ避けのための玄関広間の先のドアを開けると、そこはキッチンで漆喰の壁はニコチンのせいなのか黄色く染まり、天井はすすで汚れていた。ひび割れ、四隅が砕けてボロボロになったレンガ製の大きな薪ストーブが、部屋を占領していた。薪が燃えるいい匂いのする暖かい空間だった。

薪ストーブの真向かいの、腰高窓の下に細長いテーブルが置かれ、花柄のテーブルクロスの上に、積み重ねられた皿や石油ランプ、砂糖の箱やティーバッグの箱が雑然と並んでいた。窓には、冷気が入り込まないように分厚いビニールが貼られていた。テーブルの向こうの部屋の片隅には、同じようにビニールで覆われた二つ目の窓の下に、小さめのマットレスを載せた金属製のスプリングベッドが置かれていた。このベッドとストーブの反対側の側面との間に、もう一つの部屋へ続くドアフレームがあった。

アナトリーは、冬の間はもっぱら一つ目の部屋だけで過ごしていたから、このドアフレームに毛布を引っ掛けて、暖気が逃げないようにしていた。しかし、わたしたちがやってくるのに備えて、彼はこのカーテンを引き開けてくれていた。毛布のカーテンの向こうには、二つのベッドが左右の壁沿いにそれぞれ置かれ、その間にある机には食品の缶詰が積み上げられていた。

孤独な暮らしの重圧がアナトリーの精神にどのような影響を与えたかは、少なくとも、そもそも彼がどれほどの心の重荷を抱えてこの森にやって来たかは、容易に計り知れないことだが、確かに彼には奇癖《きへき》が目立った。たとえば、小屋に宿泊した最初の朝、彼はわたしにノームに足をくすぐられなかったかい、俺はよくくすぐられるんだ、と尋ねた。わたしは、くすぐられなかったと答えた。

朝食を食べながら話をして、少しは彼のことがわかったが、森の奥の、打ち捨てられ廃墟となった水力発電所で、一人きりで暮らしている理由についてははっきり語ろうとしなかった。また彼のような状況にある人間にしては、驚くほど冬を乗り切る準備ができていなかった。小屋から出る通路は、雪が降り積もる二本の道だけだった。片方は屋外便所への道で、もう一方は川につながっていて、そこで水を汲んだり、ときどきは分厚い氷を叩き割って穴を開け、魚を釣っていた。板切れで自作したスキーをもっていたが、とても重くて扱いにくく、あまり役に立たなかった。

秋の数カ月間は、川べりでカラフトマスを釣り、燻製にして、ときおりテルネイから訪ねてくる知人に売っていた。もっと暖かい季節には、薪を集める作業にときどき参加して、冬に備えて十分な量の薪と、食糧を買うための少しばかりのお金を手に入れた。庭で野菜を育てようと数年間は頑張ったが、イノシシが作物を荒らしにくるのを防げなかった。アナトリーは、食糧を提供してくれるなら、わたしたちが彼の家に滞在している間ずっと料理を作ってやろうと申し出た。

　アナトリーが世間から身を隠すようになったそもそもの理由はわからなかったが、トゥンシャ川の川谷にずっと留まり続けているのは、一番近い山の山頂を探索していたときに見つけた八世紀の渤海《ぼっかい》時代の寺院[*1]のせいだと彼は打ち明けた。夜になると、ときどきその寺院で何かが光るのが見えるのだ、と彼は言い、誰かがその寺院に立ち、その人の友人が別の山の山頂に立てば、お互いの声がはっきりと聞こえ、小さな物なら念力で空中移動させることができる、と説明した。

　山の霊が彼に何をさせたがっているのかはアナトリーにもわからない。しかしあの寺院と何らかのつながりがあるのは確かだった。だから彼は今も山麓の谷にいて、自身の人生の目的が示されるのを待っていたのだ。

　場所を変え、新たなスタートを切ったことで元気を回復したセルゲイとわたしは、すぐにわなを仕掛ける場所探しを開始した。

　わたしたちは、水を得た魚のように動き回った。結氷したトゥンシャ川を、上流へ向かってスキーで三〇〇メートル進んでファータ川との合流点まで行き、そこから先はファータ川を横目に見ながら森の中を進んだ。川は大部分が浅瀬で、開けて流れていたからだ。アムグのとき同様、おそらくここでも近くにラドン温泉が湧き出していて、水温を氷点より高く保っているのだろうと思われた。

さらに三〇〇メートル進むと、一週間前にわたしがシマフクロウの足跡を見つけた、川が湾曲している場所に着いた。そこにはさらに新しい足跡まで残されていて、わたしたちは大喜びで、わなを仕掛けた切り株をその場に何個か設置し、他にも数個を、もっと下流のシマフクロウの絶好の狩り場となりそうな場所に置いた。セレブリャンカ川では躓《つまず》いてしまったが再び調子が戻ってきた、とわたしは感じた。

ところが、三日が過ぎてもわなはまっさらなままだった。夜間はビーコンの反応を見守り——わたしたちが少しでも余計に眠れるように、アナトリーもシフトに入ってくれた——日中は、ファータ川のつがいだけでなく、トゥンシャ川のつがいについても、他にも狩り場がないか探して回った。トゥンシャ・ペアのなわばりは、ファータ・ペアのなわばりの南に隣接していて、アナトリーの山小屋の下流にあった。このペアは、一年前にジョン・グッドリッチが鳴き声を聞いたつがいだった。

トゥンシャ川の水辺の下層木は、見たことがないほど密生していた。わたしは、うずくまるように絡み合った木々の間に無理やり足を踏み入れ、四方八方に伸びる枝に狙われたときに備えて目を細めながら進んでいった。

やがて、足元でしょっちゅう引っかかるスキーで進むより、徒歩で行くほうがずっと距離を稼げることに気づいた。肉体的にはきつかったが、この歩行には、心を浄化する効果もあった。わたしは自信を失いかけていて、無力感が、衣類を責め立てるもつれ合う枝と同様の執拗さで、わたしの心を苛《さいな》んでいた。

だから、あたりの静けさや新鮮な空気、へとへとに疲れるほど身体を動かすこと、そしてシマフクロウの足跡を探して見つけるのだという高揚感が、たとえ捕獲には成功していなくても、このプロジェクトは前に進んでいるのだということを思い出させてくれた。ここに来てから数日で、トゥンシャ・ペアの狩り場を二箇所も確認でき、そのうちの一つは二つの深い淵の間にある広々とした湾曲部分で、礫底《れきてい》にちょうどかぶるくらいの水が流れる理想的な捕獲場所だった。

ある日の朝七時半、いつものように無線が発する雑音の嘲笑ややじに耐えて、落ち着かない夜を過ごしたわたしは、受信機の電源を切り、寝返りをうって少し眠ろうとした。ほどなくして、隣の部屋で、アナトリーがセルゲイに向かって、朝食にブリンチキ、つまり小さめのブリヌイを作ろうと思う、と言っているのが聞こえた。

アナトリーの奇妙な癖の一つは、同じ単語を果てしなく、何度も繰り返し発することだった。その後一時間、アナトリーは卵を泡立て、粉を混ぜ入れ、フライパンを温める作業をしていたが、その間ほぼずっと、「ブリンチキ……ブリンチキ……ブリンチキ」とマントラのように繰り返し唱える単調な声が、隣の部屋から響いてきた。とうとうわたしは起き上がり、のろのろとテーブルのところまで行くと、カップにお湯を注いでインスタントコーヒーを混ぜ入れた。

「何を作ってるんだっけ、アナトリー」とセルゲイが何食わぬ顔でわたしを見ながら言った。

「ブリンチキ」と何も気づいていない上機嫌な返事が返ってきた。

コーヒーを飲み終え、ブリヌイで身体が温まり、お腹もいっぱいになったわたしは、スキーを履き、わなの様子と、ひょっとするとあるかもしれない、フクロウが近くに舞い降りた形跡を調べるために、すり足で歩いてファータ川へ向かった。

トゥンシャ川に沿って北へ向かう行路は本当に素晴らしかった。川沿いにはむき出しの岩肌が続き、深い淵の間のところどころに、さざなみの立つ浅い瀬があった。その美しさが、捕獲がうまく進んでいない悩みを忘れさせてくれた。寝不足の夜がもう二週間近く続いていたが、その成果といえるのは、セレブリャンカ川で取り逃がした一羽のシマフクロウだけだったのだ。

わたしは自分の姿をつくづくと眺めた。体重は減っていた。体力を消耗する作業とストレスの両方が原因だった。今やバギーパンツのようになったズボンを、ベルト代わりのロープで固定していた。鬚はぼうぼうに伸び、衣服は薄汚れ、肌の日にさらされている部分は、雪面からの照り返しを浴びて何時間も川沿いを歩き回ったせいで、すっかり日焼けしていた。

わなを仕掛けた場所のすぐ手前の、ファータ川の湾曲部を曲がったとき、川から飛び立つ茶色い影がちらっと見えた。低空を飛び去るシマフクロウだった。急いでわなのところまで行くと、またもや鳥がもがいた跡と、壊れたヌース・カーペットを目の当たりにしてがっくりした。

受信機をオフにしたのは七時三〇分——明け方頃で——つまりあのシマフクロウがわなにかかったのはその後の、ここ一時間半くらいの間のどこかだった。アナトリーが「ブリンチキ」と唱える声を聞きながらなんとか眠ろうとし、いったい何が悪かったのだろう、と自問していたあのとき、シマフクロウはわなから逃れようともがいてたのだ。そして結局、逃げてしまった。

山小屋に戻ると、わたしたちは心の中であれこれ反省しながら黙って昼食を食べた。アナトリーが元気づけようとして、フクロウは人の不安を敏感に感じ取るのかもしれない、と言い出した。こちらが向き合い方を変えてリラックスすれば、フクロウたちは喜んでわなにかかろうとし、問題は解決するだろう、と。わたしたちはただ無言でお茶を飲んだ。

セルゲイは、ヌース・カーペットという手法に問題があるのではないかと疑いはじめていた。

彼に反論はしなかったが、わたしはヌース・カーペットに問題はなくもうしばらく試してみる価値がある、これまでの失敗は、すべてわたしたちの未熟さが原因だったと考えていた。失敗するたびに、わたしたちは二度と同じ失敗を繰り返さないように、自分たちのやり方に微調整を加えてきた。

それでも、セルゲイはヌース・カーペットの他に落としわなを二つ作って、二箇所に設置することを決めた。一つはファータ川、もう一つはトゥンシャ川だ。セルゲイは、その落としわなを使ってアムール州でシマフクロウの捕獲に成功していた。つのる一方の焦燥感から、わたしもこれに同意した。

セルゲイは川岸のヤナギの木を数本切ってくると、ドーム形の枠組みを作り、その上をアナトリーの倉庫にあった魚網で覆った。店で買った冷凍の海魚を供出して川底の小石の上に置き、くるぶしまでの深さの川の中でそれが身をくねらせて生き餌の役割を果たすようにしてから、その上にドーム形のカゴを木の枝をつっかえ棒にして立て掛けた。

魚は釣り糸でこの木の枝に結びつけられていて、何かが魚を動かすと木の枝が倒れてカゴが落ち、その下の浅瀬にいるフクロウをつかまえるという仕組みだった。セルゲイからこの方法を提案されたとき、シマフクロウほど用心深い鳥が、こんなに見え透いたわなにかかるだろうか、とわたしは半信半疑だった。

そろそろ小麦粉やケチャップなどの調味料類が切れかけていた。そこでアナトリーの山小屋での暮らしが二週間近くなった三月のはじめに、それを口実に作業を一時中断することにした。セルゲイとわたしは、食糧補給のため二〇キロほど離れたテルネイまで車を走らせた。店を何軒か回ってから、丘を上ってジョン・グッドリッチの家を訪ね、彼のバーニャに火をくべた。彼が家に居なくても、いつでも自由に使っていいと言われていたのだ。バーニャを使っているときに雪が降りはじめ、雪は静かに、間断なく降り積もり、二月にわたしたちの仕事を中断させたあの大吹雪にも匹敵しそうな勢いだった。

わたしたちは身体を拭いて再びトラックに乗り込んだ。町の中心部を出ると、本道にはすでに雪が深く積もっていたが、先を走っていく数台の伐採会社のトラックが道をつけてくれたおかげで走行することができた。しかし本道を逸れて、トゥンシャ川やアナトリーの山小屋へ続く小道に入った頃には正真正銘の大吹雪となって視界がきかなくなり、夜の闇のなか、膝までの深さの雪の上をハイラックスを押して歩くことになった。

第19章　トゥンシャ川で足止めを食う

わたしが好きなロシアのことわざに次のようなものがある。「トラックの馬力を上げれば、故障したときそのぶん遠くまで牽引車を取りに行かねばならない」

セルゲイのハイラックスは高馬力だったから、猛吹雪でもトゥンシャ川までたどり着けると考えていたが、それは間違いだった。本道から小道に入って二キロほど走り、アナトリーの山小屋まであと半分というところで、トラックはまったく前に進まなくなった。

車を押して進むには、雪があまりに深く、重すぎた。ハイラックスの周囲の雪をシャベルで除ける作業を何度か繰り返したわたしたちの身体は、渦巻く雪と汗で濡れていた。車には、山小屋まで運ばねばならない品物をいくつか積んでいた。セルゲイが、風の音に負けないぐらいの大声で、歩いて小屋まで行ってスノーモービルを取ってきてくれ、自分はここに残って、戻ってくるまでにハイラックスを少しでも前に進めておくから、と言った。

三月になってから、大吹雪の日が何日かあって、森には雪が腰ぐらいの高さまで積もっていた。わたしは道路を歩きだしたが、湿気のない暖かい山小屋とトラックを結ぶその一本道は、ほとんど見えなかった。

その日の朝早くにテルネイに向かって出発したときの、ハイラックスが踏み固めた轍《わだち》に沿って進めば、あんなに深く雪に埋もれることなく、効率的に進むことができただろう。しかし、大吹雪に惑わされ、慌てていたわたしは、山小屋までの一・五キロのほとんどを、絶え間なく襲いかかってくる吹雪を避けるために上着のフードをしっかりと締め、積もったばかりの深い雪に足を取られ、ヘッドランプは、深い霧の中を進む車のヘッドライト同様、ほとんど使い物にならない状態で、よろめきながら進んでいった。

ようやく山小屋にたどり着いたときには、すっかり息が上がっていた。アナトリーはコートと帽子姿で、心配そうに小屋の外に立っていた。わたしのヘッドランプが近づいてくるのをずっと見ていた彼は、わたしたちが戻ってきたと知って驚いていた。

「テルネイにいればよかったじゃないか。あそこは暖かい。この天候じゃどうせわなは仕掛けられないんだから」

テルネイにいたときは、わなを仕掛けるためにどうしても戻らなければならないと思い込んでいた――でもアナトリーの言う通りだった。あそこにいるべきだったのだ。スノーモービルに乗り込んで林道を走りだしてみると、道路をまっすぐ走らせることさえできずに苦労した。雪面が平らでないため、重い機械を軌道に乗せるのが難しかった。

スピードを緩めると、スノーモービルは雪に沈んで動かなくなる。だからわたしは、右に逸れたり左に逸れたりしながらなんとかスピードを保ち、その間ずっと、道の両脇に並ぶ木立に激突しないように奮闘し続けた。残してきたトラックのところに戻るまでのほとんどすべての道のりを、釣り上げられたクロカジキのように、のたうち回り、左右に大きく揺れながら進んだ。

セルゲイが待つ場所にたどり着いたときには汗だくで、スノーモービルのように単純な乗り物をうまく操縦できない自分の無能さにむかっ腹を立てていた。セルゲイは当惑していた。

「いったい何をしていたんだ？」彼はわたしをじっと見つめ、心底とまどっている様子で尋ねた。「スノーモービルのヘッドライトが見えたと思ったら、消えて、また現れた。ライトを点滅させてたの？」

わたしが事情を説明すると、セルゲイはわたしの未熟さをおもしろがって笑い、今日みたいな雪のときはポスティング・ポジションで乗るんだよ、と言った。ロシア語の単語の意味がわからず、イライラしていて説明を求める気にもなれなかったわたしは、ただ肩をすくめた。

ヤマハに食糧を積み込むと、わたしはセルゲイに、ハイラックスを道の真ん中に置いていって心配じゃないのか？　と尋ねた。だれかが見つけて部品を盗んでいくかもしれないじゃないか、と。セルゲイは心配していなかった。車が停まっている場所と本道の間には、通行を妨げる深い雪が二キロにわたって降り積もっていたから、だれかがトラックを見つける心配はなかった。

おそらくわたしたちはテルネイに残るべきだったのだろうが、山小屋に新鮮な食糧を持ち込めたことは嬉しかった。当分の間はアナトリーの山小屋から出られないだろうことは明らかだった。セルゲイはスノーモービルを巧みに操り、大吹雪の中を、迅速かつ効率的にわたしたちを山小屋まで運び、わたしがつけた曲がりくねった走行跡を眺めてニヤニヤしながら、やれやれというふうに首を横に振った。しかしその跡も、降り続く雪に覆われてまたたく間に見えなくなった。

落としわなはうまくいかなかった。流域に棲むシマフクロウは、おとりに使った冷凍の海魚に興味がなかったか、あるいは、網で覆われた怪しげなドーム状のカゴの下を歩いてその魚を調べる気になれなかったかのどちらかだった。

大吹雪がおさまってから数日後の午前二時頃、受信機がピーと鳴って、セルゲイとわたしは三キロの道のりを大急ぎでスノーモービルを走らせたが、誤報だった。凍りついた漁網がたわみ、その力で紐が引っ張られてビーコンが作動したのだ。疲れと寒さで苛ついたセルゲイがカゴを蹴り壊し、わなの残骸を森へ投げ込んだ。こうして落としわなの実験はおしまいとなった。

捕獲の学習曲線は急勾配を描いて上昇していた。わなの一つひとつ、捕獲場所のそれぞれに特有の、微細な違いが多数あることがわかった。二月の終わり以降、わたしたちはあと一歩の失敗をいくつか重ねていた。今シーズン当初は、四羽捕獲できればまずまずの成功だろう、と考えていたが、すでにその目標を撤回する気になっていた。今年は安全に、効率よくフクロウを捕獲する方法を学ぶことができればそれでもう十分だと気づいたからだ。学習の成果として、シーズン最後に一羽か二羽のシマフクロウを捕獲できれば、それでもう満足だ、と考えた。

フィールド・シーズンは、すでに中間点を過ぎていた。このまま天候がもてば、捕獲の好機が閉じるまでに、あと三週間かもしかすると四週間はあるだろう。そのあとは、春が川の氷を不安定にし、川の水かさを増やして、シマフクロウの捕獲には不適切な状況になってしまうだろう。

フクロウは一羽も捕まらず、寝不足と、後知恵の修正と、何もかもが行き詰っていると感じられる日々がその後も一週間以上続いた。わたしは追い詰められた気分で、じっさい物理的にも追い詰められていたから、なおさらそう感じた。セレブリャンカ川のときのように、もうお手上げだと認めてその場から立ち去り、新たな場所で捕獲をはじめたくても、それはできなかった。トラックが、今も一・五キロ離れた場所で雪に埋もれていたからだ。

わたしは、考え方を変えてみようと努力した。まだシマフクロウは一羽も捕獲できていなかったが、それでもわたしたちは、この一年で少しは前に進んでいた。北東アジアに生息する、もっとも研究されていない鳥に気楽に近づけると思い込み、彼らがその秘密を明かしてくれるだろうと想定していたことが、そもそも傲慢な考えだったのだ。

こんなふうに、わたしが自分たちの失敗を甘んじて受け入れられるようになったちょうどその頃に、シマフクロウの最初の一羽を捕獲した。アナトリーはわたしの肩を叩き、ずっとこうなるとわかってた——考え方を変えさえすればよかったんだよ、と言った。

しかし実のところは、変えたのはわなだった。初の捕獲に成功するまでは、ヌース・カーペットを川べりの、シマフクロウが舞い降りてくれたらいいな、と思う場所に置いていたが、それが不十分だった。わたしたちが加えた改良は、のちにそれについての論文が科学雑誌に掲載されたほど新規性のあるもので、[*1]自分たちが望む場所へフクロウを呼び寄せる工夫をしたのだ。

新たに作ったのは、餌動物を入れる囲いだった。長さおよそ一メートル、高さ一三センチの上部が開いている網目状の箱で、材料はヌース・カーペットを作ったときの余りを使った。その箱を、わずか一〇センチの深さの浅瀬に置いて底には小石を撒き散らし、上空から見たときに、川の他の部分と何ら変わらないように見えるようにし、釣ってきた魚をできるだけたくさん入れた——降海期のサケの幼魚を一五から二〇匹入れることが多かった。その後、ヌース・カーペットを一つ、川岸の、囲いに一番近い場所に置いた。魚を見つけたフクロウがもっとよく見ようと近づいてきて、わなにかかる仕掛けだ。

一年のこの時期に付近の川でもっともよく見られるサクラマスは、サケの中でももっとも小さい種の一つだ。成魚は最大で全長五〇センチほど、重さは二キロほどに達するが、これはシマフクロウの成鳥のわずか半分の重さだ。

マスは、タイヘイヨウサケのなかでも生息域がもっとも限られていて[*2]、主として日本海のサハリン島周辺とカムチャッカ半島の西側にしかいない。多くのサケと同じようにマスの幼魚は数年間を淡水系で過ごしたあと海へ移動し、そのため沿海地方の沿岸河川は、鉛筆ほどの長さのこの幼魚で一杯になる。結果、この豊富な種は冬場のシマフクロウの重要な食糧源となっている。

マスはまた、地元の村人たちにとっても重要な食糧で、人々は一日がかりでのんびりアイスフィッシングをして大量の魚を釣り上げる。地元の人たちは、冬場に見られる小さなマス――ペストルーシュカと呼ばれている――と、夏に産卵のために遡上してくるもっと大きな魚――シーマと呼ばれる――はまったく別種の魚だと思い込んでいる。そしてその思い違いがこの魚の取り扱いを複雑にしている。シーマの経済的、生態学的な重要性を理解している人が、ペストルーシュカについてはありふれた魚でいくらでも獲っていいと考えているからだ。

わなの設定を変えてから二日目の夜、ファータ・ペアのオスが囲いに近づいて中のマスを半分平らげたあと、川岸のヌース・カーペットに引っかかってビーコンを作動させた。もはや電気を作らない水力発電所の建物内で、灯油ランタンの明かりで夕飯を食べていたときに、警報音が響いた。

それまでの警報はすべて誤報だったが、わたしたちはそのすべてに大まじめに対応していた。セルゲイとわたしは、規則正しい、確信的な発信音をたてる受信機を一瞥すると目を見合わせ、大騒動でダウンジャケットと腿までの長靴を穿き、慌ててドアから飛び出した。

わたしたちは、数百メートル離れた場所のわなに向かってスキーで急いだ。セルゲイのスポットライトの光が、前方の川岸にとまって、こちらを見ているシマフクロウの姿を浮かび上がらせた。ジム・ヘンソン〔米国の映画監督・プロデューサー・人形遣い。セサミ・ストリートのマペットなどで有名〕の暗めの作品に似たゴブリンのようなこの鳥は、まだらな茶色の羽を大きく膨らませ、背中を丸め、羽角を立ててこちらを威嚇していた。わたしは、別の種のフクロウが、攻撃者に対して自分をより大きく、より恐ろしげに見せるために同様の姿勢を取るのを見たことがあったが、じっさいそれは効果があった。

それは戦いに挑もうとする生き物の姿だった。わたしはそのあまりの巨大さに呆然とした。そして今でも、シマフクロウのそんな姿を見るたびにびっくりしてしまう。その猛禽は身動き一つせず、冬の闇の中で光る黄色い両目でこちらを睨みつけていて、わたしたちがスピードを上げて近づくにつれ、セルゲイのスポットライトがその姿をまだらに照らし出した。あたりは静まり返り、聞こえるのは、スキーが雪の上をなでる規則的な音と、わたしたちの疲弊した喘ぎ声だけだった。フクロウがわなから逃れる前に、急いでそこまで行かねばならないことは明らかだった。

シマフクロウが回れ右して退却しようと飛び立ったときには、心臓が止まるかと思ったが、ヌース・カーペットに取りつけた重りが作用して、鳥をやさしく地上へ引き戻した。巨大なフクロウは、雪が降り積もる広い川岸を、ヌース・カーペットを引きずり、無様に跳びはねながら逃れ去ろうとしたが、わたしたちがあと数メートルのところまで追いついたところで、とうとう猛禽は水辺に仰向けに倒れてしまった。フクロウは横たわったままこちらを睨みつけ、至近距離に近づいたすべての肉を切り裂くぞ、と言わんばかりに鉤爪を伸ばし、くちばしを大きく開いた。

わたしはオフシーズンに、ミネソタ大学の猛禽センターで猛禽の捕獲訓練を受け、防御態勢にあるときの猛禽の前では、ためらいはだれにとっても何のためにもならない、と学んでいた。そこで手が届くところまで近づくと、腕を素早く伸ばし、そのいっぱいに伸ばした両足をつかんで持ち上げた。

逆さまに吊り下げられて驚いたフクロウが羽をだらりとさせると、わたしは反対の腕でまずその両羽をフクロウの体に巻きつけ、その後おくるみにくるまれた新生児を抱くように、フクロウを自分の体に引き寄せた。わたしたちはシマフクロウを手に入れた。

第20章　シマフクロウを手に入れた

わたしたちは、岸のすぐ横の浅い流れの中に、冷たい水から足を守ってくれるネオプレン［デュポン社製のクロロプレンゴムの商品名］の腿までの長靴を穿いて立っていた。セルゲイがまだ荒い息のままバックパックからハサミを取り出し、フクロウの鉤爪に絡みついている輪なわを切り離した。

月のない晴れた夜だった。サラサラと穏やかに流れ去る川の音を聞きながら、わたしは、ヘッドランプの明かりに照らし出されたこの巨大な鳥の黄色い大きな目をのぞきこんだ。人の手に落ちたシマフクロウはどんな振る舞いをするのだろう？

猛禽類にも従順なものはいるが、タカのように、いっこうにじっとせず反撃しようとするものもいる。[*1] ハクトウワシは、首を長く伸ばし、恐ろしげなくちばしで捕獲者の頸動脈を嚙み切ろうとする。まるで、適切な場所をちょん切れば、火山のように吹き出す血液で誘拐犯をパニックに陥れられると知っているかのように。しかし、野生のシマフクロウの成鳥の取り扱い方について書かれた文献は一つも見つけられなかったし、スルマチでさえ過去にシマフクロウの成鳥を捕まえたことはなかった。

外は極寒の寒さだったので、わたしたちは捕まえたフクロウを、十分注意しながら暖かい山小屋まで運んでいき、するとアナトリーが奥の部屋の机の上を片付けてくれた。ここでなら、必要な計測の数々や血液の採取、そしてフクロウに個体識別用の足環《あしわ》をつける作業を、寒さで指をかじかませながら行なわずに済む。

やってみると、捕われの身のフクロウは驚くほど大人しかった。あちこち突き回されても、呆然として横たわっているだけで、ほとんど抵抗しなかった。鳥もここまで大きいと自然界に捕食者はほとんどおらず、だから今回のような経験は、わたしたちだけでなく、このフクロウにとってもはじめての体験だったのかもしれない。それでも安全のために、フクロウには簡単な拘束ベストを着せた。[*2] 猛禽センターのボランティアがシマフクロウ用に特別に作ってくれたものだ。

捕まえたシマフクロウの体重は二・七五キロで――アメリカワシミミズクのオスの平均体重のおよそ三倍にあたる――翼長は五一・二センチ、尾羽の長さは三〇・五センチだった。シマフクロウのメスはオスより体が大きく、[*3] それは猛禽類の大部分に見られる傾向ではあったが、シマフクロウの体重を記録した資料がほとんどないため、捕獲したのがオスなのかメスなのかについて断言することはできなかった。

じっさい、今回のわたしたちの記録が、ロシア本土で捕獲されたシマフクロウの体重についての最初の記録[*4]であり、島嶼部《とうしょぶ》の亜種に関しても、わたしたちが見つけられたのはオス四羽（三・二キロから三・五キロの範囲）とメス五羽（三・七キロから四・六キロの範囲）についてのものだけだった。ある亜種が別の亜種より生得的に大きいかどうかはわからなかった。

わたしたちが捕獲したシマフクロウは、公表されているどの記録よりも軽く、しかし成鳥の羽衣をもっていることから幼鳥ではないことは明らかで、よってこの流域に生息するつがいのオスではないかと思われた。このときはまだ、シマフクロウの性別は尾羽に交じる白色の部分の割合で簡単に見分けられることをわたしたちは知らなかった。

次は発信機の装着だった。大型猛禽類への装置の取りつけの実施要領*5に従って、口紅ぐらいの大きさの送信機が鳥の背中の中央にバックパックさながらに収まるようにフクロウの両方の羽の上部と下部にハーネスを巻きつけ、さらには、胸骨の竜骨突起の上を通る横方向のストラップで、それらが動かないように固定してから、体に沿って尾羽のほうまで伸びる長いアンテナ線を垂らした。最初はハーネスを緩めに締めて、フクロウの両足をもって空中高く掲げ、締めつけられることなく自由に羽ばたけるようにしてやった。こうすることによって、送信機とハーネスをフクロウの密集した羽毛のなかに自然に埋もれさせることができた。

その後装着具合を調べ、送信機とハーネスがちょうどいい具合に装着できるまで同じ行程を繰り返した。締め方が緩すぎると、送信機がぶらぶらして飛行や狩りの妨げになりそうだった。逆に締めつけ過ぎると、体重が増えるに従って、竜骨突起上の横向きのストラップがコルセットのようにフクロウの体を締めつける恐れがあった。

ちょうどもうすぐ冬が終わろうとするときで、間違いなく栄養分がもっとも不足する時期であり、おそらくこの時期のフクロウの体重は、一年間でもっとも少なかった。このさき季節が春から夏、秋へと移り変わり、川の氷が溶けてより多くの食糧が手に入るようになるにつれて、フクロウの体はより大きくなっていくだろう。この体重の増加分を考慮に入れて、送信機を装着する必要があった。

このフクロウだけでなく、今回のプロジェクトで捕獲したその他のフクロウの呼び名を決めなくてはならなかった。捕獲のことしか頭になかったわたしたちは、呼び名については何も考えていなかった。

研究者の世界では、研究対象をどう呼ぶかについての議論が行なわれていて、名前をつけると情が移り、研究結果に偏りが生じるおそれがある、と考える研究者もいる。たとえば、ブレイブハートと名づけられたライオンが嬰児殺《えいじ》しをするとは考えたくないと思うかもしれないじゃないか、と。しかしこの地域には、名づけの先例があった。[*6] 周辺の森には、オルガや、ヴォロジャ、ガリャなどの名前をもつ、首輪型ＶＨＦ発信機をつけたトラがたくさんいた。

結局のところ、わたしたちは昔ながらの方法を選んだ。これから捕まえようとしているフクロウは、それぞれのなわばりに定住している鳥であるという理由から、なわばりと性別で呼ぶことにした。というわけで、今回のシマフクロウはファータ・オスとなった。

送信機の電波周波数をダブルチェックし、足環の識別ナンバーを正しく記録したことを確認すると、シマフクロウを抱えて、雪の上をザクザク音をたてながらアナトリーの家の裏の空き地まで行った。セルゲイが、おとなしくしているフクロウをこちらに背を向けるようにして地面の上に置き、そのまま後ろに下がった。

事情がわからないファータ・オスは、そのまましばらくじっとしていたが、ようやく自由の身になったことに気づくと、素早く羽を羽ばたかせて空に舞い上がり、川のほうへ飛んでいった。わたしは、もう一度受信機のスイッチを入れて、安定した強い振動が聞こえるのを確かめた。計画に一年以上費やし、失敗続きの日々が何週間も続いたテレメトリ・プロジェクトが、ようやく始動したのだ。

セルゲイとわたしは握手を交わして互いを祝福し、その後暖かい山小屋へ戻った。高揚感で一杯だった。一羽でも捕獲できたらお祝いをするつもりでとっておいたウォッカを取り出し、ホコリを払ってからコップに注いだ。アナトリーは両手をこすり合わせ、ニコニコしながらパンとソーセージを切り分けた。

わたしたちを宿泊させてくれているこの家の主は有頂天になっていた。このところ、セルゲイとわたしはずっと鬱々としていたから、アナトリーはこのお祝いムードをとても喜んでいた。彼はそれほど酒飲みではなかったが、そもそも酒が飲める機会は少なかったから、そのチャンスをふいにするつもりはなかった。

わたしたちは飲み、食べ、勝利の喜びを分かち合った。その夜ベッドに入ると、わたしの知るかぎりでは、その数週間ではじめて、朝までぐっすり眠ることができた。


翌朝、次は川下のつがいの捕獲を目指すことにした。トゥンシャ・ペアと呼んでいたつがいだ。アナトリーの山小屋から二キロ、トゥンシャ川の捕獲場所から七〇〇メートルの場所に、カラマツの丸木でできた狩猟用の小屋があったので、スノーモービルでそこへ移動して二、三日そこに泊まることにした。

その数日前には、川下でトゥンシャ・ペアの巣穴を発見していた。巣穴は、要塞のように茂る下層木の中から塔のようにまっすぐそそり立つ、枝のないポプラの木の、地上八メートルの裂けた上端にあって、巣についているメスのシマフクロウが、そこからわたしたちを冷淡に見下ろしていた。

つまり、今回捕獲できるのはオスだけということだった。温めなくてはならない卵を抱いているとき、メスは巣から遠く離れない。外がまだとても寒いときは特にそうなのだ。

初日の夜、川岸でシマフクロウの足跡をいくつか見つけたわたしたちは、ヌース・カーペットは置かず、タイセイヨウサケと何匹かのオショロコマで一杯にした餌動物の囲いだけを設置した。トゥンシャ・ペアのオスが、それを見つけるかどうかを確かめるためだった。オスは囲いを見つけて、魚を全部平らげてしまった。そこで次の日の夜は、岸辺にヌース・カーペットを設置し、餌動物の囲いには魚を追加して、川の湾曲部あたりに隠れていた。

長くは待たなかった。オスは日が暮れはじめる頃に現れて、魚が増えているのを見て喜び、何のためらいもなくわなに踏み込んだ。ファータ・オスと同じように、このフクロウも、わたしたちが暗闇から飛び出して猛スピードで向かっていくと、川べりに仰向けに倒れて防御姿勢を取ったので、セルゲイのスポットライトに照らされて鉤爪がキラリと光った。こんなふうに脚を伸ばしてくれると捕まえるのは簡単で、わたしたちはあっという間に二羽目のシマフクロウを捕獲した。

捕獲されたあとの振る舞いは、ファータ・オスとよく似ていた。従順で呆然とし、じっと動かなかった。体重は三・一五キロで、一羽目のフクロウより重く、メスが巣についているのを見ていなければ、こっちがメスだと考えたかもしれなかった。計測などの処置を手早く済ませ、送信機と足環を装着し、およそ一時間後には放してやった。わたしたちは、狭苦しい狩猟用の小屋でもう一晩泊まるのはやめることにして、その夜はアナトリーの山小屋に意気揚々と戻った。

隣接する二つのなわばりで二羽のオスフクロウを捕獲したあと、わたしたちは指向性アンテナを用いて、最初の研究対象である彼らの所在を記録した。ファータ・オスは、捕獲されたあとも以前と同じねぐらを使っていたし、どちらのつがいも、相変わらずデュエットを続けていた。これは、捕獲された体験が彼らにとってそれほど大きな痛手となっておらず、普段どおりの生活に戻ったことを示す強力な証拠で、わたしたちは安堵した。

次は、どうやら巣についてはいない様子の、ファータ・ペアのメスを捕獲したいと考えていた。そこでファータ川の囲いを再び餌動物で満たし、ヌース・カーペットの輪なわを修理して、日暮れ時に近くの森に身を潜めて待った。このときも、日没から一時間もしないうちに捕獲に成功した。餌動物の囲いは、わたしたちの捕獲パズルにずっと不足していた一枚のピースだった。わたしたちは経験を積み、自信をつけていった。

今回のシマフクロウは、それ以前に捕獲した二羽よりも大きく、体重は三・三五キログラムで、それは彼女のパートナーであるオスの体重の一・二倍に相当したが、翼長と尾羽の長さはオスと変わらなかった。頭から尾羽までの長さは六八センチで、トゥンシャ・オスよりも少し大きかった。

しかしその行動は、前の二羽とは著しく異なっていた。最初の二羽——どちらもオスだ——は従順だったのに対して、このメスはわたしたちの無礼な行動の数々に黙って耐えるつもりなどなかった。くちばしの長さを測ろうとして近づいたセルゲイの指を素早くひと噛みして流血させ、計測作業中ずっと、動かないように押さえつけているわたしの腕のなかでもがき続けた。

この違いは、性差なのだろうか？　放鳥したときも、このメスは彼女のパートナーのように、しばらくそこに留まったりはしなかった。すぐさま、大急ぎで、強い決意のもとにその場から飛び去った。

この地を拠点として行なえるすべての捕獲を終えたわたしたちは、三月二二日に荷物をまとめて出発することにした。アナトリーの山小屋には結局一七日間籠もっていたことになる。トラックが雪で立ち往生したせいで出発できなかったからだ。わたしたちは、食糧の大半をアナトリーのために残し、残りの身の回り品をスノーモービルに取りつけたソリに積み込んで、アナトリーが運転するスノーモービルで、林道の真ん中で動けなくなったままのハイラックスのところまで送ってもらった。

ハイラックスは、真っ白な雪の平原の上に停まっていて、通りすがりのノロジカとアカギツネの足跡が残っている以外、何も変わったことはなかった。本道までの二キロの道のりを、シャベルで雪をかき分け、ぶつくさ文句を垂れながら車を押して進むのに三時間近くかかった。

アナトリーにはそこで別れを告げ、彼はスノーモービルで山小屋に帰っていった。今後数週間のうちに、雪の状態がもう少し落ち着くか、すっかり溶けて、ハイラックスで山小屋まで行けるようになったら、セルゲイがスノーモービルとトレーラーを回収に行く手はずになっていた。

わたしたちは車でテルネイに向かい、ジョンの家で一泊してビールとバーニャで休息を取ってから、再びセレブリャンカ川に照準を合わせた。今回は、前回よりずっと落ち着いて自信をもって取り組めるようになっていた。魚で一杯の箱に過ぎない餌動物の囲いをわなに追加した結果、その箱を川に仕掛け、夜は普通に眠って、シマフクロウがそれを見つけるのをゆっくり待つだけでよくなった。

その場にフクロウがやってきた形跡、つまり囲いのそばの岸に残された足跡や魚の血がないか毎日チェックし、見つけたらその夜に本物のわなであるヌース・カーペットを設置する。フクロウがわなにかかったことを知らせてくれる受信機を手に、すぐ近くに身を潜めていれば、夜眠る時間までにはフクロウを捕まえて持ち帰ることになる。

三月の末に、一ダースほどの生きた魚を入れた囲いをセレブリャンカ川に設置した。翌朝には魚は一匹残らずいなくなり、そばの雪の上のあちこちに、シマフクロウの足跡が残っていた。わたしが川岸にヌース・カーペットを設置している間に、セルゲイは川の氷に穴を開け、釣り糸を垂らして餌動物の補給に取り掛かった。

夜にはわなを仕掛けるつもりだった。しかし二、三時間過ぎてもいっこうに釣れず、わたしは不安げに時計を見はじめた。捕獲場所の準備はすでにできていて、数時間後にはほぼ間違いなくわなにかかるはずのフクロウもいるというのに、魚が一匹も釣れないのだ。

破れかぶれの気分で、わたしたちは川底の石をひっくり返し、冬眠中で動きの鈍いカエルを一〇匹ほど捕まえた。シマフクロウは、唯一春だけはカエルも餌食にするようで[*7]、だから今なら魅惑的なおとりになるかもしれない、と考えたのだ。囲いの中に入れたカエルは、隅のほうにピッタリと身を寄せて、まるですべすべした黒い丸石のように見えた。

わたしたちは、ヌース・カーペットの準備が整っていること、つまり輪なわが垂直に立っていて、結び目がスムーズに動くことをダブルチェックしてから、川の湾曲部まで退いて、日が暮れるのを待った。

午後七時四五分に、わたしの手の中の受信機が甲高い音をたてたので、セルゲイとふたり、川岸を猛スピードでわなまで走った。誤報だった。フクロウはたしかにそこに来ていた。足跡が残っていた。しかし囲いに横から近づき、ビーコンにぶつかって作動させただけだった。ヌース・カーペットにはまだ脚を踏み入れておらず、わたしたちが猛ダッシュしていたときに飛び去ってしまったのはほぼ間違いなかった。

長く待つことになるとは予想していなかったので、まるで準備ができていなかった。持ち物は捕獲用具を入れたバックパック一つで、寒さや風を避けるための寝袋や厚手のコートも持っていなかった。わたしたちは、川のそばの切り立った土手によりかかり、ますます濃くなる闇に紛れるようにして身を寄せ合っていた。

さきほどの騒動に、シマフクロウがどんな反応を示すか予想がつかなかった……彼らは今夜再びやって来るだろうか？　それから三時間近く待ち続けた午後一〇時三〇分に、ビーコンの警報音が再び鳴った。セルゲイとわたしは立ち上り、暗闇のなかをヘッドランプの明かりだけを頼りに走った。

近づいてみると、これまでのフクロウと同じように、今回のフクロウも川べりの固く凍った雪の上に仰向けに倒れて、鉤爪のついた脚を一杯に伸ばしていた。セルゲイが持ち上げたフクロウをわたしが素早く受け取り、わたしたちはフクロウを手に入れた。付近の川岸はあまりに狭く、快適に作業できそうになかったので、待機場所までフクロウを運んで必要な処置を施した。体重から考えて——三・一五キログラムだった——この流域に棲むオスだと判断した。計測を行ない、血液を採取し、その後送信機を装着した。

セルゲイが足環をつける間、シマフクロウを抑える役を引き受けたわたしは、フクロウの胸元の羽から一匹のシカヒツジシラミバエが這い出してきたのを見つけた。この虫は一〇セント硬貨

［直径およそ一八ミリ］ぐらいの大きさの平たい寄生虫で、頑丈な長い足をもっていた。

宿主となることが多い動物の名がつけられたこのシカヒツジシラミバエは、よい宿主になりそうな動物の体に留まると、密生する毛（あるいは羽）の中に潜り込み、その肌に密着して、宿主の血液と温かい体温がつくる小宇宙で厳しい冬さえ乗り越える。わたしはずっと昔からこの寄生虫を何匹も見てきたが、フクロウに寄生するとは思ってもみなかった。そしてこのシカヒツジシラミバエは、宿主のフクロウはもはや沈みゆく船だと判断し、別の宿主を探そうと考えたに違いなかった。

「ちょっと見て」わたしはこの虫を珍しそうに眺めながらセルゲイに言った。「シカヒツジシラミバエがいる」

足環の金具をかしめるのに集中していたセルゲイは、ふーん、と生返事をした。とそのとき、シラミバエがわたしのほうに向かって動き出した。そしてわたしには、ゆっくりと近づいてくるその虫を阻《はば》むことができなかった――片手でフクロウの両足を抑え、もう片方の手は、羽が開かないように抑えていたからだ。もしも手を離せば、フクロウが怪我をするか、その鉤爪がセルゲイの手に食い込むかのどちらかだろう。

「ちょっと」わたしはさっきより切羽詰まった声で繰り返した。シラミバエはフクロウの体からわたしの腕に這い移り、さらに肩を越えてむき出しの首に到達した。わたしは大声で叫んでいた。寄生虫がわたしの顎鬚を見つけて深く潜り込み、顎にその身をぴったりと寄せたのがわかった。

もはやわたしにできるのは、知っている限りのロシア語の罵り語を喚き散らし、大笑いしているセルゲイにフクロウを持っていてくれと哀願することだけだった。セルゲイにフクロウを手渡すと、わたしは自分の顔からシカヒツジシラミバエをむしり取り、できるだけ遠くの雪の上に放り投げた。

第21章　無線封止

シーズンはじめにはあれほど苦労したのに、最後には一転してすべてがうまくいったことにわたしは驚いていた。捕獲した四羽のうちの三羽については、たったの五晩で次々と捕獲に成功し、日中の気温が頻繁に氷点を上回るようになっていたことを考えても、幸運なタイミングだった。

その後やってきた暴風は、雪ではなく雨を降らせ、この年の捕獲シーズンの終わりが近づいていることを告げた。雪解けの時期は移動がとても困難になるのに加えて、春の解氷で川の水が濁ってしまい、囲いの中で泳ぐおとりの魚の姿がシマフクロウから見えなくなるからだ。

この数カ月間は、非常にストレスの多い日々だった。わたしはシマフクロウ以外にも、さまざまな種類の野生動物の捕獲作業に長年関わってきており、トラやオオヤマネコを生け捕りにするくくり罠のロープのチェックから、カスミ網にかかった大量の鳥を網からはずす作業に至るまで、あらゆることをやってきた。

しかしそのときは決まった捕獲法があり、それは何十年とはいわずとも、何年間もかけて蓄積されてきた知識に裏打ちされたものだった。またいつもフィールド・アシスタントかボランティアとして参加していたため、責任のない気楽な立場だった。何か問題が起きても――たとえばトラの歯が一本折れても、カスミ網にかかった希少な鳴鳥をタカが奪い去っても――わたしが責められることはなかった。

しかし、今回のプロジェクトの責任は、そして何よりも重要なことに、絶滅の危機にあるこのフクロウの生命を守る責任は、まさにわたしにあった。急ごしらえのわなのせいでフクロウが足先を失ってしまうかもしれなかった。川べりの低木に近すぎる場所にわなを仕掛けたせいで、逃げようとしたフクロウが羽を折ってしまうかもしれない。

フクロウを捕獲したあとも、すべての作業が失敗につながる可能性があり、放鳥は完璧に行なわなければならない。フィールドシーズン中ずっと、こうした考えが心に浮かんで離れず、それが大きなストレスとなって、不眠や体重減少などの心身症状となって表れた。

だから今シーズン、チームは可能な限りのシマフクロウを捕獲し、もう捕獲作業は終わりだとわかったときはちょっとほっとした。季節は冬から春に変わり、わたしたちの作業も捕獲から行動観察に移行した。夜はテルネイでゆっくり過ごし、普通の人が食事をする時間に温かい料理を食べ、ジョンのバーニャで定期的に蒸し風呂に入った。

セレブリャンカ川、トゥンシャ川、ファータ川の川谷沿いの道路を、昼夜を問わずのんびり車で走り、タギングしたそれぞれの個体の位置を三角測量法で割り出して、彼らの行動データを集めた。シマフクロウのなわばり沿いの道路をトラックで走り、ときどき停車しては受信機のダイアルを特定のシマフクロウの周波数に合わせ、それからシカの枝角《えだつの》に似た鉄製の大きなアンテナをゆっくりと振り動かして、送信機からのもっとも強い信号が検知できる方向を探った。

しかし、野生動物の調査ではよく用いられるこの方法が、科学的であると同時に熟練の技を要するものであることがわたしたちにもわかってきた。たとえば、谷のはずれにとまっているフクロウの発信機が放つ電波信号は、すぐそばの崖に当たって反響し、フクロウの本当の居場所を隠してしまう可能性があった。

その結果得られた位置情報は不正確なものとなり――プラスマイナス数百メートルの誤差があるだろう――フクロウが正確にどこにいるのかを知りたいわたしたちの目的にかなわないものとなってしまう。あるいは、フクロウが高い木の上ではなく、川岸で狩りをしている場合、電波信号はかなり弱くなってしまう（そしてもっと遠くにいると勘違いしてしまう）。

アウトサイダー・アート［専門的美術教育を受けていない人による美術］のようなアンテナを振り回していると、通りすがりの伐採作業員や漁師たちが車のスピードを緩めて眺めていくのが照れくさかった。しかしテルネイの住人は、研究者がこうした装置を手にトラを追跡する光景を見慣れていたので、わたしたちの行動も、沿海地方の他の場所で思われるだろうほどには奇異に受け止められなかったようだ。じっさい、住人たちはみなこの種のアンテナはトラ用だと考えていて、わたしたちを見た少数の人々が友人や家族にそう伝えた。

こうして、水脈ではなくフクロウを探すための占い棒をもつわたしたちは、その後数週間にわたって道路を行き交う人々の注目の的となり、トゥンシャ川の川谷にものすごい数のトラが迷い込み、その方面に向かう漁師は十分警戒する必要があるといううわさがテルネイの町に飛び交った。アンテナは森でも使ったが、そのときわたしは森に棲むシカやヘラジカに対する認識を新たにした。枝角のようなアンテナを手に、下層植生の間をあちこちにぶつかったり、引っかかったりしながら苦労して進むとき、わたしはしょっちゅう彼らのことを思い浮かべ、有蹄動物が、「こんなもの」を頭につけて川沿いの低地を走り抜け、トラやハンターの追跡を逃れていることに驚嘆した。

これはわたしたちにとってはじめての作業で、これらの初期のデータ点が、フクロウにとって重要な場所を明らかにしてくれることを期待した。そして期待通りになった。わたしたちは、最終的に何百もの新たにわかった位置情報を入手し、それをGPS装置に入力してから、シマフクロウがなわばりとしている森や川に入り、フクロウがほとんどの時間を過ごしていると思われる場所を見つけ出し、そのおかげで彼らが生息する土地のことを前より詳しく知ることができた。川沿いの狩り場だけでなく、彼らが日中休んでいるねぐらも探し当てた。

トゥンシャ川のなわばりでは、ひょろ長いヤナギの幹をハンマーで叩き固めてはしごを作り、川谷を横切って営巣木まで運んでいった。巣穴をのぞくと白い卵が一つあった。[*1] ニワトリの卵の二割増しぐらいの大きさだった。風変わりなシマフクロウの卵にしては、がっかりするほど普通の卵だった。

＊

森の色が、冬らしい地味な灰色から、春らしい希望に満ちた緑色に変わる頃、セルゲイとわたしはシーズン最後の昼食を共にした。その後、わたしは四月の半ばにウラジオストクに向かい、スルマチがバス停まで迎えに来てくれた。スルマチとは数日間一緒に過ごし、今シーズンの経過を説明し、来シーズンの計画について話し合った。

わたしが留守の間、発信機を取りつけたフクロウの行動データを集めてもらうために、テルネイ在住のフィールド・アシスタントを数人、候補として考えていたが、協力してくれる人を見つけるのは簡単ではなかった。使用する装置はトラの追跡にも使えそうなものなので、信頼できる人でなくてはならなかった。

また、この仕事は車であちこち走り回る必要があり、時間も予測不可能なので、自由に使える車をもっていることが、フィールド・アシスタントの大切な要件だった。車を所有している人がほとんどいないテルネイのような辺境の村では、この基準に合致する候補者はごく少数で、その人たちの全員が、一晩中寝ずに真っ暗な森を歩き回りたいと、進んで考えるわけではなかった。

スルマチとわたしは、将来の捕獲計画についても話し合い、話はわたしがアメリカに戻ったあとの期間にも及んだ。わたしは二〇〇八年の二月にロシアに戻る予定で、テルネイ地区ですでに三組のつがいの捕獲に成功した今、次の目標をアムグ周辺に移すつもりだった。

セントポールに戻ると、わたしはミネソタ大学で景観生態学や野生生物保護法、また森林管理について学んだ。フクロウがどこに移動したかを知るだけでなく、そこで彼らが何をしているのかを理解し、その情報をもとにして沿海地方の森とそれを利用している産業にとって現実的な保全計画を作りたいと考えていた。

シマフクロウの行動データをこつこつと集めているセルゲイとフィールド・アシスタントからは、毎月最新の情報が届いた。しかし好ましい情報ばかりではなかった。

二〇〇七年の秋には、巨大なフクロウを殺したと自慢げに話すテルネイのハンターがいるという噂を耳にしたセルゲイが動いた。彼が突き止めたその人物は十代の少年で、その若さで町ではすでに密猟者として知られていた。じっさい、はじめて会ったときに彼がセルゲイに最初に言ったのは、クマの胆嚢《たんのう》なら安く売るよ[*2]、という言葉だった。

セルゲイはフクロウの話を持ち出したが、少年は知らないと言い張った。セルゲイは食い下がり、これは科学的な関心から質問しているのであって、自分たちは君に罰を与えようとしているのではないと説得した。それがシマフクロウだったのかどうか、そしてもしもそうなら、自分たちのフクロウだったのかを知りたいだけなのだ、と。

少年はフクロウを殺したことを認め、セレブリャンカ川の川谷のフクロウの死骸がある場所にセルゲイを案内した。そこは、セレブリャンカ・ペアとトゥンシャ・ペアのなわばりから少し南へ離れた場所で、死骸は時の経過と清掃動物によってバラバラになっていた。

セルゲイは、片側の翼と一本の足、銃撃された頭蓋骨、それに何種類かの羽を拾い集めた。それはシマフクロウのものだった。脚に足環はなく、今更隠し立てする理由のない少年は、銃で撃ったときに足環がついていたなら覚えているはずだ、と証言した。セルゲイが、なぜフクロウを撃ったのか尋ねると、密猟者はちょっとした出来心だったと答えた。クロテンのわなの餌にする生肉が欲しくて探していたときに、たまたまこの鳥を見かけたのだ、と。

わたしは憤りを感じた。自宅の庭のニワトリの首をひねる代わりに、その少年は、ほんの少しの肉片のために絶滅の危機にある鳥を銃で撃って殺したのだ。セルゲイから聞くまで、少年はシマフクロウが絶滅危惧種だとは知らなかった。しかしその新たな情報が、彼の心に何らかの形で響いたとは思えなかった。どんな肉であれ、ただには違いなく、クロテンの毛皮は一枚で最高一〇ドルになったのだから。

もしもこれがわたしたちのシマフクロウでないとしたら、どこからやってきたのか？　テルネイ周辺で足環をつけていないシマフクロウは、わたしたちが知る限り二羽しかいなかった。セレブリャンカ・メスとトゥンシャ・メスだ。死んだのはその二羽のどちらかだったのか？　この情報にわたしは困惑し、落ち込んだが、地球の裏側にいるわたしにできることはあまりなかった。

ロシアに戻る日を数カ月後に控え、しかしまだミネソタ州にいた一二月には、さらに悪いニュースが届いて心配ばかりがつのった。タギングしたシマフクロウの居場所を突き止めようと何度も試みたが、信号がずっと途絶えている、とフィールド・アシスタントたちが報告してきたのだ。この種の科学技術は信頼性が高かった——発信機は何年間ももつはずだった——それに発信機の問題だとすれば、すべての発信機が同時にダウンすることはありえなかった。

論理的に考えれば、ずっと心の奥底にあって打ち消したいと思ってきたことだったが、四羽のシマフクロウがすべて死んでしまった可能性があった。二〇〇八年の二月にロシアに着いたとき、わたしの最優先事項はこの謎を解くことだった。


セルゲイとフィールド・アシスタントのシュリック（二〇〇六年のサマルガ川の調査旅行のときからのメンバー）、それにアナトリー・ヤンチェンコ（今シーズンからの新メンバー）から成るチームに合流後、わたしたちが最初に行なったのは、テルネイ付近のシマフクロウのなわばり沿いの道路をパトロールして、発信機からの信号が受信できないか調べ、シマフクロウの鳴き声に耳を澄ますことだった。

ヤンチェンコは、今シーズンの最初の数週間だけ捕獲を手伝ってもらう約束でスルマチが雇った男で、年は五六歳、禿頭の偏屈な鷹使いだった。彼はその人生のうちの二四年間をチュクチ[*3]の炭鉱で働いてきた男で、明らかに希望のない組み合わせであるその場所と仕事が、拭い去りようのない厭世主義と危険を避けようとする性向を彼に植えつけたのだろうと思われた。わたしはヤンチェンコが好きだったし、猛禽類捕獲の腕の良さも聞いていたが、一緒にいても楽しくはなさそうだった。

テルネイの町はずれの森を再び訪れると、前シーズンの春にフクロウからの強力な電波信号を受信したすべての場所で、わたしの受信機が意味のない咳き込むような音をたてた。心が沈んだ。あのフクロウたちは本当にいなくなってしまったのだ。

それでも、もしかすると奇跡が起きて彼らの鳴き声を聞けるのではないか、という思いで日が暮れるまでトゥンシャ・ペアのなわばりに居残っていたが、それほど期待していたわけではなかった。わたしは気分が悪くなるほど気をもんでいた。これでこの研究プロジェクトは頓挫するかもしれず、絶滅の危機にある四羽が死んだのはわたしのせいかもしれなかった。

ところが日が暮れかけた頃、そんな暗い思いが一瞬にして消し飛んだ。トゥンシャ川沿いの道路に佇んでいるわたしの耳に、このなわばりに棲むつがいのデュエットが聞こえてきたのだ。その力強い歌声は、冬の森の中を深く素朴な音の波となって押し寄せてきた。完璧な条件のもと、適切な時間に耳を澄ましさえすれば、シマフクロウの歌声を聞くことができる、ということをわたしは知っていた——フィールド・アシスタントは、単にそれを知らなかっただけなのだ。

歌声は、川谷の向こうの山の麓、彼らの営巣木があるとわかっているあたりから響いてきていた。冬の夜のますます深くなっていく闇の中、わたしは笑みをうかべ、フクロウたちが、それを聞くだろうすべての人々に向かって、自分たちは生きているのだと告げるその声に、しばらく聞き入っていた。やがて、途絶えた電波信号のことを思い出し、上着から受信機を引っ張り出してスイッチを入れた。

フクロウの鳴き声が聞こえているにもかかわらず、受信機は雑音だけを発していた。フクロウは死んではいなかった――少なくともこの二羽は――しかしこのプロジェクトが危機に瀕していることに変わりはなかった。送信機がなぜ作動しなくなったのか、その理由を解明する必要があった。

その後の数日間、わたしたちはファータ川とセレブリャンカ川のなわばりを巡回し、フクロウが生きていることを示す形跡を探し、歌声に耳を澄ました。セレブリャンカのなわばりでつがいが鳴き交わす声を聞いたが、やはり、歌っているフクロウからほんの数百メートルの場所にいても電波信号を受信できなかった。送信機は高性能のもので、数キロ離れた場所でも信号を受信できるはずだった。これで、生存が確かめられていないのはファータ川のなわばりのつがいだけになったので、ヤンチェンコとわたしは、ファータ川とトゥンシャ川の合流点に建つアナトリーの山小屋まで車で行って、シマフクロウのことで何か知らないか聞いてみることにした。

アナトリーは喜んでわたしたちを迎え入れてくれた。彼は二月と三月はシマフクロウ調査のシーズンだと知っていて、わたしがまたやって来るのではないかと待っていてくれたのだ。アナトリーの山小屋の内部はきちんと整頓されており、しかも壁と天井は白いペンキできれいに塗られたばかりだった。

前年の秋にトゥンシャ川を遡上してきたカラフトマスがそこそこ多かったせいで、アナトリーは忙しくしていた。燻製小屋からはまとわりつくような濃厚な香りが漂ってきていたし、日当たりのいい軒下には、一ダースほどの開きにした赤みのあるマスが吊るされ、日干しにされていた。

わたしは、トゥンシャ川を見下ろす崖の上に立っていた古びたパゴダが失くなっていることに気づいた。去年の夏の台風で倒れて流されたんだ、とアナトリーが言った。

お茶を飲みながら、アナトリーは去年の秋も冬も、ずっと変わらずファータ川のフクロウの鳴き声が聞こえていたと教えてくれ、ときにはすぐそばの、山小屋の真正面に見える、川沿いにそびえるむき出しの岩肌あたりから聞こえてくることもあった、と言った。そこは、前年の冬にわたしがシマフクロウの羽を何枚か見つけた場所だった。

たまに、シマフクロウが山小屋の屋根の上で鳴くこともあったとアナトリーは言い、そのときのことを思い出して声を立てて笑った。フクロウは突然、四方八方から響いてくるような大音響で歌いだし、眠りから覚まされたアナトリーは慌てて立ち上がり、警戒態勢を取ったのだという。

シマフクロウがしばらく姿を消していた期間などない、というこのほっとする情報は、これまでにつがいの入れ替わりは起きていないということを示唆していた。つまり、わたしたちが前年に捕獲したシマフクロウと、今歌声を聞いているフクロウは同じ個体のはずだった。だとすれば、発信機が故障したのか？　また、二〇〇七年の秋にセルゲイが拾い集めた死骸の一部はどのフクロウのものだったのだろう？

わたしたちが知っているなわばりのすべてに、生息するつがいがいると思われた。あるいは、タギングした四羽のフクロウのすべてがいなくなり、ほんの数カ月の間に新しいフクロウに取って代わられたのかもしれないが、シマフクロウの寿命の長さとなわばり行動の特性、それにシマフクロウのヒナが性的に成熟するのに三年かかる*4という事実から考えて、それはあり得ないと思われた。

もしも、わたしたちが今聞いている鳴き声が、新たにやってきたフクロウのものであるなら、元のつがいの片方（あるいは両方）が死ぬかいなくなるかして、その後すぐに新たなフクロウの成鳥が入れ替わったことになる。それが現実に起こるためには、近くにつがいとなっていないシマフクロウがたくさんいて、なわばりに空きが出るのを待ち構えていなくてはならない。

この種の筋書きが成り立つのは日本の北海道ぐらいで、[*5]そこでは積極的な保全活動のおかげでシマフクロウの個体数が回復傾向にあり、繁殖地を上回る数の繁殖可能な個体が生息する場所もあった。しかし、テルネイ地区でのわたしたちの調査からは、そうした順番待ちをしている繁殖可能な個体の存在を示す証拠は見つからなかった。考えられるもう一つの筋書き、つまりバックパック型の送信機がほぼ一斉に壊れたというのも、同じくらいあり得なかった。

何が起きているのかを知るための唯一の方法は、これらのなわばりに棲む一羽かそれ以上のシマフクロウを再捕獲することだった。そして、まずはファータ川のなわばりからはじめるのが理にかなっていた。そこならオスとメスの両方がタギングされていて、どちらを捕獲しても何らかの答えが得られるからだ。しかし差し当ってもっとも気がかりなのは、放鳥したフクロウをそれほど簡単に再捕獲できるだろうか、ということだった。

ある種の動物は、「トラップ・シャイ」と呼ばれる状態に陥る――一度捕獲されると慎重になり、二度目の捕獲が困難になる。たとえばアムールトラは、以前に捕獲された場所とその周辺を避けるようになるのが普通で、たとえ捕獲されてから何年も過ぎてもそれは変わらない。[*6]シマフクロウもトラップ・シャイになるのだろうか？

第22章　フクロウとハト

ヤンチェンコ愛用のわなはド・ガザという、猛禽類捕獲の世界では主力の手法[*1]で、それをじっさいに見られるというのでわたしはワクワクしていた。それは、縦二メートル横二メートルの大きさの、目に見えないほど細い黒色のナイロンの網を使ったわなで、その網を、目当ての猛禽がおとりに誘われて近づいてくる際の予想される進入路に設置する。

おとりには大型の捕食動物を使うこともある。[*2]たとえばアメリカワシミミズクなどで、その縄張りに住む猛禽のつがいの防御的攻撃を誘発するためだ。小型の齧歯《げっし》動物やハトなどの餌動物をおとりにすることもあって、[*3]これは移動中に軽くつまめる餌を探している猛禽を捕獲するためによく使われる戦術だ。

網は、その四隅の輪っかを、ポールに取りつけられた衝撃に強い細いフックに引っ掛ける方法で二本のポールの間に吊り下げられる。網をしっかり固定しないのは、何かが、たとえば餌動物に一撃を食らわす寸前の大きな猛禽が猛スピードでぶつかると、網が外れてそれに絡みつく仕組みになっているからだ。片方の端に重りのついた長いロープが、網の下側の片方の角に取りつけられていて、網に絡まってしまった鳥がそれほど遠くに逃げられない仕組みになっている。

おとり用の餌動物が必要だったので、ヤンチェンコがテルネイのとある納屋に入っていって二羽のカワラバトを捕まえてきた。そして、「やつらは人間がそんなことをするとは思ってもいないから、簡単に捕まえられるんだ」と言った。

彼がハイラックスの荷台を覆っていた赤い防水シートをはがし、金網製の鳥かごと粒餌《つぶえ》が現れたのを見たとき、もともとそのつもりで準備してきていたのだとわかった。ヤンチェンコがハトの誘拐犯罪に手を染めたのは、これがはじめてではなかったのだ。

アナトリーの山小屋に戻ると、ヤンチェンコとわたしはスキーを履き、川の上流にある前年の冬の捕獲場所まで上っていった。はじめての捕獲シーズンの嫌な緊張感や、最終的に味わうことになった高揚感がまざまざと思い出された。ヤンチェンコは、二羽のうちの一羽のハトを無造作にこわきに抱えていた。シマフクロウは水中の獲物を好むが、何であれ簡単に手に入る獲物を彼らが見過ごすはずがない、栄養分が不足する冬の数カ月間はなおさらだろう、とヤンチェンコは考えていた。

わたしたちは、前シーズンの捕獲場所に近い水辺で、どうやらシマフクロウのとまり木らしい、むき出しになった倒木の根っこを見つけた。ヤンチェンコは歩測でそこから二〇メートルばかり離れると、サルカン〔金属性の連結具〕をつけた革紐をハトの脚に結びつけ、紐の反対側に杭を刺して地面に固定すると、付近に粒餌をまいた。ハトは歩き回ることはできたが、それほど遠くには行けなかった。

わたしたちは一瞬作業の手をとめ、オオモズが種類不明の鳴鳥を追う姿を頭上の樹冠の隙間から眺めてから、とまり木とハトの間にド・ガザを張った。ハトは軽い興味と疑念を込めてわたしたちの行動を見ていたが、やがてそのへんをぶらぶらしてから粒餌をつつきはじめた。網の端っこにビーコンをとりつけ、わたしたちは山小屋に戻って待った。何かが網にぶつかれば、すぐにわかるようになっているのだ。

ヤンチェンコとアナトリーがお茶を飲みながら交流を深めている間も、音量を下げて机の上に置かれた受信機が発する雑音がわたしたちの会話を邪魔し続けていた。

アナトリーの奇矯さは一年前と何ら変わっておらず、すぐそばの山は中が空洞になっていて、白装束の男たちが暮らしていると言い出した。地面を一二メートル掘りさえすればこの小集団のところに行けると言い、彼らはそこで洞穴のような地下の水源を守っており、その水源は、アナトリーが山の中腹にある泉から汲んでくる流水の源泉なのだと説明した。昔は丘の上の寺院からこの水源に降りられる階段があったが、この入口は何世紀も前に閉鎖されたままだ、と彼は言った。

アナトリーの話を聞きながら、わたしはヤンチェンコの反応を読み取ろうとしてその表情を伺ったが、彼が何を考えていたにせよ、それは冷静さのベールによって、窪んだ榛《はしばみ》色の大きな瞳の向こうに隠されていた。

「一二メートルならそれほど深くない。なぜそこまで掘って行かないんだ?」とヤンチェンコがついに低い、抑揚のない声で尋ねた。表情がまったく変わらなかったので、単に黙っているのが気詰まりだったのか、アナトリーをからかっているのか、あるいは本気で質問しているのかわからなかった。

「それほど深くないだって?」アナトリーが反論した。「一二メートルだぜ? 冗談だろう?」

ちょうどそのとき、ビーコンが作動した。日が暮れてから一五分しかたっていなかった。あまりにも簡単すぎる、おそらく誤作動だ、と思いながらも、わたしとヤンチェンコは外へ飛び出し、スキーに足を蹴り入れて川上へ急いだ。到着すると、黒っぽいものがド・ガザに絡まって雪の上に転がっているのが見えた。猛スピードで網にぶつかり、葉巻のようにしっかりと網にくるまれてしまったのだ。

それはシマフクロウで、足環からファータ・オスだとわかった。ハトは無傷で、フクロウとは革紐が許す最大限の距離を置き、身動き一つせず、静かに様子を見ていた。わたしが猛禽を押さえている間にヤンチェンコが網からはずしたが、前年同様、フクロウは従順だった。体重も少し増えていた。三キロで、前年の冬に比べて二五〇グラムの増加だった。

最初は、送信機がなくなっていると思ったが、たっぷりした羽毛の中を指で探ってみると、肌に近い場所にあるのがわかった。羽をかき分けてよく見てみると、信号が届かなかった理由がすぐにわかった。送信機はくちばしでつけられた傷だらけで、接続されていたアンテナがなくなり、根元から引きちぎられていた。ファータ・オスは、九カ月がかりでこの機械の弱点を見つけたのだ。

送信機は、オスにとってもわたしたちにとってももはや無用の長物だった。そこでハーネスを切って送信機を取り外した。予備の送信機をもってきていたが、それはこのオスフクロウが壊したのと同型のものだった。それを取りつけても、また同じ問題が起きるだけだろう。不本意だったが、しかし他に手立てもないままに、わたしたちはフクロウを放し、次の行動を考えた。

わなにかかりやすい鳥、というものがいるのと同じで、送信機に対する反応も種によってさまざまだ。猛禽のなかでも、たとえばアメリカワシミミズクは、すぐにでも装着具を嚙み切って送信機を体から外してしまうことが多いが、重い荷物を背負わされることを意に介さないように見える鳥もいる。たとえば二〇一五年にスペインで実施された、一〇〇羽以上のトビに発信機を取りつけた調査[*4]では、ハーネスを切ったのは一羽だけだった。

今回のことで、シマフクロウの反応の仕方はわかった。彼らは送信機のアンテナを狙うのだ。彼らが送信機を壊してしまうのなら、いったいどうすればその行動を追跡できるのか？　新たにわかったこの事実は、わたしたちにとって重大な後退だった。

ファータ・オスを放鳥後、どのくらいの距離ならアンテナなしで送信機からの信号が検知できるかを簡単に調べてみた。壊れた送信機をアナトリーの空き地の端の立ち木に縛りつけ、受信機のスイッチを入れてからビーという信号が聞こえなくなるまで、ゆっくりと後ずさった。すると五〇メートルほど下がったところで信号は聞こえなくなった——それが、シマフクロウに装着された壊れた送信機からの信号が受信可能だと思われる最大の距離だった。

しかし残念ながら、シマフクロウがそんなに近くまで人が接近するのを許すことはめったになく、また、そもそも五〇メートルの距離まで近づけば、すでにその姿は見えているだろう。ほぼ間違いなく言えるのは、ファータ・メス、セレブリャンカ・オス、そしてトゥンシャ・オスの送信機もすべて同じ理由で破損したのだろう、ということだけだった。

折よく、わたしには一つの解決策が——少なくとも、部分的解決策が——あった。フクロウが送信機を損傷したことを知る以前から、アムグ地区のシマフクロウには同じ装置を使えないとわかっていた。送信機を利用するには、じっさいに現地にいて方角を記録し、三角測量法でフクロウの位置を割り出す人間が必要だった。しかしアムグ地区は、わたしにとっても、チームのメンバーにとっても、頻繁に訪れるにはあまりにも辺鄙な場所だった。

代案として、わたしはいくつかの少額の研究奨学金をかき集めて、ＧＰＳデータロガー[*5]を三台購入していた。この装置は、送信機のときと同じタイプのハーネスでシマフクロウの背中に取りつけられるが、電波信号を発信するのではなく、一日ごとのＧＰＳによる位置情報を、最大六カ月分記録することができ、再充電も可能だった。

とはいえ、この装置にも欠点がないわけではなかった。第一に、一台の価格が高額で、電波信号式の同じタイプのもののおよそ一〇倍の値段だった。つまり一台二〇〇〇ドル近かった。第二に、この装置はデータロガー、つまりデータを集めて保管するだけの機械だった。保管されているデータを取り出すには、フクロウを再捕獲してデータをダウンロードしなくてはならなかった。これは重大な問題につながる可能性を含んでいた。タギングしたフクロウが死んだり、行方不明になったり、あるいはわなを警戒して捕獲困難になったときには、データは失われてしまうのだ。

ヤンチェンコは、わたしたちとずっと一緒に活動することはできなかった。ウラジオストク近郊の自宅に大切な妻とオオタカがいた。だから、送信機の謎が解けたところで、ド・ガザを置き土産にして自分のトラックに乗り込み、南へ帰ってしまった。わたしたちはさらに奥地での捕獲を計画していたため、テルネイやアナトリーの山小屋の温かいベッドはもう当てにできなくなった。

そこでコリャ・ゴルラッチがＧＡＺ－66を運転してテルネイにやってきた。ＧＡＺ－66は、まるで軍隊のトラックの隊列から抜け出してきたかのような緑色の巨大なトラックだった。この年のフィールドシーズンの残りを、わたしたちはこの車で暮らすことになる。

コリャは長身の痩せた男で、すでに一〇年以上、スルマチの調査チームでドライバー兼料理人として働いていた。無愛想だったが悪意はなく、どこか可愛げがあった。ちょっとしたことで腹を立て、基本的な衛生や生活の快適さには、驚くほど無頓着だった。

若い頃は、「無頼生活」の罪で気づけば警察に勾留されていることがときどきあり、また身体のあちこちにタトゥーを入れていた。片足に「俺たちは平野にした」、もう片方の足には「シベリアを」という文字が大きく書かれていたが、それは一九七〇年代に行なわれたた大規模なバイカル・アムール鉄道プロジェクトに参加して森林伐採に何年間も携わったときの記念だった。

彼はまた、ミハイル・ゴルバチョフが反アルコールキャンペーンを実施した一九八〇年代[*6]に、一時期ビール工場の配達ドライバーとして雇われていたこともあった。当時ビールは、流通を規制された貴重な商品だった。トラックを運転して工場を出発し、配達先の酒場や酒店に到着する頃にはパレードの総指揮官になったような気分だった、とコリャは言った。トラックの後ろを、冷たいラガービールで喉を潤したがっている、酒好きのソビエト国民の車が列をなしてついてきていたからだ。なかには、わざわざUターンしてついてくる車もあった。

みんな、彼がどこに向かっているのかも、目的地がどれほど遠いかも知らず、知っていたのは彼のトラックにはビールが積まれていて、自分たちはそれを分けてもらいたいということだけだった。一度など、ビールを奪おうとした強盗に襲われてトラックごと道端に追いやられ、銃撃されたことさえある、とコリャは思い出を語った。

GAZ－66の運転席は、エンジンのシリンダーブロックが運転席と助手席の間に陣取る窮屈な作りで――乗ってみるとジェット戦闘機のコックピットに無理やり身体を押し込んでいるような気がした。

運転席の後ろには、二部屋からなる大きな居住空間が広がっていた。小さいほうの部屋は食事をする場所で、テーブルと人ひとりが眠れる大きさの長椅子が二つあった。大きいほうの部屋は、後部ドアの傍に鉄製の薪ストーブが置かれ、車体の両サイドの、あかじみた分厚いガラスをはめ込んだ三つの丸窓の下に、それぞれ長椅子が伸びていた。二つの長椅子は、それぞれ人ひとりが眠れるだけの幅があったが、必要な場合は、この間に板を渡して、最大四人が眠れる寝台にすることができた。

車両は一九六〇年代のもののように見えたが、ナンバープレートから一九九四年の製造であることがわかって驚いた。それほど古い車ではなかったのだ。内部のパネルは破れて黄ばんでいたし、コリャが一時しのぎに行ない、その後放置されてそれ以上手を加えられないうちに、ひっそりと永久不変のものとなった修理によって、トラックはあちこち傷だらけだった。

居住空間の前よりの壁に取りつけられたボタンは、後ろに乗っている者が車を停めてくれとドライバーに伝えるためのブザーだったが、何年も前からブザーは鳴らなくなったか、あるいはコリャが鳴らないようにしていた。緊急の場合の最善策は、前方の壁を繰り返し強く叩いて、その音が轟くようなエンジン音にかき消されることなくドライバーの耳に届くのを祈ることだった。

GAZ－66を転がして、わたしたちはすぐそばのセレブリャンカ・ペアのなわばりまで行った。セレブリャンカ・オスを再捕獲し、壊れた送信機を取り外すためだ。前の年の冬に、セルゲイとわたしが滞在していたのと同じ場所でキャンプすることにした。新たにキャンプを設営する場所に着いたときはいつでもそうするように、まずはトラック後部の積荷をすべて下ろして、生活するスペースを作った。コリャがお湯を沸かすために車外にプロパン・コンロを設置している間に、セルゲイが食糧や日用品を入れた箱や、さまざまな道具を詰めたバックパック、スキー、薪などを車から積み下ろし、シュリックとわたしが、それらを停車中のGAZ－66の車体の下に積み重ねて雨風をしのげるようにした。

積荷をすっかり降ろしてしまうと、車両内部は宿泊スペースとなった。セルゲイとわたしが運転席に近い狭いほうの部屋を使い、シュリックとコリャは後方のより広い部屋を二人で使った。GAZ－66はしっかりと断熱されていて、小型の薪ストーブを焚くと、狭いスペースはまたたく間に温まった。

外は極寒の寒さであるにもかかわらず、就寝前の時間を半袖で過ごすこともよくあった。けれども、わたしたちが眠っている間、冬の冷気は夜を徹して私たちを包囲していた。薪ストーブが冷え切ってしまうと、氷点下の冷気が巻きひげを伸ばして車体のわずかな隙間や合わせ目から侵入を図り、ついにはトラックの防御を突破した。朝方には車内の壁に氷が張りついていることも多かった。

夏のような状況で眠りにつき、何時間かのちには真冬の寒さのなかで目覚める環境には、睡眠についての解決すべき特殊な問題点があった。最初から冬用の寝袋――摂氏マイナス二六度にも対応――で眠ろうとすると息苦しくなる。スリーシーズン兼用の寝袋（摂氏マイナス六度に対応）は、朝になる頃にはまったく役に立たなくなった。

そういうわけで、わたしはその二つの間に挟まって眠るようになった。最初は、冬用の寝袋の上に横になり、もう一つの寝袋を羽毛布団のようにかぶって眠りにつく。明け方に寒さで目が覚めると寝返りをうち、温かいほうの寝袋を引っ張り上げて掛け布団にするのだ。

シュリックは薪ストーブに一番近い場所で眠っていたが、その場所には利点と欠点の両方があった。そこが一番暖かく――それは間違いなかった――メンバーの中で一番背が低い彼は、夜中にうっかり身体を伸ばし過ぎて寝袋を火にくべてしまう心配も少なかった。

しかし、朝になるとだれかが薪ストーブに火を入れなくてはならなかった。シーズンはじめに、セルゲイはシュリックに、あえて断熱性がもっとも低い寝袋を配り、つまり彼がだれよりも早く、だれよりも寒くなるように仕向けていた。その結果、ほとんどいつも、シュリックが早朝の冷気に立ち向かい、火を起こす役回りを担うことになった。

朝はいつも、薪ストーブと格闘するシュリックのせわしない動きで、GAZ‐66が軋むような音を立てて車軸の上で静かに揺れることからはじまった。シュリックは文句を言いながら、手っ取り早く火を燃え上がらせるための木っ端やカバノキの樹皮をかじかむ手でストーブに詰め込む。外に比べればまだ温かい寝袋に潜り込む前に、シュリックはやかんの水をストーブの上に載せるのも忘れなかった。

その後わたしたちは待った。何か話しながら待つこともあれば、黙っていることもあったが、寝袋の中で発せられる声はくぐもって聞こえた。やがて車内の空気は暖まり、やかんが沸騰する音がしはじめると、寝袋を出ても大丈夫だと示すいつものサインだった。わたしは室内の温度を確かめるために、まるで巣穴から顔を突き出し、鼻をひくつかせて捕食者の臭いを嗅ぎ取ろうとするうさぎのように、寝袋から顔だけを突き出した。そして十分だと思ったら、シュリックに頼んでやかんをもってきてもらった。

すぐ横にある机の上にわたしがやかんを置くと、チームの残りのメンバーが起き上がり、コーヒーやお茶を飲むために、前側の部屋にどやどやと集まってきて、一日がはじまるのだった。


このなわばりではぜひともシュリックに活躍してもらいたかった。具体的に言うと、セレブリャンカ・ペアの巣穴かもしれない何本かの木を、それ相応の敏捷さをもつだれかに見てもらいたいと、わたしはずっと思っていた。二〇〇六年に見つけた営巣木かもしれない木のほとんどがポプラの老齢樹で、手が届く範囲に枝がなく、いつ剝がれ落ちてもおかしくない朽ちかけた分厚い樹皮に覆われていた――つまり、安全に登れそうにない木だった。

そういうわけで、わたしが営巣木の第一候補を指差すと、シュリックはその巨大な目標物の周囲を見て回り、やがてすぐ隣の、高く伸びた、登りやすいハコヤナギ科の木を選んだ。ゴム製のブーツを脱ぐと、靴下のまま空に向かって少しずつ登っていき、地上一四メートルの場所に到達した。シュリックはそこから、わたしたちが見つけたのが本当にセレブリャンカ・ペアの営巣木であることを確認した。先端が折り取られたポプラの巨木の、地上一五メートルの窪みに、巣穴はあった。

その数日後、一羽のシマフクロウが、設置しておいた餌動物の囲いを訪れた。わたしたちはわなを仕掛け、次の夜には捕獲に成功した。体重と羽の抜け替わりがある点から考えて、成鳥のオスだと思われたが、一年前にこのなわばりで捕獲したフクロウではないことがわかって、わたしたちは戸惑った。つがいのオスの入れ替わりがあったのか？　デュエットを聞いたから、つがいであることは確かだった。

これまでシマフクロウを観察してきた経験に照らし合わせても、つがいのオスとメスがすっかり入れ替わることはあり得なかった。そもそもこのあたりにはそれほど多くのシマフクロウがおらず、たとえ最良のなわばりだと思われるこの場所であっても、前年のつがいがいなくなったからといってすぐにあとが埋まってしまうはずがなかった。だとすれば、去年捕獲したセレブリャンカ・オスはどこにいるのか？

その翌日、わたしはできるだけ音をたてないように気をつけながら、降り積もる雪の上を、行く手を塞ぐ枝をかき分けて営巣木の近くまで行った。そばにあった一本の木にもたれかかって双眼鏡を安定させ、二〇〇六年にトリャと一緒に見つけたねぐらに使われている木をじっくり調べた。

するとそこで、木の枝やマツの木の長い針状葉が作る風景に溶けこむシマフクロウの姿を見つけた。近くに巣があることを示す重要な証拠だった。そのフクロウは、先日わたしたちが捕獲したオスに違いなく、彼はメスを守ろうとしており、メスはおそらく近くの巣穴にいて姿を見せないのだろう。わたしが近づいてきたのを見ていたオスは、それを脅威と見なし羽角《うかく》を立てて厳戒態勢に入っていた。

と、そのとき、フクロウはマツの木から飛び立ち、喉の奥のほうで低くホーと一声鳴いた。もはや自分の力では防ぎようのない危険が迫っていることを、つがいのメスに警告する声だった。飛び去るオスのほうに双眼鏡を向けたとき、足環がキラリと光るのが見えた。わたしたちがついこの間捕獲した、あのオスに間違いなかった。しばらくして、別のシマフクロウが飛び立った。

今度は営巣木からで、足環の黄色い色が見えた。それは前年に捕獲したフクロウで——当時はオスだと考えていた個体だった。じつはあれはメスだったのだ。

鳥の性別を間違う、という基本的なミスを犯してしまった事実は、わたしたちがいかにシマフクロウのことを知らないかを如実に示していた。当時わたしたちは、ロシアのだれよりもシマフクロウに詳しい人間だったのだから、この失敗を認めることは、驚くべき告白でもあった。

またこれは、わたしたちのプロジェクトにとっても、研究対象であるシマフクロウにとっても示唆に富む失敗だった。前年にこのフクロウを捕獲したとき、わたしたちは、つがいのメスは巣ごもり中だと考えていた。本当にそうだったとしたら、メスは軽く食事するつもりでちょっと巣を離れたときに、わたしたちに捕まったことになる。彼女が巣を離れていたあの時間、わたしたちが計測をし、送信機を取りつけていた時間のせいで、ヒナは凍え死んでしまったのだろうか？メスが今年も再び巣についているのはそのせいなのか？

これからは、自分たちが捕らえたのがオスなのかメスなのかを、もっと正確に知る必要がある——体重だけで性別を判断するのは明らかに不十分だった。

飛び去ったシマフクロウはまだ一〇〇メートルも離れていなかったが、今にも見えなくなりそうだったので急いで受信機のスイッチを入れると、そのメスの送信機からの信号が微かに聞こえた。信号音はずっと微弱なままで、しかしフクロウが見えなくなっても続いていた。

ふと、メスが飛んで行った方向に受信機を向けたときに、信号音がもっとも強くなるわけではないことに気づいた。困惑し、営巣木の周囲を大きく弧を描くように歩いてみると、自分がどこにいるかにかかわらず、送信機からの微かな信号はまさにその営巣木から発せられているのだとしだいにわかってきた。おそらくメスは、くちばしで嚙み切るなどしてハーネスを切り離し、送信機は巣穴の奥に無用の長物となって転がっているのだろう。

わたしのせいで、この寒気のなかメスがヒナの元を長く離れることになるのは——二年続けて——避けたかったので、わたしはキャンプに戻ってこの出来事をみなに報告した。この冬、捕獲のためにこれ以上セレブリャンカのなわばりに留まる理由はなかった。壊れた送信機一式はすでにフクロウの体から外れていて、わたしはこのなわばりに振り分けられるほど多くのGPSデータロガーを持ち合わせていなかった。すべてをアムグのために取っておく必要があった。

わたしたちは、下見のためにすぐ近くのトゥンシャ・ペアのなわばりに移動し、セルゲイとわたしは、歌声を聞いたあのつがいが巣についているかどうかを確かめるために巣穴に近づいた。営巣木は、道路から直線距離で真東に八〇〇メートル弱進んだ所にある低い河岸段丘に立っており、トゥンシャ川本流からの距離は三〇〇メートルほどで、向かい側の岩屑《がんせつ》が堆積した斜面は、一〇〇〇年前にはこの地域に住む中国人から神聖視されていた場所[*7]だった。

このあたりを探索した経験から、営巣木までまっすぐ進むのは賢明ではないとわかっていた。通り抜けられない藪や倒れた丸木の数々、とげのある植物、渡らねばならない水路など、行く手を阻む障害物だらけだったからだ。南へ迂回し、障害物のない凍結したトゥンシャ川本流の上を進むほうがより早く、煩わしさも少なかった。目標物まであと数百メートルに迫る頃には、セルゲイもわたしも、雪と雨を交互に繰り返す、水分の多い湿った降水物のせいでずぶ濡れになっていた。

営巣木まであと一〇〇メートルもないところまで近づいたとき、前方で何かが飛び去るのがちらりと見えた——おそらくトゥンシャ・オスだ。木から五〇メートルの地点まで忍び足で進み、双眼鏡を上に向けると、地面に垂直に立つ営巣木の幹から、水平方向に尾羽が突き出しているのが見えた。ほとんど滑稽とさえ言える光景だった。巣穴には卵を抱くシマフクロウがいて、しかしそのうろは、メスの巨体を収容するには小さすぎたのだ。それ以上近づきたくはなかった。驚いたメスが巣から飛び立てば、冷気に晒《さら》された卵が凍ってしまうかもしれないからだ。わたしたちはこの発見に満足しながら、静かに撤退をはじめた。

そのとき、思いがけずメスが巣から飛び立った。わたしは反射的にカメラを構え、メスの大きな体が、川沿いの低地を天蓋のように覆う枝の隙間を抜けて川下に向かって飛んで行く姿を五、六枚撮影した。そして、どれか一枚でも、ピントの合っているものがあるだろうか、と目を細めてカメラの小さな画面を見つめた。ピントは合っていた。

わたしの目は、飛び去るフクロウの顕わになった両足に釘づけになった。じっと見ているうちに頭がくらくらしてきた。画面に映っていたのは、ファータ・メスの足環だった。わたしが、あまりの衝撃に意味不明の言葉を投げかけると、セルゲイが近づいてきた。セルゲイは画面に向かって目を細めたが、やがてその目が大きく見開かれ、静かな驚きで口は半開きになった。隣接するファータ・ペアのなわばりで前年に捕獲したファータ・メスが、トゥンシャ・ペアのなわばりで卵を抱いていたのだ。

わたしたちはキャンプに戻り、考え込んだ。さっきの巣で去年巣についていたあのトゥンシャ・メスはどこに行ってしまったのだろう？　密猟者に銃で撃たれたあのシマフクロウがトゥンシャ・メスだったのか？　それなら辻褄が合いそうだった。死骸には足環がなく、トゥンシャ・

ペアのなわばりからほんの数キロ川下で撃たれていたのだから。しかし何がファータ・メスに、パートナーを変える決断をさせたのか？

ファータ・メスがなわばりを捨てたという仮説を立証するために、わたしたちはその夜ハイラックスでファータ・ペアのなわばりまで行き、オスが単独で鳴く声を聞いた。やはりメスは、彼の元を去ったのだ。これは、シマフクロウにはよくある行動なのか、それとも例外的な行動なのか？

その年の冬のはじめにつがいが歌うのを聞いた、と話していたアナトリーに確かめてみたが、彼が一羽のシマフクロウの鳴き声と二羽によるデュエットを聞き分けられないことは明らかだった。じっさい、アナトリーはシマフクロウはデュエットができる、ということも知らなかった。鳴き交わす声があまりにもしっくり調和していて、二羽が一緒に歌っているとはとうてい信じられない、とアナトリーは言った。

彼はまた、シマフクロウはホーと二度鳴くこともあれば四度鳴くこともあったと言った。つまり、ファータのつがいが一年中ずっと歌っていたとアナトリーから聞いたとき、それをもとに、わたしたちは、ファータとトゥンシャのなわばりには今もつがいが棲んでいると考えたのだが、必ずしもそれぞれのなわばりでオスとメス、両方の声を聞いていたわけではなかったのだ。

テルネイにもう少し長く滞在できれば、ファータやトゥンシャのシマフクロウの何羽かを再捕獲して確かめることもできたのだが、この年、これらのなわばりでの調査の予定はまったくなかった。送信機の謎のせいで、仕方なく道草を食うことになったが、その問題は解決した。

わたしたちはアムグ周辺に焦点を移した。アムグ周辺には、シマフクロウを捕獲したい場所がたくさんあり、捕まえた個体にすぐに装着できるGPSデータロガーも三台あった。

テルネイを出発してからおよそ五時間後、GAZ-66とハイラックスを連ねたわたしたちのこぢんまりした車列は、シャーミ川流域に到着した。時刻は真夜中を過ぎ、アムグまでは残り一六キロほどだった。前回にここに来たとき、漏れ出したラドンガスが川の水を温かくしている場所をセルゲイに教えてもらった。

それからたったの二年で、付近は驚くほど変化していた。アムグの伐採会社の社長で、町の独占的な雇用主であるシュリキンが、このあたりを開発して地元の価値を高める計画に乗り出したのだ。

シュリキンは、この場所に三つの山小屋を建設した。一つは温泉に隣接するワンルームの大きな建物で、標準サイズの薪ストーブ、テーブルと長椅子、そして、しらふの人間三人がゆったりと眠れる、酔っぱらいなら折り重なって五人は眠れる、背の高い寝台が置かれていた。わたしたちはこの建物の隣にGAZ-66を停めた。その他の小さめの二つの小屋には、温泉そのものが内包されていた。シュリキンは、掘削機を使って川岸のガスが水中に染み出している部分を掘り開き、屋根と丸木の壁で覆って周囲に立木を植えていた。

わたしたちが到着したときには、温泉小屋の片方は使用中だったが、キャンプを設置中に、そこを使っていた男が出てきた。アムグは小さな町で、セルゲイはたびたび町を訪れたことがあったから、その男がヴォヴァ・ヴォルコフの隣人だと知っていた。ヴォヴァというのは、二〇〇六年に増水したアムグ川を渡る手助けをしてくれたあの人物だ。

ラドン温泉に浸かっていた男は、シャーミ川のずっと上流の土地で狩猟権をもつ地元のハンターで、セルゲイは彼のトラックの修理を一度手伝ったことがあった。わたしたちは、近づいていって挨拶をした。ハンターは、上流の狩猟地に行ってきたところだ、と言った。周辺の森に棲むシカが食べるのに困らないように、午後中ずっと干し草の俵を広げていた、ということだった。狩猟シーズンになると、シカを銃で撃ちたくてしょうがなくなる彼が、それまでは、その同じシカを苦しめたくないと考えていることがとても興味深かった。ハンターはセルゲイに肉はいらないかと尋ね、しばらくここに滞在しているなら、数日中に肉を持ってこられるとつけ足した。

こうした北のはずれのよく知らない場所に出かけたときは、こんなふうに食糧を調達することが多かった。そこでは人々は互いに助け合っていた。わたしたちは、小麦粉や砂糖、パスタ、米、チーズ、玉ねぎなどの必需食料品については、大袋をいくつも持参し、あとは川でマスを釣るか、さもなければ肉を届けてくれる地元の人々に頼っていた。

第23章　確証のない賭け

わなを仕掛けたのは、キャンプから一〇〇メートルも離れていない、川が小さく湾曲している部分の向こう側の、こちらからは見えない場所だった。湾曲部分は深い淵となっており、その先には浅い早瀬が続いていたから、その淵に出入りする魚をフクロウが待ち伏せするには最適の場所だった。じっさい、岸辺にはシマフクロウの足跡が多数残されていた。しかし岸には低木が生い茂っていてド・ガザを仕掛けられるスペースがなかったので、餌動物の囲いをいくつか仕掛けてから、GAZ－66の暖かい車内に夕飯を食べに戻った。

フクロウが囲いに気づくまでにどれだけかかるかもわからなかったので、その夜の八時三〇分までにシャーミ・メスを捕獲できたときには、みんなで大喜びした。前年にセルゲイとわたしが味わった苦労を考えると、こんなにうまくいくとは信じられなかった。少し経験があるだけで、こんなに違うのだ。

わたしたちは、捕まえたシマフクロウを山小屋に連れて帰り、暖かく広い空間と、大きなテーブルを存分に活用して、計測をし、足環を取りつけることにした。コリャが車外に置いてある発電機を作動させ、裸電球一個から伸びるコードを発電機に接続すると、コードを地面に這わせて車内に引き込み、テーブルの上方の壁に吊るした。

セルゲイとわたしがメスのシマフクロウを取り扱うのはこれで三度目で、シマフクロウのメスはオスよりも攻撃的であることが、徐々にわかってきていた。途中、メスの初列風切羽の抜け代わり具合を記録していたシュリックが、メスの体を押さえている手の力を緩めてしまった。しっかり押さえて、とわたしが注意しかけたとき、メスは一気に彼の手をすり抜け、その力強い羽で電球に一撃を加えたので、部屋は突如として真っ暗になった。

真っ暗闇の山小屋に、わたしと、他の三人と、人の手を離れた一羽のシマフクロウが取り残された。幸運にも、明かりが突然消えて方角がわからなくなったのは、わたしたちに限らずメスも同じで、わたしはほとんどすぐにメスを再捕獲することに成功し、直後にセルゲイとシュリックが彼らのヘッドランプを点灯した。

しかしこれは、自由の身になろうとあがくメスの最初の試みに過ぎなかった。一連の作業が終了したときには、シャーミ・メスはセルゲイとシュリックの両方に流血の傷を負わせていた。

戸外の気温はマイナス三〇度に迫り、気の毒なことにシャーミ・メスは捕獲時にずぶ濡れになっていた。これは、わたしたちがわなにかかったメスに近づいていったとき、メスが岸ではなく浅瀬のほうに飛び込んでしまったせいで、わたしたちは話し合いの末、メスを朝まで段ボール箱に入れて保護することに決めた。朝になったらGPSデータロガーを取りつけ、空腹のまま一日を過ごすことがないように、魚を与えることにした。

数杯のウォッカで祝杯を挙げたあと、静かな夜をくつろいで過ごそうとしていたときに、だれかがノックしたのか、GAZ－66の金属製のドアがガタガタ鳴った。車が近づいてくる音もしなかったし、懐中電灯の明かりも見えなかった。それにここはアムグからずいぶん離れた場所だった。セルゲイが車のドアを開けてみると、若い男性が二人、雪の中に立っていた。おそらく二十代で、トラック内部の明るさに突然さらされて、眩しそうに目を細めている。

アムグを出発して温泉に向かっていたが、あと一キロのところで車が故障してしまった。そこで残りの行程を歩いてきた。凍えそうだったが、山小屋にたどり着けばそこで宿泊できるとわかっていた。GAZ－66が停車しているのを見たとき、中にだれかいるか知りたくなってドアを叩いてしまった、と彼らは告げた。

二人とも人懐っこそうで、片方が中に入っていいかと尋ねると、セルゲイはその願いを受け入れた。二人は車に乗り込み、九五パーセントエタノールの二リットル瓶をテーブルの上に置いた。「一杯どうです?」と先に口を利いたほうの若者が勧めた。温泉までの寒くて暗い道中、瓶のエタノールをがぶ飲みしてきたことがわかる笑みを浮かべていた。わたしたちは、エタノールを水で割ってかなりの量を飲んだ。シュリックが、一、二杯飲んだだけでお代わりを断ったのに気づいて、わたしは不思議に思った。彼がアルコールを断るのを見たことがなかったからだ。けれども、わたしはお祝い気分で、自分たちの成功のことで頭が一杯だった。

若者たちは、シャーミ川のそばに停めたトラックでわたしたちが何をしているのか知りたがった。彼らは、だれもが思うように、わたしたちのことを密猟者だと考えていた。仕事についていつもは多くを語らないセルゲイが、自分たちはウラジオストクから来た鳥類学者で、珍しい鳥を探しているのだ、と説明した。

そして、「毛皮のコートを欲しがるフクロウ」とも呼ばれるそのシマフクロウを見なかったか、と質問した。そんな呼び名は聞いたことがなかったが、確かに覚えやすい呼び名ではあった。シマフクロウの四音節のデュエットは、ロシア語で「SHU-bu HA-chuu」と歌っているように聞こえ、それは「毛皮のコートが欲しい」という意味だった。

しかし若者たちはニヤニヤしているだけだった。セルゲイが何のことを言っているのかまったくわからなかったのだ。わたしたちは、シマフクロウの捕獲のためにシャーミ川にいることを彼らに教えなかったし、トラックのダンボール箱の中にシマフクロウが一羽いるということも明かさなかった。

翌日の明け方、シャーミ・メスを放つために起きてみると、昨夜の客たちは跡形もなく消えていた。ラドン温泉に入り、出ていったに違いなかった。わたしたちは、GPSデータロガーをメスの体に丁寧に取りつけた。この装置は、一日に四箇所の位置情報を取得するようプログラムされていて、つまりその一日分の情報を、バッテリーの寿命である三カ月にわたって入手できるはずだった。セルゲイが夏に再度この地を訪れ、メスを再捕獲し、データロガーを充電する計画だ。

わたしたちは元気のないメスに魚を四匹与えてから放してやった。メスはすぐには飛び立たなかった。段ボール箱の中で一晩過ごしたショックが尾を引いていたのかもしれない。しかしやがて空中に舞い上がり、見えなくなった。

メスを放鳥してみると、不安になってきた。野生のシマフクロウの背中に取りつけられて川下へと飛んでいったあの装置は非常に高価なもので、それだけのお金があれば、フィールド・アシスタントを二カ月雇うことができ、さもなければ今年の調査旅行に必要なすべての食糧とさらにそれ以上のものを買うことができた。調査予算の乏しさを考えると、実地の検証が比較的少ない高額な技術を使うことには危険性があった。

最初の送信機のときは、少なくとも安心感はあった。機械が作動しているかどうか知りたくなったら、いつでも調べることができたから。しかし今回は、タバコ用ライターくらいの大きさのこの装置がちゃんと作動していて、適切にプログラムされ、わたしたちの頭上二万キロメートルの宇宙に浮かぶ通信衛星と通信できていると信じるしかなかった。

さらには、取得したデータが小さなプラスチック製の箱の中で一年間安全に保存され、その箱を運んでいるフクロウもその間ずっと生き延びて、わたしたちはそのフクロウを再捕獲できると信じなくてはならなかった。それは確証のない賭けだった。

その朝は、どういうわけかひどい頭痛がしていた。セルゲイも頭痛に苦しんでいるようだった。「そんなに飲んでないぞ」セルゲイが、火のついていないタバコをぼんやりと指の間で転がしながらうめいた。「なんでこんなに頭が痛むんだ？」

「あれは飲めるエタノールじゃなかった」とシュリックが明かした。「味でわからなかったの？あれは低級な代物だ——掃除用さ」

「そうとわかっていて俺たちに飲ませたのか？」とセルゲイがいきまいた。わたしはまったくわからなかった。わたしにとっては、エタノールはいつでも毒のような味だったから。

シュリックは肩をすくめた。「気づいてるけど、気にせず飲んでるんだと思ってたよ」

ラドン温泉にさっと浸かってから——長湯は賢明ではないと直感が告げていた——荷造りをしてクジャ川が流れる東へと向かった。クジャ川は、沿岸部寄りにあるアムグ川の支流だ。二〇〇六年の春にアムグ川を渡ったときは恐ろしい思いをしたが、今回は川の表面がコンクリートのように固く凍っていて、簡単に渡ることができた。

その後、川沿いに帯状に伸びる河畔林を抜けると、幅一五〇メートル、奥行き一キロほどの空き地に出た。雪の下に隠されている地面のほとんどが草地で、時折、雪面から低木やカバノキが突き出していた。この長方形の空き地の北側には広々としたカラマツの森が広がっており、南側には、まるで濡れたシャツのようにクジャ川に張りつく老齢樹の河畔林が続いていた。

セルゲイとわたしは、二〇〇六年にこのあたりでシマフクロウの歌声を聞いたが、そのときは時間がなくてこの地域を探索できなかった。今回、ここで何が見つかるかは予想がつかなかった。

クジャ川のそばの、ほどよく平らな場所を選んで、そこに車とコリャを残してキャンプの設営を任せ、セルゲイとシュリックとわたしは、めいめい別々の方向に、スキーで探索に出かけた。士気を高める捕獲——シマフクロウにGPSデータロガーを取りつけたのはロシアではじめてだった——を行なったばかりのわたしたちは、張り切って新たな場所の探索に向かっていた。直線距離にするとシャーミ川とは六キロしか離れていなかったが、あたりの風景は目に見えて違っていた。

クジャ川は、川というよりむしろ小川で、交差しながら流れるいくつもの浅い水路の両岸には、スキーのストックくらいの太さのヤナギの木立がすぐそこまで迫っていた。シマフクロウのように大きな鳥が、この密集した狭苦しい場所で、いったいどんなふうに狩りをするのか見当がつかなかった。下層植生をかき分けて進むのがあまりに大変だったので、とうとうわたしは、ゴム製の腿までの長靴を穿き、スキーを肩からぶら下げて浅瀬を歩いて行くことにした。

数時間後にみながキャンプで落ち合ったときには、コリャが火をおこして、お茶を入れるためのお湯を沸かし、昼食の準備をしていた。各自見てきたもののことを報告し合ってみると、それぞれとても有意義な外出だったことがすぐにわかった。

セルゲイとわたしは、どちらも川沿いの狩り場を見つけ、もっとすごいことに、シュリックは営巣木を発見した。それは、キャンプから下流にほんの数百メートル下ったところにあるケショウヤナギの老齢樹で、クジャ川の、キャンプと同じ側の岸辺に生えていた。木のうろの上端に風雨にさらされた羽が見えたので、シマフクロウが今年巣についていることはなさそうだ、と彼は考えていた。この日は最高に素晴らしい日だった。

これでいつでもわなを仕掛けることができるが、水路の周囲に草木が密集していることを考えると、ヌース・カーペットやド・ガザを使うのはためらわれた。どちらも、捕まったフクロウが安全にもがける障害物のない空間を必要とし、さもなければ網が何かに絡まって、フクロウを危険な目に遭わせる可能性があった。そこで、シマフクロウがほぼ間違いなく狩り場への通路として使っている場所にカスミ網を張った。

カスミ網は、ナイロンの黒く細い糸でできていて、二本のポールの間に張るところなど、一見ド・ガザに似ているが、網が外れない点や、おとりを使わない点が違っている。カスミ網は、鳥の通り道に対して垂直に張られる。これは鳥類捕獲のための標準的な方法[*1]で、細い糸でできた目に見えない網にぶつかった鳥は、ポケット状になった網のたるみ部分に落ちて宙づりになり、ポケットの口は捕まった鳥の重みで閉じてしまう。これまでのわな同様、カスミ網にもビーコンを取りつけて、何かが網にぶつかったらわかるようにした。

無差別にぶつかったものを捕らえるカスミ網の特性上、その後の二四時間に、シマフクロウ以外のさまざまなものを捕まえては放してやることになった。そのなかには、複数のカワガラス、きらびやかな生殖羽をまとったオシドリのオス、オオタカ、それにサメイロオオコノハズク――北米のオオコノハズクによく似た小さな鳥で、灰褐色の羽衣《うい》と赤みがかったオレンジ色の印象的な目をもつ――もいた。

いつもの夜の日課に取りかかろうとしたときに、ビーコンがまた作動した。シュリックとわたしが暖かいトラックから飛び降りて、暗闇のなかを急いで網のほうへ向かうと、遠くからでも今回の獲物はカモだとわかった。ガーガーという悲鳴が聞こえてきたからだ。かかっていたのはメスのマガモで、懐中電灯の光を当てると大人しくなって、網のポケットの中で逆さ吊りになったままわたしたちをじっと見ていた。また誤報だった。

シュリックがカモのほうに向かったあと、わたしは好奇心にかられてもっていた懐中電灯を振り動かし、網の残りの部分をすべて照らしてみた。すると、網の上のほうの、反対側のポケットの中の茶色い物体が光の中に浮かび上がった。シマフクロウも網にかかっていたのだ。メスのマガモが騒ぎ立てたのがおとりの役割をして、クジャ・ペアのどちらかを引き寄せたのかもしれない。

わなにかかった状態のシマフクロウと対面したことがなかったシュリックは、高揚感と恐怖心という、相反する感情に襲われて取り乱していた。彼がこれまで見てきたのは捕獲されたシマフクロウだけで、セルゲイかわたしが、動けないように拘束してキャンプに持ち帰ったものだった。今回彼は、網に引っかかった一羽のシマフクロウを、網からはずすのを手伝わねばならないのだ。

シマフクロウは、カスミ網の、わたしたちがもっとも当たってほしくなかった場所にぶつかっており、その場所とは、腰よりちょっと上までの深さの淵の真上だった。他にその淵まで行く迂回路はなかったから、フクロウを網から外してやるには、腿までの長靴を超える深さの凍るように冷たい水の中を歩いていかねばならなかった。

マガモを網から外して放してやるのはシュリックにまかせて、その間にわたしはフクロウのほうに向かった。息が止まりそうに冷たい水がブーツの中に流れ込み、やがて水は腰のベルトのあたりまで届いた。放したマガモが下流に向かって勢いよく泳ぎ去るのを見届けたシュリックも、川に入ってわたしのところまでやってきた。

わたしは、このシマフクロウがオスなのか、メスなのかを判断しようとしていて――セレブリャンカ川での失敗を繰り返したくなかった――その行動からメスだと考えた。フクロウは、これまでのメスがみなそうだったように攻撃的で、ちょっと触れただけで後ずさりし、くちばしや、針のように尖った鉤爪でわたしたちの肉をつまみとろうとした。やっとのことでメスを網から外すと、カスミ網を取り外して、その夜はもうこれ以上何も網にかからないようにした。そしてシマフクロウをGAZ-66に連れ帰った。

シュリックとわたしがなかなかキャンプに戻って来ないので、セルゲイはフクロウを捕獲できたのかもしれないと考えて、トラック後部に作業スペースを作っておいてくれた。シュリックとわたしが濡れたズボンを穿き替えている間に、セルゲイがフクロウに拘束衣を着せて車内に運び入れた。

シュリックは、捕獲後の鳥の扱いには相当慣れていて、このフクロウのクロアカ(総排出腔)を手で探り、わたしの最初の推測とは反対にオスだと見なした。クロアカとは、鳥類がもつ、排泄と交尾の両方に用いられる多目的の孔だ。カモやライチョウなど、鳥類のなかにはその方法で性別を識別できるものがいることはわたしも知っていたが、フクロウにもその方法が効くかどうかはわからなかった。

とはいえ、シマフクロウでは、必ずしも性差を示す一貫した特徴ではないとすでにわかっていた体重による識別法以外に、羽衣に性別を示す特徴をもたない猛禽類の性別を特定する方法として唯一わたしが知っていたのは、性的な刺激を与える方法だった。その鳥が精液を射出すれば*2、それはオスで、しなければメスというわけだ。

わたしたちは、三つあるうちの二つめのGPSデータロガーをこのフクロウに装着し、計測を行ない、血液標本を採取した。作業中、つがいのもう片方のシマフクロウが、頭上に生い茂る木の中でホーと鳴く声が聞こえた。パートナーがわたしたちの手の中にあるのを知っていて、キャンプまで追ってきたのだ。

捕獲したフクロウは大きく、体重が三・八キロあった。その体重が、この鳥の性別についての再考をわたしに促した。これまでに捕獲したオスはすべて、公表されている島の亜種の体重（三・二〜三・五キロ）より軽かったが、今回のフクロウは、それを上回り、島の亜種のメスの体重（三・七〜四・六キロ）の範囲にちょうど当てはまっていた。しかし、シマフクロウ全体の体重の幅についてはまだまだわかっていないことが多く、本土の亜種については特にそうだった。シュリックの自信に満ちた言葉がわたしの判断をぐらつかせた。オスだよ、これは。

わたしたちは、クジャ川のキャンプにもう一日滞在して、つがいが変わりなく鳴き交わす様子を確認してから、荷造りをしてサイヨン川へ移動した。一カ月後にはここに戻り、放鳥したフクロウを再捕獲して、行動歴のデータをダウンロードすることになる。

わたしがシマフクロウの営巣木をはじめて見つけた場所でもあるサイヨン・ペアのなわばりがある北へ向かう途中、アムグのガソリンスタンドに立ち寄った。テルネイからスヴェトラヤまでの五〇〇キロメートル近い行程で、給油できる場所はここだけだった。

ロシア極東では、日常的な作業の多くがそうであるように、車のガソリンタンクを満タンにするというごく簡単なことが、簡単でなくなることがある。ガソリンが給油所にないこともあるし、さもなければ、このときのように、単に提供を断られることもあった。ガソリンが欲しいなら、とカウンターの向こうの女性が大声でセルゲイに告げた。伐採会社のシュリキンに頼んでみるんだね、と。

セルゲイが、こんなこともあろうかと余分に一〇〇リットルのガソリンを積んできていたのはお手柄だった。わたしたちは自前の燃料を使い、予定どおり再びサイヨン川を目指して走りだした。

北の果てのサイヨン川によそから訪れる者はそれほど多くなかった。時折、テルネイやダリネゴルスク、カヴァレーロヴォからはるばる行脚してくる人たちがいたが、彼らはラドンが溶け込んだ温泉の治療的効能を聞きつけてやってくるのだった。彼らは数日から一週間ここに滞在して温泉につかり、自然の中でくつろいだ。人々が休暇を取るのはたいてい夏で、わたしのスケジュールとは正反対だったので、ここでそうした湯治客に出会うことはまずなかった。

しかし彼らは訪れた形跡を遺していった。前回わたしがサイヨンを訪れたのはほぼ二年前だったが、そのときは東方正教会の十字架が、地面を掘って作られた温泉のプールを見下ろすようにそびえ立ち、そこから数歩離れた場所には小さな丸木小屋があった。十字架は今もまだあったが、丸木小屋の屋根と、二枚の壁はなくなっていた。サイヨン川の沼地では少ししか薪を集められず、何としても火を熾《おこ》したかった湯治客たちが、山小屋の丸木を取り外したのだ。山小屋の、残った二枚の壁は不自然に倒れかかり、二つの壁がぶつかり合う点の下の、かつては薪ストーブがあった場所を、雪の吹き溜まりが占領していた。

キャンプを設営中、コリャは、山小屋が破壊されていることなど気にもとめない様子で以前ドアがあった場所から中へ入っていき、残った壁の片方に接するように折りたたみ式テーブルを置くと、その上に、ここを拠点に活動中、わたしたちの食事を作るためのガソリン式バーナーを設置した。何はともあれ、山小屋の残骸は巨大な風避けにはなりそうだった。

わたしたちは、スキーを装着して探索に出かけた。セルゲイとシュリックはシマフクロウの狩り場を探しに南の川へ向かい、わたしは北側のヤナギの林を抜けてサイヨン・ペアの営巣木の様子を見に行った。すぐ近くまで来ているはずだったが、道に迷ってしまったようだった。川沿いの低木の茂みをかき分けてきたときに、どこかで間違ってしまったのだ——営巣木はどこにあるのだろう?

雪に覆われた巨大な倒木を乗り越えるためにスキーを外したちょうどそのとき、それが見つかったことがわかった。倒木をたどっていくと、折れてささくれだった木の根元が現れた。暴風雪で倒れてしまったのだ。この木のような朽ちかけた森の巨木は、もはやシマフクロウにとって希少な資源なのだが、その生活史の最終段階にあるため、若木だったときのような、ひとしきり続く風や氷の攻撃に耐えて回復する力を失っている。何百年もかけて[*3]、シマフクロウの巣穴にふさわしい大きさに成長した巨木のうろが、巣穴として機能できるのはほんの数シーズンなのだ。
シュリックが貴重な発見をした。川沿いで、間違いなくシマフクロウの狩り場だと思われる場所を見つけたのだ。それは、小石だらけの低い土手に沿って流れる、さほど広くない帯状の浅瀬だった。シマフクロウのとまり木にうってつけの太い木の枝が、浅瀬を見下ろすように突き出していた。シュリックが、川岸には、新しいものも古いものも含めて、フクロウの足跡がたくさんあったと言った。

運が良ければ、そのフクロウをこの目で見られるのではないかと考えたわたしは、全身を覆う丈の重ね着用のダウンのレイヤーを着込み、その上に手触りのいい白のフリースを羽織って目立たないようにした。小枝だらけの下層木の蔭に座り込み、身動き一つせずに夕暮れとシマフクロウの訪れを待っているその姿は、まるで巨大なマシュマロのようだったが、それでも暖かく、まったほとんど気づかれないはずだった。

日が暮れてからまもなく、一羽のシマフクロウが音もたてずに川上に向かって飛んできて、狩り場の真上に止まった。わたしのいる場所からほんの二〇～二五メートルしか離れていなかった。わたしはその姿に見とれてしまった。

フクロウはしばらくの間、周囲をとりまく夜と同じようにじっとしていたが、パシャリという小さな音をたてて浅瀬に飛び込んだ。何か捕まえたのだ。そのとき、すぐそばで別のフクロウの甲高い声が響いてぎょっとした。それが近づいてきていたことに気づいていなかったのだ。

水の中のフクロウはシューッという音で答えると、岸に上がってきた。まるで羽の生えたトロールのようにうずくまるそのくちばしに一匹の魚がくわえられていた。もう一羽のシマフクロウが、一〇メートルほど離れた場所に降り立った。そのまま歩いて川から上ってきたフクロウのほうに進み、高く掲げた両方の羽を力強く羽ばたかせて鳴き声を上げた。

どうやら、陸に上がってきた相手に興味を惹かれ、同時におびえているようだった。二つの鳥の影はお互いのほうに近づき、体が触れる手前で立ち止まった。最初に現れたフクロウがくちばしを伸ばして魚を差し出すと、もう一羽が受け取って丸呑みし、その後飛び立って近くの木に止まった。

甲高い声で鳴く、羽を羽ばたかせる、食べ物を与える、は儀式化された求愛行動だ。オスはメスに食べ物を与えることによって、自分の狩りの能力の高さを証明し、メスが食べ物のことはオスに任せっきりにして巣で卵を抱いたりヒナを温めたりしていても、滋養ある食物をちゃんと届けると伝えている。

わたしのシマフクロウの調査も三年目に入っていたが、採餌《さいじ》も、成熟した個体同士のどのような種類の相互的行動も、自分の目で見たのはこれがはじめてだった。シマフクロウの日常のひとコマを目の当たりにすることができたのは、この三年間こつこつと経験を積んできたからこそだった。わたしは、どこに座って待つべきかをちゃんと心得たうえで、いつもふわふわマシュマロマンのような格好で、厳しい寒さのなか一時間待っていたのだ。

サイヨン川での捕獲はすんなり進みそうだった。川岸が広くヌース・カーペットやド・ガザを設置しやすかったし、つがいのオス、メス共に間違いなくそこを訪れたことがあった。GPSデータロガーはあと一台しか残っていなかったが、つがいのどちらを捕まえるかは大きな問題ではなかった。

しかしまもなく、選択肢は一つに絞られた。セルゲイが、川岸からそう遠くない場所の老齢の営巣木を調べたところ、メスが巣についているのが見えたのだ。わたしが見たのは、彼女の最後の夜の外出の一つだったに違いなかった。わたしたちは、サイヨン・オスを一回目の試みで捕獲し、最後のデータロガーを装着した。

この地でできることはすべてやったので、GAZ－66に荷物を積み込み、数週間かけて、アムグ近辺の、シマフクロウのなわばりがありそうな場所を回って、将来の捕獲場所になりそうな場所を探した。なにしろ、手持ちのデータロガーがもうなかったからだ。

わたしたちは、セルゲイとわたしが二〇〇六年にヴォヴァ・ヴォルコフの山小屋に滞在して探索したシェルヴァトフカ川のなわばりにも向かおうとしたが、伐採会社がそこへ続く道路のあちこちに巨大な土盛りを作っていた。これは密猟者の侵入を防ぐためのものだったが、シマフクロウ研究者を寄せつけない効果もあった。

ある場所では、朝起きると夜間にわたしたちのキャンプからほんの数メートルの場所を通り過ぎた、オスのトラの真新しい足跡を見つけた。この巨大なネコの存在がコリャに大きな不安を抱かせ、その後のフィールドシーズンは、運命を決することになるかもしれない真夜中のトイレ行きを回避するために、夜はお茶さえ飲まなくなった。

別の場所ではカスミ網にキンメフクロウがかかったこともある。これは、北米に生息するキンメフクロウと同じ種で、小型の哺乳類や鳥、昆虫を餌とするごく小型の捕食動物だ。チョコレート色の羽衣、銀色のしずくのような模様が散りばめられた扁平な頭頂部をもつキンメフクロウの姿は、まるで怒っている顔のカップケーキのようだ。しかし、新たなシマフクロウは見つからなかった。

クジャ川に戻ってGPSを装着したフクロウを再捕獲し、データをダウンロードするにはまだ早かったので、わたしたちは再びサイヨン川に戻り、巣についているメスを飛び立たせて巣穴を調べることにした。メスはほんの少し、おそらく七五メートルほど飛んで木の樹冠に止まり、こちらを睨んでいた。巣穴となっている木のうろは低い場所にあったので、セルゲイとシュリックが作って近くに隠してあったヤナギの木のはしごで簡単に近くまで上ることができた。

巣穴には卵が一個と、生まれたばかりのヒナがいた。ヒナは生後数日で、まだ目は見えず、明るい白色の羽毛に覆われていた。ヒナは、母鳥が慌てて飛び立ったあと、わたしが近くにいるのを感じ取り、小さくシッシッと鳴いた。彼が望む暖かさや食べ物を与える能力がわたしにあると思ったのだ。わたしは写真を何枚か撮ってから、はしごを降りた。

あたりに多数のカラスやタカが生息することを思うと、あまり長時間ヒナをひとりにしておきたくはなかった。セルゲイとシュリックがGAZ–66に帰っていったあとも、わたしは一五メートルほど離れた場所に居残って、メスが戻ってくる前に巣穴が襲われないよう見守った。低木の茂みの蔭の丸木の脇に隠れてメスの帰りを待ち、好奇心にかられたカラスが万一巣穴の近くにやってきたら飛び出すつもりでいた。

メスのシマフクロウはまだ遠くにいて、その大きな体は身じろぎもしなかった。二〇分ほど過ぎても、わたしにもフクロウにも動きはなかった。メスはなぜヒナのところに戻らないのか？もちろんわたしのことなど忘れているだろうに。そう考えながらゆっくり双眼鏡を自分の目元まで持ち上げてみると、まっすぐこちらを見つめるその一〇倍に拡大された目と目が合った。メスが巣に戻らなかったのは、わたしがまだそこにいたせいだったのだ。わたしは立ち上がり、その場をそっと離れた。

わたしたちはクジャ川に戻った。ここでタギングしたフクロウを再捕獲して一カ月分の行動履歴をダウンロードし、データロガーを充電してから、車でテルネイのある南へ向かう。宿営地は、今シーズンのはじめにキャンプしたのと同じ場所にした。水が近くにあって、シュリックが二月に見つけた営巣木にも近い。

営巣木を見に行ってみると、巣穴だったうろはからっぽで、占有者はいなかった。シマフクロウのなかには、年ごとに営巣木を変えるものもいるため——彼らは、営巣木は予告なしに倒れることもあると間違いなく知っていて、予備の営巣木を確保している——わたしたちは別の営巣木を探すことにした。幸運にも、それほど長く探し回らずにすんだ。キャンプから五〇〇メートルも離れていない、川の向こう岸で、シュリックとわたしがその木を見つけた。

シュリックがよくしなる木によじ登り、ニレの巨木の地上一二メートルの雨ざらしのうろに、じっと座っているメスと目が合ったと報告した。よいニュースだった。これはクジャ・ペアが巣作り中であること、そしてわたしたちが捕獲しようとしているフクロウ（クジャ・オス、データロガーを装着している）は、今回捕獲できる唯一のフクロウであるということを示しており、後者はこの調査の短期的目標を定めるにあたって大きな意味をもっていた。

捕獲をはじめてから二晩目に、わなの一つにシマフクロウがかかったが、わたしたちが駆けつけたときには、すでにわなから逃れてしまっていた。フクロウは、羽毛を何枚かと餌動物の囲いからつまみだした魚を残していった。クジャには一週間滞在したが、フクロウを捕まえる寸前までいったのはこのときだけだった。

冬が終わりの時を迎え、ナレドとそれが生み出す氷のダムが、サマルガ川でわたしたちを苦しめたあの宿敵が戻ってきて、餌動物の囲いは使い物にならなくなった。ぬかるんだ氷が一夜にして川の水位を上昇させ、囲いの水を溢れ出させて、おとりの魚たちを解放したのだ。春が訪れた森にはカエルの鳴き声が響きはじめ、ひょっとするとこの地に生息するフクロウたちはすでに新たな狩り場に移動してしまい、魚を求めて川べりに飛んでくることさえないのではないか、と思われた。

餌動物の囲いを使えなくなったわたしたちは、戦略的に設置したカスミ網に頼るほかなくなったが、なんでも捕れるのになぜかシマフクロウだけは捕れなかった。一晩に、カワガラス四羽、オシドリのオス三羽、アオシギ一羽、そしてコウライアイサのオス一羽を、カスミ網から引っ張り出したこともあった。

アイサは興味深い鳥だ。[*4] 魚を獲物とするこのボサボサ頭の鳥の大部分が沿海地方を繁殖地とし、シマフクロウ同様、魚の多い川を採餌場とし、水辺の森の木のうろを巣穴としている。スルマチは、同じ木の別々のうろを、シマフクロウとアイサがそれぞれ巣穴として使っているのを見たことさえあった。[*5]

この二つの種には、このように重複した特徴があるため、春のはじめに川の氷が解ける頃になると、シマフクロウのなわばりで、コウライアイサを見かけることがよくあった。彼らは越冬の地である中国南部から移動してきたばかりだった。

クジャ川での滞在が予想していたより長くなり、セルゲイとシュリックはタバコを切らしてしまった。ニコチン切れは、シマフクロウを捕獲できないことでピリピリしていたキャンプの空気をさらに悪くした。シュリックは、午前中のほとんどを、忘れていた一本の貴重なタバコを探し求めて、悪態をつきながらポケットや引き出し、果ては車のシートの下まで引っかき回すことに費やした。セルゲイはもう少し尊厳を保ったやり方でニコチン切れに対処し、むやみやたらと飴玉を噛み砕いていた。

ちょっと車でアムグまで行ってくれれば解決することだったが、そんなことをすれば、ニコチン中毒だと認めるようなもので、セルゲイは自分がそうであることを認めたくなかったのだ。しかし夕方になってセルゲイの気が変わり、ある計画を思いついた。

「シュリックがアムグ川まで行って、どのあたりに岩石の多い砂州があるか調べたいと言ってるんだ」と、セルゲイはあたかもそれが有意義なことであるかのようにとうとうと語った。「あとで比べることで、時の経過とともに川がどう変わっていくかがわかるからな。俺がシュリックを川まで送っていくよ、出かけるついでに買い物もしてくるつもりだ。何か必要なものは？」

車を使うことを正当化し、ちゃっかりタバコも入手できる、とても手の混んだ計画だった。お見事。

目的のフクロウがなかなか捕まえられず、クジャ・メスを巣から飛び立たせて卵を何個抱いているか調べることにした。気温が上がってきたので、メスがちょっとの間巣を離れても、ヒナに危険が及ぶことはなさそうだった。

物音を立てないように巣に近づいていく途中、わたしは、巣の近くのねぐらの下に散らばるペリットに目を引かれた。ほとんどが魚とカエルの骨だったのだ。七つのペリットのうち、哺乳動物の残骸を含むものは一つだけだった。

ふと目を上げると、シュリックはすでに巣穴まであと半分のところまで営巣木の幹をよじ登り、ちょうどフクロウが飛び立ったところだった。わたしはカメラを構え、なんとか数枚の写真を撮ることができた。シュリックが、巣穴には卵が二つある、と下にいるわたしたちに教えてくれた。

わたしはシマフクロウの繁殖率に興味をそそられた。それはスルマチも同じだった。シマフクロウの一巣ひな、つまり一度に卵からかえるひなの数は、かつては今より多かったことが科学的に証明されていた。一九六〇年代には、博物学者のボリス・シブネフ[*6]が、ビキン川流域では、一つの巣穴につき二羽から三羽のひなが生まれていると報告しており[*7]、その一〇年後、ユーリー・プキンスキーは、同じ場所で、一つの巣に二羽のひなが生まれた例を何度も報告している。ところが、スルマチとわたしが見てきた巣穴のほとんどで、ひなは一羽しか生まれていなかった。クジャ川の巣穴に卵が二個あったことはとても興味深く、翌年に戻ってきたときに何羽の幼鳥が見られるだろうと楽しみだった。

巣穴から飛び立つメスの写真を見直していたときに、足環を見て衝撃を受けた。そのフクロウは、わたしたちがずっと捕らえたかったあのクジャ・オスと名づけたフクロウだったのだ。じつはそのフクロウはメスで、すぐ目につく場所に隠れていた。シマフクロウの性別に関する自分たちの記録が、いかに当てにならないかを思い知らされて愕然とした。

シーズン終了後、それまでに捕獲してきたすべてのフクロウの尾羽の写真を見比べてみたところ、メスはオスよりもはるかに尾羽の白い部分が多いということがはっきりわかった。クジャ・オスについては、シュリックが行なったクロアカの検査をもとに性別を判定したが、その攻撃的な行動はむしろメスに近いとわたしは考えていた。

みなを困惑させるこの新事実が明らかになったところで、八日間にわたる不毛な捕獲活動を終えてクジャ・ペアのなわばりから撤退することにした。わたしたちがもっとも望まないのは、卵を抱いているメスを再捕獲して過剰なストレスを与え、営巣を失敗に終わらせることだった。

わたしの唯一の心残りは、四月のはじめにここに着いたとき、すぐにメスを巣穴から飛び立たせておけばよかったということだった。そうしていれば、かなりの時間と労力を無駄にせずに済んだし、こんなに気をもむこともなかったのだ。

メスの背中につけたGPS装置は、少なくとも五月の末までは行動データを記録し続けるだろう。わたしがロシアを発ったあと、五月の末にアムグ地域に戻り、シャーミ川とサイヨン川のフクロウを再捕獲する予定を立てていたセルゲイは、そのリストにクジャ・メスもつけ加えた。

まだ一つわからないのは、クジャ・オスはどこで夜を過ごしているのか、ということだった。パートナーと鳴き交わす声を聞いたから、そこにいるのはわかっていたが、どこで狩りをしているのかがまったくわからなかった。言えるのは、クジャ川沿いではない、ということだけだった。

第24章　魚で生計を立てる

データロガーを使い切り、これ以上フクロウを捕まえても意味がないということで、このシーズンは終了となった。調査チームのメンバーは南へ四散した。

わたしはテルネイまではみなと一緒に戻り、しばらくそこに滞在して懸案事項を片づけたり、シマフクロウのなわばりをいくつか探索したりしたあと、ウラジオストクの空港からミネソタ州に戻った。自宅に戻ったわたしは、大学のいくつかの講義を新たに受講し、そのうちの一つ、「森林管理と計画」という講義では、伐採にはさまざまな方法があることや、野生生物への影響を減らすために、森林伐採をどのように行なうべきかということを学んだ。

わたしは、大学のベル・ミュージアムでコレクション・マネージャーとして働き、淡水二枚貝の目録作りと、大型魚類のコレクションの再編成を任されており、その収入で大学の学費を支払い、生活費を賄っていた。本来、このミュージアムで働くには春学期中ずっとこの地にいなくてはならなかったが、その期間はいつもロシアに滞在していた。魚類コレクションのキュレーターのアンドリュー・サイモンズが、わたしの研究スケジュールに理解を示し、フィールド調査から戻ってきたあとの夏の数カ月間、特別に働くことを許可してくれた。

七月と八月に、大学の地下室にこもってわたしが担当した業務の一つは、標本を保存するために使用されているホルムアルデヒドを、エタノールと交換することだった。魚のなかには、レイクトラウトなど、一〇〇年近く生きた非常に大きなものもいた。自分は鳥類学者だと思っていたが、気づけば、ミネソタにいるときでさえ魚で生計を立てていたのだ。ゴム製の腿までの長靴にダウンジャケット姿で、すばしっこいサクラマスの二年子を捕まえる代わりに、ここでは安全ゴーグルに防毒マスクという出で立ちで、ホルムアルデヒド入りの大きな容器から、一〇〇歳のマスを網で掬《すく》いあげているだけのことだった。

秋になって、スルマチから知らせがあった。セルゲイが、計画どおりシャーミ、クジャ、サイヨンのなわばりに戻り、データロガーを背負わせたすべてのフクロウを首尾よく再捕獲したとのことだった。行動データをダウンロードし、GPS装置を充電したあと、フクロウたちはさらに多くのデータを集めるために再び放鳥された。

クジャ川では、クジャ・メスはすぐに再捕獲できたものの、アムグ川がひどく増水して、セルゲイは川の向こう岸に数週間取り残されてしまった、とのことだった。しかし、彼が春の増水を経験するのはこれがはじめてではなかった。この種の不自由さには慣れていた。

彼はテントを張り、水かさの変化から目を離さないようにしながら、降って湧いた自由時間を、できるかぎりシマフクロウの餌密度評価のために使った。友人が川向こうで孤立していることを知ったヴォヴァは、村からときどきやって来て、増水した川をボートで渡り、タバコやら食糧やらをセルゲイに届けた。

水が引き、データがEメールで届いたとき、わたしはすぐに、彼の努力が無駄ではなかったことを知った。クジャ・メスの背中の装置から、営巣木から数キロ離れた、アムグ川本流の重要な狩り場の存在が明らかになった。おそらくこれが、わたしたちがそのシーズン、クジャ・オスを捕まえられなかった理由だった。オスは、わたしたちがわなを仕掛けていたのとはまったく別の場所で狩りをしていたのだ。このGPSデータがなければ、営巣木からこれほど離れた場所に狩り場を探しに行こうとは考えなかっただろう。

これを知ったことで、シマフクロウにとって重要な生息環境についてのわたしの考えが深まった。わたしはずっと、営巣場所と狩り場は隣接していると考えていたが、このようなことが他のシマフクロウの場合もあり得るなら、営巣場所を探して保護するだけでは、種の保全には不十分だろう。

その他のシマフクロウの行動データからも気づかされたことがあった。誤差一〇メートル未満の精度をもつGPSの位置情報は、彼らがそれぞれのなわばりの川に繋ぎ止められているようにさえ見える状況を示していた。まるで、あまり遠くに行かないように目に見えない引き紐でつながれているかのようだった。

たとえば、シャーミ川の狭い川谷に棲むタギングされたメスは、低い尾根を越えればすぐアムグ川であるにもかかわらず、必ず回り道を選んだ。また、所によっては幅が一キロもある谷をなわばりとするサイヨン・オスは、川にピッタリ寄り添って移動しており、彼のGPSポイントさえあれば、そこそこの精度で川の見取り図が描けるほどだった。

この情報やクジャ・メスの狩り場のデータを知ったことで、わたしはシマフクロウの生息環境要件がより理解できるようになっていった。保全計画が形を成しはじめた。

わたしたちのシマフクロウ研究は、世間の人々にも知られるようになった。

二〇〇八年の春には、テルネイの地方紙にこのプロジェクトについての記事[*1]が掲載され、クリスマス・イブには、ミルウォーキー郊外の義理の兄の家の客室に籠もって、ニューヨーク・タイムズの記者にシマフクロウについて話をした。[*2]片方の耳に指を突っ込み、別の部屋で興奮ぎみに騒ぐ子どもたちの声を遮りながら、わたしは彼女にシマフクロウの追跡の様子や現地の状況、シマフクロウの歌声などを説明した。一介の大学院生であるわたしにこれだけ注目してもらえるのはとても嬉しかったが、それ以上に、こんなふうにマスコミに取り上げられることがプロジェクトのよい宣伝となり、申請した研究費が以前より下りやすくなった。

こうして集めた資金で、新型のGPSデータロガーを五台、翌シーズン用に入手できた。一台あたりの価格が旧型より数百ドル高いこの装置は、旧型より大きなバッテリーを搭載し、最大一年分のデータを蓄積することができた。それは、二〇〇八年にわたしたちが使用したデータロガーの四倍近い期間だった。つまり、より効率的にデータ収集ができ、シマフクロウを再捕獲する頻度を減らすことができるということだ。

過去のシーズンの問題点で、わたしが改善しようとしてきたのは、捕獲の方法だった。これまでの二シーズン、ロシア人のチームメイトとわたしはたいていの場合、川べりにうずくまって暗闇に身を潜め、氷が割れる音や木の枝が軋む音にいちいちビクッとし、寒さに耐えながら、わなを仕掛けた場所にやって来るかどうかもわからないフクロウを待ち伏せしていた。

そこで、二〇〇八年のシーズン終了後、二〇〇九年のシーズンがはじまる前に、チームは、捕獲作業の大変さを少しでも和らげる方法を考えた。わたしは、潜伏場所に使えそうな頑丈な冬用テントを購入し、口鬚を生やしたカメラマンのトリャが、分厚いフェルト製の断熱カバーをテントに縫いつけた。ワイヤレスの赤外線カメラも試してみた——店舗につける防犯カメラとしてよく買われているタイプのものだ——これで、雨風にさらされながら、フクロウがわなにかかるのを待ち続ける必要がなくなる。

わたしは、来シーズンの様子を想像して笑みを浮かべた。外よりずっと暖かい断熱性の高い隠れ家の中で、ふんわりしたダウンのマミーバッグに首までくるまり、温かいお茶のカップで両手を温めながら、チカチカ光る白黒のスクリーンに映るわなの様子をリアルタイムで観察するのだ。餌の囲いを調べようとフクロウが飛んできたら、わたしたちはすぐに察知して、いつでも飛び出す準備ができている。暗がりから聞こえる奇妙な音の正体についてあれこれ心配する必要はなく、自分の両手両足が、いったいどの程度の寒さに耐えられ、どの時点で凍傷の心配をしなくてはならないのかを考える必要もない。しかしこうした便利さが、いかに不便なものであるかをやがて思い知らされることになるとは想像もしていなかった。

わたしは、二〇〇九年の一月半ばに沿海地方に戻った。攻撃的な冬の嵐が、たったの二日で二メートルもの雪をこの地に投げ落としてからほんの数週間後のことだった。降水はその後激しい雨となり、集中砲撃のように地上に降り注いだ。雨脚は、雨粒が積もった雪を突き抜け地面に達するほどの勢いで、やがて嵐がおさまると強い寒気が入ってきた。

村はこうした攻撃に何の準備もしていなかった。道路は雪かきされず、だれも仕事に行かず、健常な隣人たちは、雪に閉じ込められた年金生活者たちを何とか助け出そうとした。

そんな日が数日続いた頃、プラストゥンの伐採会社が、何の要請も受けていないのに、また一切の告知もなく、北へ六〇キロメートル離れたテルネイにトラックの連隊を派遣し、トラックはすべての道路の雪かきを済ませると、住人が感謝の言葉を伝える間もなく南へ帰っていった。

その一〇日後にわたしがテルネイについたときには、町は西部戦線を思い起こさせる有様だった。道路は、両脇を高い雪の壁に囲まれた網の目状に連なる塹壕《ざんごう》のようだった。

嵐の被害を被ったのはテルネイの町だけではなかった。さらに重大なことに、嵐はこの地域の有蹄類の個体数に破滅的な影響を与えた。シカやイノシシは雪の上ではスムーズに移動することができず、疲弊して、大量飢餓が起きた。

さらに悪いことに、嵐はテルネイ地区の住人の一部の邪悪さを露呈した。多くのシカが、唯一の移動できる通路である雪かきをした道路上に出て来ざるを得なくなり、しかしそこは攻撃されやすい場所だった。ふだんは狩りをしない人たちまでが、お手軽な殺戮《さつりく》の虜《とりこ》になってしまったかのように、こうした通行可能な道路の見回りをはじめた。人々は疲れ果てた動物たちを追い詰め、銃やナイフ、はてはシャベルにいたるまで、あらゆるものを使って殺害した。

人々がこぞって手を染めたこの大虐殺には、狩猟の意味も動物への敬意もなかった。テルネイ地区の野生動物保護官であるローマン・コージチェフは、地元の新聞に住人たちに反省を促す寄稿文を書き、森から動物がいなくなってしまう前に、額の血を拭い去り、正気に戻ってくれと訴えた。

わたしは、その年の捕獲場所を決めるために、チームのメンバーよりも一週間早くテルネイに着いた。まずは、川沿いのなわばりの様子を見に行った。最初に向かったのはファータ川で、アナトリーに会って——今も彼があの小屋で暮らしているかどうかさえ知らなかったが——わなを仕掛ける期間中、彼の山小屋に滞在させてもらえるよう事前に頼むつもりだった。

山小屋へ向かう最初の一六キロは車に便乗させてもらい、その後はスキーを履いて森に入っていった。何カ月も離れていたのに、わたしの帰還は森からあたたかく迎え入れられた。ひんやりとした空気を胸一杯に吸い込み、よく見知った目印を横目に見ながら一人きりで森の中を歩いていくのは、本当に心地よかった。

キツツキやゴジュウカラが、動きを止めてわたしが通り過ぎるのを見守り、わたしは、地面に積もった雪の表面を調べて、どんな動物がその場所を通り過ぎていったのかを知ろうとした。冬の森には慣れていたから、足跡がいつついたものなのか見分けることができた。夜のうちや明け方についた足跡には鮮明な美しさがあって、しかしその美しさは、朝の太陽が山の稜線を崩し、谷川の水かさを増し、積もった雪を緩める頃には消えてしまう。

要するにここはわたしにとって、街灯やアスファルト、そして代わり映えのしないミネソタの暮らしから地理的にも精神的にも遠く離れられる土地だった。故郷アメリカは居心地のいい場所だったが、ここもまた、わたしにとってくつろげる場所だった。

ポプラやニレ、マツの木がぽつり、ぽつりと生えている谷を抜けて一キロほど行くと、ファータ川の、アナトリーの山小屋の北側の岸に出た。川下の鉱脈が露出した岩の高みに立つ人影が見えたので、双眼鏡を持ち上げてのぞくと、アナトリーが双眼鏡でこちらを見返していた。彼は笑みを浮かべ、空いているほうの手を振っていた。凍った川を歩いて彼のところまで行き、わたしたちは、シマフクロウの古びた羽とヘビの抜け殻を飾ったドアを開けて、彼の山小屋に入った。

そろそろ来る頃だと思っていた、と彼は言った。

アナトリーとお茶を何杯か飲みながら、ファータ川のフクロウについて何か知っていることはないか、と聞いてみた。彼らの姿はよく見かけるし、歌声もしょっちゅう耳にする、とアナトリーは答えたが、詳しく聞いてみると、それがソロの歌声だったのか、デュエットだったのかは定かではなかった。

わたしは、彼の山小屋に滞在してわなを仕掛けさせてほしいと頼み、食糧など必要なものを尋ねた。アナトリーはわたしたちが来ることを喜んでくれ、食糧はほんの少ししか求めなかった。卵とできたてのパン、それに小麦粉だ。話は決まり、わたしは、エジプト人は空中浮遊の術を使ってピラミッドを組み立てた、という彼の秘密の話に耳を傾けた。彼はまた、伝説の島アトランティスやエネルギー、特殊な波動についても長々と話した。

そろそろ、テルネイに戻るための迎えの車に拾ってもらうために本道に戻らねばならない時間になったので、わたしはスキーを履き、アナトリーはシカ肉の塊とカラフトマスをくれた。古い森林作業道を一キロ半ほど行くと本道に出た。それは森の中を円を描くように進む道で、ところどころに、アカシカやニホンジカ、ノロジカ、アカギツネなどが、苦労してその道を横切っていった足跡が残っていた。ある場所では、イノシシ一頭分のくぼみを見つけた。深い雪を押し分けてそこまでやってきたのだ。

本道でゼニャ・ギジコと落ち合った。以前サマルガの波止場で待ってくれていたあの男だ。アナトリーに会ってきたのか、と彼が尋ねた。

「彼を知ってるんですか？」わたしは好奇心をそそられた。

「面識はないが話には聞いたことがある。彼はいっときテルネイに住んでいたんだ。ウラジオストクのやばい奴らを相手に、ちょっとした商売をしていた。それがトラブルになって、それからずっと森に隠れてる。そう、もう一〇年ぐらいになるかな」

何がアナトリーをトゥンシャ川に追いやったのか、これでようやくわかった。

わたしは、その後の数晩をシマフクロウの歌声に耳を澄まして過ごした。セレブリャンカのなわばりではデュエットを聞き、トゥンシャ川では、川岸に残された足跡と、巣穴のそばに落ちていた羽を見つけた。これは、このなわばりでも少なくとも一羽は生きているということを意味していた。

今回の捕獲の目標地であるなわばりをざっと見て回った結果、セレブリャンカとファータのなわばりでは、シマフクロウを再捕獲してGPSデータロガーを装着できる可能性が高いと感じた。トゥンシャ川のつがいについては心もとなく、またそこはテルネイ地区でもっとも近づくのが困難な場所でもあったので、いつも後回しになりがちだった。

わたしはテルネイに戻り、アンドレイ・カトコフを待った。前年の春にわたしがロシアを発ったあと、シマフクロウの野外調査チームに加わり、セルゲイの助手として、GPS装置を取りつけたフクロウのうちの何羽かを再捕獲してきた男だ。カトコフは、餌動物の囲いを利用した新たなわなを考案し、それを試したがっていた。新しい形の捕獲がいよいよはじまろうとしていた。

第25章　カトコフのチーム入り

顎鬚を生やした五〇代のアンドレイ・カトコフは、ローマ時代の快楽主義者のような太鼓腹のかっぷくのいい男だった。テルネイには約束の時間を一二時間遅れてやってきた。ウェイル・リブ峠をドミクで走行中にタイヤが路肩からはみ出し、危険な角度に傾いた車内で凍える一夜を過ごしたのだ。ウインチを積んでいるトラックを呼び止め、ようやく難を脱したのだという。

カトコフはもと警察官で、ベテランのスカイダイバーでもあると聞いていた――規律正しく堅実な人間であることを示唆する経歴の持ち主で、だからこの問題のある到着の仕方もたまたまだろうと気に留めなかった。

しかしそのうち、凍結した道路で車が左右に大きく揺れながら疾走してしまうのはやむをえないことだとカトコフが考えていることがわかってきた。彼はこの氷上のジグザグ運転を、驚くほど平然と、また驚くほど何度も繰り返したが、安全を軽視するその態度は、フィールドではお荷物となるものだった。わたしたちの仕事には、吹雪や洪水など、自然がもたらす対処すべき問題が山ほどあったから、自ら作り出した問題など必要なかったのだ。

カトコフは性格的にも難があった。病的なほどのおしゃべりで、フィールドでの居住空間の狭さを考えると、彼と一緒にいてくつろげるとは思えなかった。

おそらく最大の悲劇は、カトコフが激しいいびきをかくことだった。チームのメンバーもみないびきはかいたが、彼のは巨匠級だった。喘《あえ》ぐように息を吸う音と吐く音がリズミカルに繰り返される普通のいびきなら、そばで寝ていてもそのうち慣れてしまうものだが、カトコフの場合は、プーとかヒューとかいう音や、悲鳴、うめき声など、驚くほど多様な音が織り交ぜられていて、その音が届く範囲にいる人たちの心をかき乱したがっているかのようだった。わたしたちの仕事において、睡眠はそもそもめったに満喫できない価値あるもので、しかしこの男のそばで安眠を得ることはほとんど不可能だった。

彼のこうした特性のすべてをひっくるめて考えると、カトコフは共にフィールドで過ごすのが困難な相手だった。七週間の、彼の身近での耐久生活がはじまろうとしていた。

シーズン初日の朝、カトコフは、シホテ・アリン・リサーチセンターの食堂で朝食をがっついたあと、大きく伸びをすると、ボイラールームと食堂を隔てている温かい壁に、放射熱の恩恵に与ろうとする猫のように背中を押しつけた。

わたしたちは、彼が運んできた録画装置を点検した。装置一式にはワイヤレスの赤外線カメラ四台と受信機、それに小型のビデオ・モニターが含まれていた。どの機械も、作動させるにはそれぞれ一二ボルトの車用バッテリーが必要で、彼はそれも持ってきていたし、他にも小型の発電機一台、一二ボルトのバッテリーを充電するためのガソリン二〇リットル、そして捕獲の様子を撮影するための手持ちのカムコーダーもあった。過去のシーズンに比べて、持ち込む機械類がかなり多く、そのほとんどが法外な重さだった。発電機と車のバッテリーだけで、一五〇キロは超えるだろうと思われた。

しかし、荷物の重さはそれほど気にならなかった、少なくとも最初のうちは。なぜなら、今季の捕獲の第一弾は、アナトリーの山小屋を拠点として実施する予定で、山小屋までは以前は車で行けたからだ。ところが直近の下見で、雪が腰の深さまで降り積もり、道路も雪かきがされておらず、そう都合よく事は運ばないとわかった。

ドミクはテルネイに残して車を頼み、本道を行けるところまで行くと、アナトリーの小屋までは谷を横切ってあと八〇〇メートルとなった。それほど遠いとは感じなかったし、この頃にはわたしもハンター用のスキーでとてもうまく進めるようになっていた。カトコフとわたしは、谷のこちら側と向こう側の間を何往復もして、車で運んできた道具をすべて運んでいかねばならない。そこで、トラックから降ろしたすべての荷物をいったん森の中に引きずっていき、道路から見えないようにした。

わたしたちはスキーを履き、運べそうなものをつかんで、歩きはじめた。わたしは冷たい空気を胸いっぱいに吸い込んだ。最初のうちは、荷物の重みでスキーが積もった雪の中に沈んでしまったが、何往復かするうちに、踏み固められたスキーの跡の上をするすると進めるようになった。三時間もすると、最初の元気はなくなった。すべての荷物を谷の端から端まで運ぶのには八往復もしなくてはならないのだ。わたしたちは、そのうちそれぞれのペースで別々に歩くようになり、たまに出合うとそれを機会に休憩し、首の汗を拭い、文句を垂れ、どうしてソリを持ってくることを思いつかなかったのか、と言い合った。

なかでももっとも重量のあるカーバッテリーとガソリン缶は、長い距離を引きずっていくのには不向きにできていた。細い取っ手が指に食い込み、長く重みがかかっていたせいで指は赤く腫れ、曲がったままもとに戻らなかった。日が暮れて、ようやくすべてを運び終えると、わたしたちは、アナトリーの暖かい山小屋に迎え入れられ、へたり込んだ。彼はわたしたちの到着を祝してブリンチキを作ってくれていた。

翌朝、インスタントコーヒーと残り物のブリヌイでのろのろと朝食を済ませると、アナトリーが彼の釣り堀に案内してくれた。それは、凍結した川に開けられた、バスケットボールぐらいの大きさの穴で、水力発電用ダムの、補強されたコンクリートの合間にあった。彼は、穴に張る氷を定期的にナタで叩き割って、穴が塞がらないようにしていた。

カトコフは釣りをしたがり、釣り道具を用意して、凍ったサケの卵を釣り餌に釣り糸を垂れた。わたしはその間に小屋に戻り、カメラの設置場所について戦略を練った。午後三時頃には、カトコフが魚を何十匹も釣ってきたので、ふたりで注意しながら七〇〇メートルほど上流まで運んでいき、ファータ・オスが過去に訪れたことがわかっている場所に置いた二つの囲いの中に放した。カメラとバッテリーをそれぞれの場所まで運んで行って設置し、作動することを確かめるのに、ほぼ翌日いっぱいかかった。

その後、潜伏用テントを設営するために、わなを仕掛けた二つの地点からほぼ等距離にある場所を探した。内部に受信機とモニターを置く都合上、テントはそれぞれのワイヤレスカメラからの信号が受信可能な距離になくてはならないのだ。すべてうまく作動した。ワイヤレスカメラからの信号は強力だった。その夜、機材の最終点検のためにテントに入ったときには、何もかも順調だと確信していた。寝袋にくるまり、頭には厚ぼったい毛糸の帽子をかぶり、サーモスから注いだ砂糖入りの紅茶の入ったマグを手にしたわたしたちは、活気にあふれていた。

それまでのフィールドワークの経験から、このフィールドシーズンも、カトコフとの関係も、今はまだハネムーンの段階だと気づけたはずだったのだが。氷点下の気温のテントで長い夜を過ごすことの物珍しさが、今はまだ疲労へと姿を変えておらず、この極寒の狭い空間では影響が増大することが避けられない個人の特殊な性癖も、今のところは気にならないだけなのだと、気づけたはずだったのだが。

期待とは裏腹に、撮影機器のテストは失敗に終わった。そもそも、娯楽用の装置が摂氏マイナス三〇度の森の中で作動すると考えたのが甘かった。セルゲイとチームメイトが、最初にこの装置が作動することを確かめたのは、ずっと暖かい秋のことで、そのときは昼夜ともに、モニター上に鮮明な画像を確認できた。

しかし季節が冬となった今は、日中の画像の質は良好であるものの、日没後、甚だしい冷気が森にどっしりと腰を据えると、撮影機器はまったく動かなくなった。夜間の気温が低下していくにつれて、スクリーンは徐々に暗くなり、やがて真っ黒になった。撮影装置のすべてが使えなかった。

さらに悪いことに、発電機の点火コイルにも欠陥があった。つまり、計画どおりビデオ・モニター装置が使えたとしても、一二ボルトバッテリーを充電することはできなかった、ということだ。しかも一週間後、ファータ川を拠点とする作業が終わったら、役にも立たないこれらの装置をすべて車道まで引きずって行かなくてはならないのだから、これはもう踏んだり蹴ったりだった。

カムコーダーはうまく作動し、それがあったのは幸運だった。じっさい、シーズンの残りの期間を、わたしたちはこのカムコーダーに頼って過ごすことになった。カムコーダーに長さ二〇メートルのビデオケーブルを接続し、他に使い道のなくなった一二ボルトのバッテリーの一つをその動力源とした。そうすることによって、潜伏用テントに居ながらにして、捕獲場所の様子をライブ中継で見ることができた。

うまくいかないイライラを、わたしはアナトリーの過去を詮索することでまぎらわした。ある夜、夕飯を食べていたときに、カトコフが、アナトリーから聞いたという、彼が海外にいたときについての、わたしは聞いたことがなかった話を持ち出し、その後詳しく教えてくれた。

どうやらアナトリーは、ソビエトの商船の船乗りとして働いていた一九七〇年代のはじめに、KGBに情報提供をしていたようだった。ソビエト市民が同胞についての情報提供を求められるのは珍しいことではなく、海外に出ている市民の場合は特にそうだった。事実、一九九一年のソ連解体までに、情報提供者の役割を担っていた市民は五〇〇〇万人にも及ぶという試算もあった。[*1] アナトリーがそういった役割を担わされたのか、あるいは彼がより組織化された諜報活動の一員だったのかはわたしにはわからなかった。

翌日、アナトリーに詳しい話を聞こうとすると、彼は「昔のことだから」と笑って取り合わなかった。それは、左手の小指を失った経緯を聞いたときに、丸くなった指の切断面を無意識に撫でながら彼が口にしたのと同じ答えだった。

ファータ川での四日目の夜、日暮れどきに二晩続けて単独で歌う声がしていたファータ・オスが、ついに餌動物の囲いの一つに気づき、中の魚の半分ほどを平らげた。わたしたちはすぐにわなを仕掛けた。

それは、カトコフとセルゲイが考え出した、餌動物の囲いを利用した独創的な構造物だった。簡単に言うと、囲いの縁に単繊維の釣り糸で作ったわなが取りつけられていて、シマフクロウが囲いの中に飛び込んだら、仕掛け線がわなを作動させる仕組みだった。

次の日の夜七時二〇分に、わたしたちは、三年間で三度目となるファータ・オスの捕獲に成功した。ファータ・オスには、新たに購入したGPSデータロガーの一台目を装着し――全部で五台あった――それは、およそ一年間にわたって、一一時間ごとに位置情報を記録することができた。

この新モデルの性能に不安はなかった。一年前に小型の同モデルで実地試験を行ない、申し分のない結果を得ていたからだ。バッテリーが大きいということは、翌年の冬までこの鳥を煩わせなくてすむということで、それはこのフィールドワークに関わるすべての者にとって、よりストレスのかからない方法だった。もちろん、再捕獲する次の冬までオスが生き延びてくれる必要はあったが。

さしあたり、ファータ川での作業は終了したが、ぎりぎりのタイミングだった。わたしは、カトコフのいびきにまだ順応できずにいた。夜中に、彼が奏でるある一つのリズムに慣れたと思ったら、カトコフは寝返りをうち、別の神経にさわる音を立てはじめるので、早くテルネイに戻って安らかな眠りを貪《むさぼ》りたくて仕方がなかった。

ファータ・オスを放鳥したあとのアナトリーの山小屋には、複雑な空気が流れていた。カトコフとわたしは、いまだに捕獲成功の高揚感に浸っていたが、アナトリーはむっつりしていた。それはひょっとすると、客人たちがもうすぐ小屋から立ち去り、足をくすぐりに来るノームと、沈黙をまもる山だけを友とする生活が再び戻ってくることがわかっていたからかもしれない。

わたしたちが出発する気配を察知すると、アナトリーの狂気じみたふるまいが増えることに、わたしは以前から気づいていた。彼は、大きな声で、長々と、奇妙な熱心さで、ある共通の重要なテーマをもつさまざまな話題について話し続けた。共通のテーマとは、古代の人々はかつて神秘的な知識をもっていたが、長年の間にそれは失われてしまった。しかし特定の事物、たとえばトランプやロシア正教会の聖画像、そして三角形などがもつ本当の意味を適切に理解することによって、その秘密を解き明かすことができる、ということだった。

アナトリーのこうした黙想に対するわたしの態度は、どうやらフィールドワークの進捗に左右されているようだった。捕獲がうまくいかなかった前年度のシーズン中は、アナトリーが、捕獲が失敗続きなのはわたしたちが否定的なオーラを醸し出しているからだと責めたり、白装束の男たちがいる洞窟まで地面を掘り進むのを手伝ってほしいと言うのを聞くと苛立ちを感じた。しかし、捕獲と放鳥に成功したばかりの今は、アナトリーのことを大目に見ることができた。彼はそう思い込んでいて、でもその考えを他の人に話す機会は限られているのだ。わたしは、彼を一人森に残していくことを申し訳なく思った。

翌日、衛星電話で本道まで迎えに来てくれる車を手配してから、カトコフとわたしはスキーを履き、トゥンシャ川の川谷を何往復もし、何時間もかけて、壊れた発電機や未使用のカーバッテリー、その他のさまざまな機材を谷の反対側まで引きずっていった。次はテルネイを拠点に、セレブリャンカ川沿いで捕獲を試みることになる。

第26章　セレブリャンカ地区での捕獲

フクロウの捕獲に通っていたすべての地区のなかで、セレブリャンカ川の川谷はわたしにとってもっともくつろげる場所だった。テルネイから近いこともあって、ずっと以前から、カヤックで川を下ったり、川岸を歩いて海まで行ったり、谷を見下ろす斜面でクマやトラを追跡したりしてきた[*1]。だから、ファータ地区で滞りなく捕獲を済ませたあと、セレブリャンカ川でおとり用の魚がまったく釣れそうにないとわかったとき、ちょっと裏切られたような気分になった。

わたしは、腿までの長靴に真っ赤なジャケット姿で、肩に氷用オーガーをかつぎ、探り棒を手に、凍結した川の上を三日間、成果のないままさすらい歩いた。氷上に数え切れないほど穴を開け、何時間も費やしたにもかかわらず一匹もかからず、穴釣りの腕の悪さは自覚していたが、それだけでは説明できない何かが、周辺で起きていることは明らかだった。魚が食いつかない理由をテルネイのあちこちで聞いて回ったところ[*2]、この時期のセレブリャンカ川がゴーストタウンのようになっている、というのが大方の一致した意見で、おそらく魚が少し離れた場所へ移動したせいだろうということだった。

カトコフとわたしは、この際一番いいのは、確実に魚が釣れる、トゥンシャ川のアナトリーの釣り場に戻ることだろうと考えた。そこでわたしたちは、道路わきの使い古された小道を、スキーを履いて手ぶらで八〇〇メートル進み、川の水と魚でいっぱいのバケツを、水をこぼしながら大急ぎで持ち帰っては、セレブリャンカ川のわなまで車を飛ばして餌動物の囲いのなかに放す、ということを繰り返した。

一度行けば四〇匹ほどの魚が捕れ、アナトリーは、釣り場で何時間も糸を小刻みにゆすり続けるわたしたちと、思いがけず一緒に過ごせるようになったことを喜んでいた。しかし、わなを仕掛ける場所と釣り場を車で往復するのにたいそう時間がかかったうえに、カトコフは、行き帰りの車中でずっと大音響の音楽を鳴らし続けた。彼のお気に入りは、オオカミをテーマとするロシアの楽曲のミックステープで、最初の一週間はずっとそればかり聞いていた。

わたしはとうとううんざりして、他のテープがないかとグローブボックスを引っ掻き回してみたが、選択肢はほとんどなかった。別の選択肢が、カーペンターズのラブ・バラードのダンスリミックス版だとわかって、「君は僕を犬だと思ってるだろうけど、本当はオオカミなんだぜ」と延々とがなり立てる歌詞のほうがまだましだと思えるようになった。

車中のストレスは別にして、セレブリャンカ地区でのわたしの毎日はいわば瞑想と運動の繰り返しだった。何時間もかけてスキーで川谷を往復し、魚と水でいっぱいのバケツを運ぶうちに、わたしの身体に効果が現れた。過去数年でもっとも引き締まった身体になり、精神的にも安定していた。

過去のフィールドシーズンはストレスを感じることが多かったが、今回の捕獲場所の環境には馴染みがあり、シマフクロウのこともよくわかってきたし、捕獲方法にも満足していた。落ち着いて捕獲に取り組むことができた。必要なのは忍耐力とおとり用の魚だけで、それさえあればあとは成り行きに任せればよかった。また、目的意識をもって仕事をすることができた。シマフクロウは代弁者を必要とする種で、彼らの行動の謎を解き明かすことによって、わたしたちは彼らの代弁者となることができるのだ。

セレブリャンカ川でシマフクロウの形跡を見つけられないまま二日が過ぎたとき、ようやく足跡から、一羽のシマフクロウが餌動物の囲いから一メートルも離れていない場所で狩りをしていたことがわかった。しかしそのフクロウは囲いの魚を食べていなかった。激しい寒気のせいで一夜にして囲いの上部が氷に覆われ、目の前でうごめく魚に近づくことができなかったからだ。

シマフクロウは翌日の夜も偵察にやってくるだろうと考えたわたしたちは、カムコーダーを設置し、厚手の詰め綿を折りたたんで間に使い捨てカイロを挟んだものでそれを包んだ。そうした工夫が、装置が凍りついてしまうのを防いでくれることを期待していた。その後わたしたちは、カムコーダーに接続した長さ二〇メートルのケーブルを、潜伏用テント内のビデオ・モニターと繋いだ。

ズームはできるがパンはできない、というお粗末なリモートコントロールだったが、わたしたちの目的にはそれで十分だった。シマフクロウが近づいてくるのが見えて、足環にズームしてそれが目当ての個体かどうかを確かめられれば、それでよかったから。

潜伏用テントで待っている時間は、お互いにとってストレスのたまるものだった。カトコフはずっと小声で話したがり、わたしは頼むから黙っていてくれと何度も懇願しなくてはならなかった。しかし幸運にも、わたしたちはすぐに目の前の光景に気を取られて黙り込むことになった。ほどなく、モニターの端に黒い影が現れて、川堤の雪の上に着地したのだ。なんとも無様な登場の仕方で、舞台嫌いの俳優が見えない手でスポットライトの真ん中に押し出されたかのようだった。

シマフクロウはしばらくじっとしたままで、周囲の状況を見定め、心を落ち着けてから、波打つように降り積もった雪をかき分けて、餌動物の囲いがある川べりの平らな氷の上まで進んだ。わたしはカメラをズームした。足環から、セレブリャンカ・オスだとわかった。再びしばらく思案したあと、フクロウは首を伸ばし、獲物に飛びかかろうとするトラのような姿勢で、囲いの中の魚をじっと見た。次の瞬間、フクロウは跳躍した。狩りをするときのミサゴのように羽を頭上高く広げて、足から囲いに飛び込んだ。

しかし岸からほんの一歩の距離のその水は、フクロウの足がようやく隠れる程度の深さだった。その姿は何とも滑稽で、飛び込み前のお決まりの演技を終えた高飛び込みの選手が、子ども用プールに飛び込むのを見ているようだった。世界一大きなフクロウには、もっと野性的な荒々しさがあるはずだと勝手に期待していたのだ。

シマフクロウの狩りの様子は、前年にサイヨン川でオスが魚を捕らえて、メスに与えたときも見た。しかしあのときは、オスもメスもほぼずっと影になっていたから、よく見えなかった。それに比べると、今回は白黒テレビから高品位テレビに変わったくらいの違いがあった。シマフクロウの姿は、赤外線カメラに照らし出されてくっきりと見えていた。

フクロウは囲いの中にいた。羽はまだ高く掲げたままで、それをゆっくりと羽ばたかせてから、折りたたんで体の脇に引き寄せた。カトコフが考え出したわなが、シマフクロウに有効な理由がよくわかった。カトコフのわなは、シマフクロウが獲物にかかりきりになり、両足をわなの内側に差し入れてしまってから作動する仕組みなのだ。

シマフクロウは囲いの中に立ち、両足を浅い水につけたまましばらくじっとしていたが、だれも見ていないことを確かめるかのように再び周囲を見回した。それから片足を上げて、身悶えするサケをつかんでいる鉤爪を顕わにした。フクロウは頭を下げて魚をくちばしでつまみ上げると、その頭を上手に何度か嚙んで止めをさした。それから、天を仰ぎ、体にぐいっと力を込めて、魚をゆっくりと丸呑みした。

フクロウは、自分の足の周囲を流れる水を何か探しているかのようにじっと見ていたが、やがてさっきと同じ仕草で急に襲いかかった。今回は、新しい獲物をもって岸に上がり、わたしたちに背を向けて平らげてから、再び川のほうに向き直った。

わたしたちは、セレブリャンカ・オスが餌動物の囲いで六時間近くを過ごす様子をうっとりと眺めていた。テントの中も快適だった。カトコフは温かい紅茶をたっぷり入れた大きめのサーモスをもっていたし、音を立てて流れる川が、わたしたちが体勢を変える際の物音や、目の前の光景について小声で意見を交わし合う声がシマフクロウの耳に届くのを防いでくれた。

ふと、今この瞬間にも、同じような光景が北東アジアのあちらこちらで展開されているのだ、という思いが心をよぎった。沿海地方から二〇〇〇キロ北のマガダン州まで、そして日本でも、まばらに散らばるシマフクロウたちが、凍りついた川べりで体を丸めているのだ、と。鉤爪をもつこの無愛想な羽の塊は、寒さにじっと耐えて水面を凝視し、魚の存在をうっかり漏らしてしまうゆらめきやさざなみを待ち受けているのだ。わたしは、彼らと秘密を共有しているような気がした。

朝の二時には、囲いの魚はすべていなくなった。囲いの魚をすっかり食べ尽くしたあとも、シマフクロウは一時間以上川べりから離れず、金網と木材でできた長方形の箱をじっと見ていた。まるで、次はいつ、あの魔法の魚の箱が食べ物を出してくれるのだろうと考えているかのように。わたしたちは、翌日の夜はわなを仕掛けると決めた。

わなを仕掛けるには、事前にトゥンシャ川の穴釣り場に行って魚をたくさん釣り、モニターの電源となる一二ボルトのバッテリーを新しいものと交換してから、日が暮れる前にセレブリャンカ川に戻ってわなを設置し、その後潜伏用テントでシマフクロウが再びやってくるのを待たねばならなかった。書き出してみると大したことなさそうだが、じっさいにやるとなると大変だった。最初に手をつけたのは、テルネイから車でトゥンシャ川の川谷に向かい、スキーで谷を横切ってアナトリーの山小屋まで行き、魚を釣ってセレブリャンカ川の捕獲場所まで運ぶことだった。運び終えたのは午後の早い時間で、そこまでは予定どおりだった。ところが、セレブリャンカ川からテルネイに戻る途中で、ドミクがみるみる失速してとうとう動かなくなってしまった。テルネイまであと六キロの地点でガソリンが切れてしまったのだ。

今頃はセルゲイがGAZ－66でテルネイに向かって来ていて、テルネイに着いたらカトコフとわたしを拾って、より急を要するアムグでの捕獲に向かう予定だとわかっていた。だから今夜はわたしたちにとって大切な夜なのだ。この機会を逃したら、セレブリャンカ・オスはもう捕まえられないかもしれない。

カトコフはトラックに残って、漏斗《ろうと》とホース、それにわたしたちに分け与えられるほどたっぷり予備のガソリンを積んでいる車が運良く停まってくれる可能性に希望を託し、わたしはヒッチハイクでテルネイに向かうことにした。しかし通りがかった数少ない車は、一台も止まってくれず、そのことにわたしはちょっと驚いた。

この地でヒッチハイクするのには慣れていた。もっと暖かい季節には、わたしは一見テルネイの漁師に見える服装をすることが多く、伐採会社のトラックの運転手たちは、どこでどんな魚が釣れるかを教えてくれそうな地元の人間を、旅の道連れにしたがっていた。そして彼らのほとんどが、わたしが追っている獲物がヒレではなく羽のある生物だと知ると、心の底からがっかりしていた。

わたしは、ビデオカメラの電源として必要なずっしり重いカーバッテリーを抱えてテルネイまで歩き、丘を上ってシホテ・アリン・リサーチセンターにたどり着いた。数時間がかりの道のりで、到着してからようやく、古いバッテリーはドミクに置いたままにして、テルネイの自分の備蓄品の中から新しいバッテリーを持ち帰ればよかったのだと気づいた。カーバッテリーを抱えて六キロも歩いてくる必要などまったくなかったのだ。車に便乗させてもらえると思い込んでいたから、あまりよく考えていなかったのだ。

時間がなかった。日没までおそらく一時間ほどしかなかった。わたしは、新しいバッテリーといくつかの捕獲用品をつかんでダッフルバッグに放り込んだ。次は、ガソリンを入れる容器と、さらに六キロ先にあるガソリンスタンドまで行き、その後立ち往生しているドミクまで送ってくれる車が必要だった。

電話を何本かかけ、ようやくつながったのはゲンナという名の若い男性だった。短期間シベリアトラ・プロジェクトで働いていたことがあり、一度シマフクロウ探しを手伝ってもらったこともある男で、今はテルネイ地区森林部に勤務していた。わたしが切羽詰まった声で訴えるのを明らかにおもしろがっているようだったが、頼みを承諾してくれた。ガソリンスタンドまで車を飛ばして必要な分量のガソリンを買い、取って返してわたしを拾うとドミクまで送ってくれた。

カトコフが待つ場所に戻ったのは日が暮れる寸前だった。カトコフがトラックを方向転換させている間に、わたしはゲンナの手を握り、お礼にビールをおごりたい、もちろんガソリン代は払うと言った。彼はにっこり笑ってそれには及ばないと言い、この冒険に参加できて楽しかったと言った。

カトコフとわたしがセレブリャンカ川に戻り、わなを仕掛けていたら、営巣木があるあたりでシマフクロウのペアのデュエットがはじまった。ギリギリセーフだった。この歌声が止んだら、そしていつ止んでもおかしくなかったのだが、ほぼ間違いなく、オスが、魚が増えているかどうかを確かめに囲いのところまで飛んでくるだろう。

慌てると失敗を犯しやすいとわかっていたので、わたしは輪なわの結び目とわなの配置場所を二度、三度とチェックし、さらにはカトコフにも確かめるよう頼んだ。すべて問題なさそうだった。それから雪の上を走って行き、近くの潜伏用テントに隠れた。

息を切らし、アドレナリン全開の戦闘モードで、わたしたちはテントの中でうずくまり、今も遠くで響くフクロウのつがいの鳴き声に耳を澄ました。彼らはおよそ六〇秒おきに鳴いていたが、その沈黙の一分が二分になり、やがて五分になると、カウントダウンがはじまったのだとわかった。オスが夜の狩りに出かけたのだ。わたしたちは、シマフクロウの接近を告げるビューという音を聞き逃すまいとして耳を澄ませた。カトコフに静かにしろと言う必要はなかった。わたし同様、彼もまたこのときのために賢明に頑張ってきたのだ。

モニターの粒子の粗い画面にオスの姿が現れたときには身体中に緊張が走った。フクロウの羽音がしなかったから、川の上空から滑空してきたのかもしれない。耳のなかで心臓がドクドク鳴った。

フクロウはほとんど立ち止まらず、岸に着地するなり餌動物の囲いに飛び込んだ。ほんの二〇メートル先で、ゴムバンドが緩んでわなが締まるヒュッという音が聞こえたが、スクリーンに映るフクロウは、岸まで戻ってじっと留まり周囲を見回していて、何かに驚いているようではあったが、わなにかかったようには見えなかった。もしもわなにかかっていたなら、フクロウはすぐに足の周りの紐に気づき、くちばしで突きにいくだろう。ところが画面上のフクロウは囲いをじっと見つめているだけだった。わたしたちは呆然として身動きできなかった。

そのとき、カトコフが画面を指差し、白い雪の上にくっきりと伸びる黒っぽい紐が、フクロウの両足へと続いているのを示してシッと声を上げた。オスはわなにかかっていたのだ！　テントのジッパーを慌てて引き下げ、雪を蹴散らしながら川べりに駆けつけると、オスはちょうど飛び立とうとしたところで、わたしたちの目の前で、ゴムの弾力によって地面に引き戻された。

セレブリャンカ・オスを手に入れた。そしてあっという間に、わたしたちのために情報収集してくれるデータロガーが二つになった。


セルゲイとコリャ、シュリックは、翌日遅くにテルネイに到着した。ところが、つい最近エンジンを新品に交換し、居室をすっかり改装するなど、かなり大掛かりな修理をしたばかりのＧＡ

Z－66に、わたしたちと合流後二四時間のうちに、修繕しなくてはならない三つの大きな問題が次々と出てきた。

おかげで出発が遅れてしまった。車やその修理法に疎いわたしは、問題の重大さを完全には理解できなかったが、解決に要する苦労を見れば、それがいかに大変なことであるかは推察できた。一つ目の問題は、ちょっとした調整によってすぐに解決した。二つ目の問題は、ワイヤの長さを変えることで食い止められた。しかし三つ目の問題を解決するには、テルネイから半径一五〇キロメートル以内には売っていない、新しい部品が必要だった。しかもその週末は祭日で――国際女性デーだった――ほとんどの店が閉まっていた。

国際女性デー[*3]は毎年三月八日と決まっていて、一九一七年以来［この年の旧暦二月二三日（グレゴリオ暦の三月八日）に起きた女性労働者を中心とするデモが、男性労働者を巻き込んで二月革命に発展、帝政の崩壊につながった］ロシアではもっとも重要な国民的祝祭日の一つとなっていた。国際というからには、世界的に祝われる日のはずだが、ロシアやかつてのソ連の構成国、またキューバなど共産主義国でとくに盛んに祝われた。

ロシアでは「三月八日」と簡単に呼ばれることも多いこの祭日に、男たちは自分と関わりのある女性たちに、花やチョコレート、そして称賛の言葉の数々を惜しみなく差し出す。感謝の表明の仕方があまりに大げさすぎて、文化が異なる国の人々にはうまく伝わらないこともある。ついた先だってのウィスコンシン大学でのやり取りがそのよい例だ。国際女性デーにウィスコンシン大学を訪れたロシアの大学生が、アメリカの女子大学生らに出産の無事を祈り、女性という過酷な性を辛抱強く生きていることへの感謝を伝えた。女性たちは激しく憤り、しかしどう反応すべきかわからずに、もう少しでロシアの学生たちをセクシャルハラスメントで訴えるところだった。

テルネイ中の人々の注意が女性たちに向いている今、町のどこかに停まっている別のGAZ－66の部品を取り外してこない限り、わたしたちが近いうちに出発できる見込みはなかった。コリャとセルゲイ、シュリックが、GAZ－66の修理を試みたり、部品を探したりしている間、カトコフとわたしは、今年トゥンシャ・ペアが巣ごもりしているかどうか確かめるために、車で彼らのなわばりに向かった。カトコフがドミクのタイヤを溝に落とし、そこを駐車場にすることにして車を降りると、雪が激しく降っていた。わたしたちはスキーを履くと、谷を横切って営巣木のほうに向かった。

風が吹き荒れ、雪は水分を含んで重く、その重みですでにひび割れていたわたしのスキーの片方が、川谷を半分ほど渡ったところで折れてしまった。それでもわたしたちは進むのをやめず、カトコフは、スキーを肩にかけ、雪をかき分けて遅れてついてくるわたしを辛抱強く待ってくれた。たどり着いた営巣木は、どうやら使われていないようだった。トゥンシャ・ペアは今年は巣ごもりをしていないか、あるいは別のどこかで巣を見つけたのだ。

道路まで戻る帰り道、天候はさらに悪化した。猛吹雪で視界がほとんどきかないなかをテルネイへ戻る車中、鼓膜が破れるようなボリュームで流れるカーペンターズの失恋ソングを聞きながら、わたしはカトコフに、オオカミの歌はないかと尋ねた。

第27章　わたしたちのような恐ろしい悪魔

セルゲイがダリネゴルスクの友人に電話し、その友人がＧＡＺ－66の必要な部品を見つけてきて、次の旅客バスでわたしたちがいる北へ届けてくれることになった。バスの運転手の多くが、町と町を結ぶ配達業者のような仕事をしてちょっとした副収入を得ていた――彼らはロシア郵便よりもずっと速く、確実に届けてくれた。

予定より数日遅れてようやくテルネイを出発できたときには、すでに三月の二週目となっていた。春はいつ訪れてもおかしくなかった。アムグへ向かう道中でＧＡＺ－66に起きた唯一の不調は、凍結した真っ暗なケマ峠を走行中、どういうわけかクラクションが鳴り出したことで、コリャが暴言を吐きながら車を道路の端に寄せ、腹立ちまぎれに配線を何本か引きちぎってようやく音は止んだ。

シーズンのこの期間の目標は、アムグ地区（シャーミ川、クジャ川、サイヨン川流域）の、すでにＧＰＳ装置を装着済みの三羽のシマフクロウを再捕獲することだった。この三羽は、前年の春、わたしがまだミネソタ州にいる間に、セルゲイとカトコフが捕獲したものだった。三羽が背中に背負っている情報をダウンロードし、残っている新型のデータロガー三台を彼らに装着して、最終年度分の行動履歴の収集をはじめる必要があった。

アムグのゴミ捨て場を通り過ぎていよいよ村に入ろうとしたとき、二羽のオジロワシが、つい最近海風によって雪の下から掘り出され、半分食べられた犬の死骸から飛び立った。身を躍らせて空中に舞い上がったオジロワシは、一瞬風に乗れずに羽と鉤爪の重さに驚いたが、やがて推進力を得てわたしたちを回避し、その後貴重な獲物をカラスから守るために舞い戻ってきた。

　アムグを訪れるたびに、わたしはいつも、この辺境の村の粗野な逞《たくま》しさに驚かされてきた。車窓からは、自家製のコートに身を包んだ髭面の男たちが、フィルターなしのタバコを吸いながら薪を割る姿や、フェルト製のブーツを履き、ショールの端をしっかりと結んだ女性たちが路肩に立ち、わたしたちの車が通り過ぎるのを見守っているのが見えた。ほぼすべての家の庭に、捨てることを厭う文化の産物であるゴミが散らばり、その真ん中で猟犬が吠え声を上げ、簡素な作りの小屋の塀には漁網が掛けられていた。

　わたしたちは、アムグの西側のシャーミ川のほとりにある温泉の近くで野営した。そこは、前年にその地区に棲むシマフクロウのメスを捕獲したときのキャンプ地と同じ場所だった。今回は、このメスを再捕獲してデータロガーのデータをダウンロードし、オスを捕まえる必要があった。わたしたちは、餌動物の囲いに釣ったばかりの魚を入れると、川沿いの低地で、手分けしてシャーミ・ペアの営巣木を探しはじめた。一時間もしないうちにシュリックが営巣木を見つけた。

　巣についているメスのシマフクロウは、わたしにはいつも落ち着きすぎているように思える。卵を抱くメスは、ほとんどの時間を人間から巣を守り通すことに費やしているはずだから、彼らを捕まえて突き回し、拘束するわたしたちのような恐ろしい悪魔と目が合ったら、当然パニックになるものだと考えていた。ところがじっさいに対峙すると、シマフクロウはむしろ何事にも無頓着に見えるのだ。

前年のクジャ・ペアのなわばりでは、シュリックが営巣木の隣の木によじ登ったところ、その巣で卵を抱いていたメスと目が合ってしまい、そのメスは一カ月ほど前にわたしたちがタギングしたフクロウだった。メスはシュリックをじっと見ていたが、他にもっとやるべきことがあると判断したのか、そっぽを向いてしまった。

そして今、わたしたちは巨大なドロノキの根元に立ち、目的の巣穴がある上方の裂け目をぽかんと口を開けて見ていたが、メスは巣穴に隠れたまま身じろぎもしなかった。木のほらの縁からのぞく、そよ風にゆれるぼさぼさの羽角だけが、図らずもその存在を露呈していた。営巣木は見つかったが、何としても捕獲したかったメスは巣穴でひなを抱いていた。メスを捕獲することはできなかった。

わたしたちはGAZ－66に戻って、シャーミ川での過去の体験のことを話し合った。わたしたちにとって、ここは昔から謎の多いなわばりだった。セルゲイとわたしは、二〇〇六年にシャーミ川とアムグ川沿いの低地で、生息するつがいを探したが、結局営巣木は見つからなかった。

セルゲイは、わたしがシマフクロウ研究をはじめる以前に、シュリックや日本のシマフクロウ研究者、竹中健氏とこの地を訪れており、そのときもフクロウから似たような形のはぐらかしを受けた。セルゲイによると、そのときシュリックは、先端の折れた老齢のドロノキに道具を使わずに登った。シュリックもセルゲイも、その木が営巣木だという確信があった。地上一〇メートルほどの場所にある暗いうろにたどり着いたシュリックは、何かの「毛」がある、と困惑気味の声で地上に向かって叫ぶと、セルゲイに見てもらうために毛の塊を地面に落とした。

明らかにツキノワグマの毛だとわかる塊を拾い上げたセルゲイが、シュリックが冬眠中のクマの穴に頭を突っ込もうとしていると気づいたとき、シュリックがうろの奥から生暖かい風が漂ってくると報告した。セルゲイは、とっとと降りてこいと怒鳴り、この騒ぎでクマが目を覚ましていないことを祈った。

ツキノワグマは、大きさはアメリカクロクマと変わらないが、輪郭がもう少しギザギザしている。毛は黒くボサボサで、胸の上部には三日月形の白い模様があり、ピンと立った丸い耳が、まるでミッキーマウス・クラブの耳付き帽子をかぶっているように見える。

一見可愛らしく見えるかもしれないが、ツキノワグマは危険な動物だ。ヒグマ――沿海地方に生息する、ツキノワグマの縁戚でより大型のクマ――より攻撃的で、人間を襲うことも多い。絶滅の危機にはないが[*1]、その手や胆嚢はアジアの闇市場では人気で、肝臓病から痔に至るまで、あらゆる病に効能があるとされている。密猟者は、シュリックが登ったような木を見つけて中にクマがいると判断すると、木の根元あたりに小さな穴を開けて、燃えやすいものに火をつけて押し込み、クマが煙から逃れようとして慌てて上から這い出してくるのを銃を構えて待ち受ける。

巣につくシャーミ・メスを見つけた日の夕方、わたしはマシュマロマンの衣装に身体を押し込み、物音をたてないように気をつけながら営巣木まであと二〇メートルほどの所まで近づいた。日が暮れる頃に間違いなく聞けるはずのデュエットを録音するために、マイクを手にその場に身を潜めた。これほど近くでシマフクロウの歌声を録音するチャンスに恵まれたのははじめてだった。

時刻は午後六時一五分になっていた。三〇分ほど過ぎて、じっとしていたせいで身体が痛み、ムズムズしてきた頃に、オスが突然空から舞い降りてきた。オスは営巣木の隣の木の、真上に伸びる太い枝に止まり、そこは巣穴のすぐ近くだった。卵を抱いているメスがくしゃみのような音をたてた。過去に一度だけ、カラスだかキツネだかの捕食者がすぐ近くにいるときに、シマフクロウがそんな音をたてるのを聞いた覚えがあり、メスはオスに、わたしのことを警告しているのだとわかった。巣穴からわたしの姿は見えないはずだが、メスは三〇分以上前にわたしが近づいてきたときの音に気づき、それを忘れていなかったのだ。

オスが背中を丸め、喉の白い部分を膨らませると、絞り出すような低い声が夜の冷気に響きわたって、デュエットがはじまった。メスは絶好のタイミングでそれに応じ、巣穴の中からくぐもった歌声が返ってきた。デュエットはおよそ一分おきに、半時間近く粛々と繰り広げられたが、やがてメスが二回続けて、デュエットを短めに切り上げた。そして二度目の短縮のあと、メスは巣穴から飛び立ち、二五メートルほど離れた木に舞い降りた。オスもメスのところに飛んできた。あたりは暗く、わたしの目には、夜空を背景とした二羽のシルエットしか見えなかった。

二羽は、その真横に伸びる太枝の上で向き合い、再度デュエットをすると、オスがメスの上に乗ってしばらく羽根をばたつかせ、その後ゆっくりと飛び去っていった。二羽は交尾したのだ。巣穴に戻る前に、メスが数回、くちばしをカチカチと鳴らした。この攻撃的な行動はおそらくわたしに向けられたもので、そこに隠れているのぞき魔め、という意味だった。メスが巣に戻ったところで、つがいは再びデュエットを開始し、それはさらに一五分間続いた。どちらの姿も見えなかった。メスは巣穴の縁に隠れて、オスは暗闇に紛れて。

捕獲を試みた初日の夜に捕まえたシャーミ・オスに加えて、わたしたちは、クジャ・メスのG

ＰＳデータからわかったことをもとにして、クジャの三羽すべて――オス、メス、そして一年子のひな――を一時間のうちに立て続けに捕らえた。

オフシーズンに行なったＧＰＳデータの分析により、その年にわたしたちがずっと捕獲を試みていた場所から二キロ離れた場所に彼らの狩り場があることが判明し、セルゲイとわたしは、シャーミ川を拠点に調査していたときに、その狩り場の下見もしてきた。そのとき、狩り場のすぐ近くまで車で行けることがわかった。

そしてじっさい、ヴォルコフの小屋へと続くアムグ川にかかる橋の、ほんの五〇メートルほど上流にある氷の島で、たくさんのシマフクロウの足跡と、魚の血の跡を見つけた。わたしたちはシャーミでの捕獲を終えると、そこに移動し、漁師が使う小道の先の川岸の、向こう岸はカバノキやオークが茂る急な斜面が水際まで迫っている場所にキャンプを設営した。それから餌動物の囲いをいくつか設置し、日が暮れるのを待った。

フクロウがおとりの魚に気づくのは驚くほど早かった――暗くなってからほんの数分だった――が、もっと予想外だったのは、キャンプからフクロウの狩りの全貌を見渡せたことだった。それも一羽だけでなく、クジャの家族全員の狩りを。クジャの家族とは、つがいと、その一歳のヒナのことで、ヒナの羽衣は親鳥とよく似ていたが、顔の羽の色は親より濃かった。

ヒナがもう一羽いる証拠は見つからなかった。前年に、シュリックは確かに巣穴に卵が二つあるのを見たのだが。あの二つの目の卵はどうなったのだろう？　わたしは、次はサイヨン川に戻り、前の年に孵化したばかりのヒナと卵が一つあるのを確認した巣穴に、羽が生えたヒナが二羽いるかどうかをぜひ確かめたい、と思った。

クジャの一家が選んだ狩り場は、わたしたちのキャンプとあのアムグ川の橋のすぐそばにあった。村の犬たちが獲物を追う唸り声や伐採会社のトラックがガタガタ走る音、そして海がたてるさまざまな音をバックグラウンド・コーラスとして、クジャの一家はその夜の狩りをはじめた。まず、メスが川面すれすれに滑降してきたと思うと、再び上昇して水面の上に張り出すカバノキの枝に止まった。そのすぐあとに、つがいのオスの影が目の前を行き過ぎて、五〇メートルほど下流の橋のすぐそばに止まった。最後に一歳のヒナが、餌を求めてキーキー鳴きながら母鳥の横に舞い降りた。

しばらくの間、三羽は身じろぎもせずに周囲の状況を見極めているようだったが、夕暮れが夜になるにつれて、その姿は背景をなす雪と森に埋もれていった。二羽の親鳥は、ほぼ同時にアムグ川の凍った岸辺に降り立ち、水際まで歩いていくと魚が来るのを待った。体は親鳥と同じくらい大きくなった一歳のヒナは、羽を羽ばたかせて母鳥の隣に降り立った。しかし食べ物をねだってもらえないとわかると、今度は川下の父鳥のところまで飛んでいき、すると父鳥は最近見つけたばかりの餌動物の囲いの魚をヒナに与えた。

一家は、日が暮れてから一時間かそこら、精力的に狩りをした。お腹が膨れると、自分たちが選んだ釣り堀を見下ろす岸にじっとして、魚を待ってものうげに水面を眺めていた。めったに見られない狩りの様子や家族間のやりとりを観察できたことは別にして、一つ驚いたのは、わたしたちが近くに居ることを、シマフクロウの一家がそれほど気にしていなかったことだった。彼らは間違いなく気づいていた。GAZ－66と焚き火のパチパチはぜる音に気づかないことなどあり得なかった。コリャは、もっとよく見ようとしてシェルバトフカ橋の真ん中まで歩いて行き、オスがとまり木から水に飛び込む様子を二度も見た。村に近い場所だから、多くのシマフクロウとは違って彼らは人に慣れていた、ということなのか？

翌日、わたしたちはわなを仕掛け、一時間で三羽すべてを捕獲した。親鳥二羽にはデータロガーを装着したが、ヒナは計測と採血をし、足環をつけるだけにした。この若いヒナは、翌年のいつかは生まれたなわばりを出ていくはずで、あとで探し出せないフクロウにデータロガーを取りつけたくはなかったのだ。

第28章　カトコフ、追放される

残り一つとなったデータロガーをもってさらに北のサイヨン川へと移動すると、そこでも、クジャ・ペアのときと同様、つがいが巣穴とは離れた場所で狩りをしていることがわかって喜んだ。そのほうがスムーズに捕獲できるのだ。一歳の幼鳥が親たちと一緒に狩りをする姿が見られたことにも感激した。おそらくこの幼鳥は、一年前にわたしが巣穴で撮影したヒナだと思われた。しかし二羽目の幼鳥は、どこにも見当たらなかった。

わたしたちは、キャンプからほんの一〇〇メートルほど離れた場所に一つ目の餌動物の囲いを置いた。そこは、サイヨン・ラドン温泉から流れ込む温かい水のせいで川が凍っていなかった。もう一つの囲いは、さらに七〇〇メートルほど下流の巣穴のそばに仕掛けた。まずは、旧式のデータロガーを装着ずみのオスを捕獲したいと考えていた。行動データをダウンロードしてから充電すれば、そのデータロガーをメスに使用することができる。

キャンプは、温泉に設営した。すぐそばの小屋は、前年の冬に訪れたときにはほとんど破壊されていたが、その後何度も修繕され、そのたびにカラマツの丸太でできた新しい壁と屋根が取りつけられてきた。この小屋を大切に思うどこかのだれかが、定期的に修理しているのだが、この温泉を訪れる客の大部分は、小屋をちょうどいい薪の材料だと見なしているようだった。そして三月の末にわたしたちが着いたときには、小屋はとても人が住める状態ではなかった。ドアが、窓枠が、そして壁の一つからは数本の丸太がすでに盗み取られていた。
サイヨン川の水[*1]は、シャーミのなわばりの温泉よりぬるく、一日仕事をして汗をかいたあと、身体を浸すにはちょうどよかった。ただし、この透明な水に浸かるときに必ず出会う温泉仲間がヒルで、彼らは水場の底の小石のすぐ上を泳いでいた。ちょっと落ち着かない気分にはなったが、ヒルは二メートル四方の水場の一角に留まっていたし、こちらも、自分たちの一角に留まっていた。

わたしたち五人は、二週間近くＧＡＺ－66で寝泊まりしており、セルゲイとわたしが前の客室で眠り、カトコフ、シュリック、コリャの三人は、後部の荷台で冬眠中のクマのように寄り添って寝ていた。いびきが強烈なカトコフは、他の二人の間に挟まって眠っていた。

ずっと大きな問題もなくこの体制を維持してきた彼らだったが、前夜の夕飯の残り物の朝食を食べていたときに、眠そうな目をしたシュリックがもう限界だと宣言した。顔からたった二〇センチの距離で、突然鳴り響くオペラまがいの大音響に耐えなくてはならないだけでなく、カトコフは眠っている間も頻繁に寝返りをうち、腕を振り回すんだ、と彼は訴えた。耳障りな騒音は無視することができたとしても、不意打ちのほうはシュリックも逃れようがなかった。雹《ひょう》の嵐が降り注ぐ岩山でもすやすや眠れそうなコリャでさえ、シュリックと同意見だった。

カトコフは、ふたりの非難を一蹴した。「睡眠に問題を抱えているなら、セラピストに診てもらうんだな。あんたらの心の問題を俺のせいにしないでくれ」

シュリックは机に手を叩きつけて卑猥な言葉を吐き、なんとかしてくれ、とセルゲイに言った。

その結果、今後は、捕獲場所をよりしっかりと見守るために、またＧＡＺ－66内の睡眠用スペースを広くするために、夜はだれか一人が下流のわなのそばの潜伏用テントで眠る、ということで話がついた。わたしたちは決を取った。当分の間、潜伏所にはカトコフが行くことになった。

サイヨン・オスの捕獲と放鳥を手早く済ませ、装着していた旧型のデータロガーを、メスのために使えるようにしたが、三月も末だというのに暴風雪がやってきて、方向がわからなくなるほど激しい雪と風がGAZ－66に吹きつけ、吹き溜まった雪が、薪の山とハイラックスを覆い隠した。とても捕獲などできる状態ではないので、わたしたちはトラックの中に避難した。仲間から拒絶されて傷ついたカトコフは、ずっとテントに籠もって食事のときだけ姿を見せた。

大荒れだったのは天候だけではなかった。わたしはひどい腹の不調にも悩まされていた。他のみんなは何事もなさそうだったので、コリャが作った料理が原因ではなさそうだった。

最近の自分の危険な行動を思い出してみたところ、すぐに長いリストができた。まず、わたしたちはラドン温泉の水を飲んだり、料理に使ったりしていた。暴風雪のなかを一〇〇メートルも離れた川まで歩いて行き、真水を汲んできたいとは、だれも思わなかったからだ。しかし西側の人間であるわたしの過敏な消化器官が、余分に含まれている放射線にどんなふうに反応するかは知りようのないことだった。

二つ目に、GAZ－66のぞっとするほど不潔な床に落として転がったソーセージの輪切りを食べてしまった。三つ目に、カエルの死骸を見つけてナイフでその腹を裂き、それから──四つめと五つ目に──ナイフも手も洗わずに──六つ目と七つ目──そのナイフでパンを切って食べた。それらは全部、その日の朝以降にやったことだ。わたしが腹を壊したのは間違いなかった。

わたしの不調は、雪に閉じ込められ、GAZ－66の後部デッキに寝転んでトランプをし、お茶を飲んだりクッキーを食べたりしているチームメイトの最高の気晴らしの種となった。わたしが大急ぎでスノーパンツを穿き、トラックから飛び降りて、凍った沼地を横切った先の茂みの中の、自分用の糞の穴まで走っていくのを、彼らはニヤニヤしながら眺めていた。わたしはそこで、背中に雪をずっしりと降り積もらせ、哀れな姿でしゃがみ込んでいた。

翌日の午後三時頃には、大荒れだった天候も腹の調子も回復した。わたしは、小道を七〇〇メートル歩いて、追放されたカトコフがいる下流のわな場まで行った。サイヨン・メスを捕獲する準備が整った今、それぞれのわな場で、日暮れから明け方まで二人体制で監視したほうがよさそうだと思われた。

しかしシュリックもセルゲイも、狭い空間で一日一二時間もカトコフと共同生活する自信がなかったので、わたしが手を上げたのだ。彼との生活はきついかもしれないが――彼の睡眠中の癖は常軌を逸しており、ほぼずっと話をしたがるが――わたしはカトコフが好きで、仕事に対する彼の純粋な興味は素晴らしいと感じていた。

入ってみると、テントの内部は、異臭が立ち込める乱雑な洞窟のようだった。カトコフは、GAZ－66で眠ることを許されず追放されていた期間に、驚くべき窪みを作り出していた。彼は、降り積もった雪をどけて硬い地面を露出させる手間を省いて、雪の上に直接テントを設置した。だから時とともに、またときおり使うブタン・ヒーターの影響もあって雪が溶け、テントの床部分がでこぼこになってしまった。

内部にあるもの――観察用モニター、その電源に使う一二ボルトのバッテリー、カトコフの寝袋とサーモス――はすべて、中央の大きな窪みの縁に載せられており、水が溜まったその窪みは今にもテント全体に広がりそうだった。テント内の、縁の部分と中央部分の段差は、おそらく四〇センチはありそうだった。窪みの底には淀んだ水が溜まっていた。

「ここでいったいどうやって寝てるの？」わたしは驚いて尋ねた。カトコフは肩をすくめて「端っこで丸くなってる」と答えた。

テントは、座っている分にはびっくりするほど快適だった。中央にくぼみがあるので、ベンチに腰掛けてブーツを履いた足で水たまりをバチャバチャやっているような感じだった。日暮れ前に餌動物の囲いにわなを仕掛け、いよいよ獲物を待ち受ける時が来た。四時間交代で、片方がモニターでフクロウがやって来るのを見張っている間、もうひとりは休憩する計画だった。

逃げ出しようのない聞き手を得たカトコフは大満足で、テントでのこれまでの暮らしがそう楽しくはなかったことを白状した。テントへの追放を、文句も言わず受け入れたものの、そのことがカトコフの心を苛み、いつしか妄想に悩まされるようになっていた。たとえば、シュリックが自分の持ち物を隠したり、捨てたりすると非難した。

またこの日の前夜は、セルゲイが嫌がらせのためにテントに雪玉を投げつけていると思い込み、その後ようやく、テントの上の太枝に積もった雪が強風によって緩み、それがドサリとテントに落ちてきただけだとわかった。またあるときは、夜中に外の赤外線カメラの赤い光を見つけたカトコフが、それが前からそこにあることを忘れて、自分が眠っていないかどうか確かめるために、セルゲイがこっそり写真を撮りに来たと思い込んだこともあった。

カトコフはずっとそんな調子で、眠るのも忘れて身を乗り出し、心に浮かぶことをそのまま吐き出し続けたので、やがてそれは留まることを知らない雑音の川と化した。彼は独り言のエネルギー源としてソーセージとチーズを食べ、その後ゲップをして狭い空間に臭いつきの水素ガスを吐き出した。フクロウを見ることなく自分のシフトが終わると、わたしは見張りをカトコフに任せて眠るために水のたまっている穴の縁で丸くなったが、そんな姿勢でくつろぐのはほぼ無理だとわかった。わたしは翌朝、テントを出ると、カトコフに手を貸して一緒にテントを動かし、今度は床面が平らになるように地面の雪を取り除いた。

次の夜、カトコフが、はじめてシマフクロウを見たときの思い出話をはじめた。「スルマチからシマフクロウの話を聞いたとき」と言うと、カトコフは非難めかして大きくシーッという音を立て、つまり彼は小声で話してはいなかった。「俺は、汚れのない場所にだけ生息する、威厳ある生き物を思い浮かべた。雪に覆われたマツの木をねぐらとし、谷川の清水に舞い降りて巨大なサケを捕らえる鳥」カトコフはそこで一息つくと声を上げて笑った。

「はじめて見たシマフクロウがどんなだったか話そうか？　あれは去年の春、クジャ・メスを再捕獲するためにセルゲイと車でアムグに向かっていたときのことだ。真夜中近くで外は土砂降りの雨だった。アムグ峠の麓の最後の大きなカーブに差し掛かったとき、ヘッドライトの光の中に一羽のシマフクロウの姿が浮かび上がった。フクロウは道路脇に廃棄されたトラックのタイヤの上にいて、羽は雨にぐっしょりと濡れ、一匹のカエルを無理矢理呑み込んでいるところだったんだ！　想像していたのとは大違いだった、それだけは言える。威厳なんて皆無だった！」

それから数時間後、寝袋で横になっていたら、テントの向こうの端にいるカトコフが足で蹴ってきて、何かかかってると叫んだ。テントから飛び出し、よろけながらわなまで行くと、シマフクロウの幼鳥が川岸で羽をばたつかせているのが見えた。わたしが幼鳥を抱き上げ、面食らっている鳥をテントまで運んでいくと、カトコフが折りたたみ式の机をテントの外に広げて待っていた。幼鳥は、前に見たときからぐんと成長していた。この幼鳥は、前年の四月に巣穴で見つけた、生後数日の、綿毛で覆われ、まだ目も見えず、限りなく無力だったあの鳥だった。そして今はもう、あの脆弱さはどこにもなかった。

シマフクロウの成鳥と幼鳥の羽衣の見分け方を知っていたわたしが、成鳥に比べて濃い幼鳥の顔の色を指でさし示し、カトコフに説明しようとしたそのとき、幼鳥が不意をついて、その鋭いくちばしを万力のような力でわたしの指先に突き立てたものだから、指先がパックリと割れて血が流れ出した。わたしは傷口を水で洗い、バンドエイドがなかったから、ガーゼを巻きつけ、ダクトテープで止めた。わたしたちは若いシマフクロウの計測を済ませると、足環をつけて放してやった。

サイヨンに棲む三羽のうちの二羽、つまりオスと幼鳥を捕獲した今、メスを捕まえるためにわなをそのままにしておくと、オスと幼鳥のどちらかをうっかり再捕獲してしまう可能性があった。それを避けるために、二箇所に置いたわなの両方に、手動でわなを作動させるレバーを取りつけた。つまり、わたしたちがワイヤーを引いて、手動でわなを作動させない限り、フクロウたちは餌動物の囲いで自由に狩りをすることができ、捕まる心配もないというわけだった。シュリックとセルゲイは引き続き上流の潜伏用テントに留まり、わたしは下流のカトコフの所へ戻った。

第29章　停滞

夜はひたすら長く、ときおり、爆竹が爆《は》ぜたようなパンという大きな音が冬の森の静寂を破るだけだった。日没後、急激に低下する気温によって樹木の中の水分が凍って膨張し、弾ける音だ。サイヨン川のメスの成鳥はまるで幽霊だった。メスがパートナーのオスとデュエットする声は毎晩のように聞こえていたが、モニター上にその姿を現したのは一度きりで、そのときも、わなにはかかったものの、わたしたちが駆けつけたときには、結び目を強く引いてわなをすり抜けてしまっていた。これまでに、そんな芸当を成し遂げたのはこのシマフクロウだけだった。

それ以降、メスは姿を見せなかった。わたしたちが知らない狩り場があるに違いなかった。クジャ川のシマフクロウの例から考えると、狩り場は何キロも離れた場所にあるのかもしれなかった。

わたしたちはすでに一カ月近く森で暮らしていたが、来る日も来る日も同じことの繰り返しで、進捗はほとんどなかった。潜伏用テントで、交代で続けている夜間の見守りに疲れたわたしとカトコフは、カメラとビデオ・モニター用の、ずっしり重い一二ボルトバッテリーをバックパックに詰め込み、充電のためにＧＡＺ－66までもって行くようになった。その日はたいてい、わなを修理したりシマフクロウの形跡を探しに森へ出かけたりして過ごし、夕暮れまでにバッテリーを持って下流のテントに戻ると、わなの各部分をチェックし、テントに潜り込んで朝まで過ごした。

足環をつけた幼鳥が下流のわなを度々訪れるようになり、その訪問は、代わり映えのしない日々に飽き飽きし、フィールドシーズンの疲れを感じていたわたしたちにとって一条の光となった。わたしは特に幼鳥の狩猟行動に魅了され、毎晩、潜伏用テントの外にやってくる幼鳥を心待ちにするようになった。

今でも、シマフクロウの成鳥が巣につく姿や狩りをする様子を見たことがある人はロシアにはほとんどいないが、幼鳥を観察できる機会はもっとまれだった。若いシマフクロウが自分で狩りの方法を学ぶ様子を詳細に観察できたのは、このときがはじめてだった。

幼鳥はたいてい日が暮れるとすぐにやってきた。わたしたちは、カメラが放出する目に見えない赤外線に照らし出された幼鳥が、浅瀬を歩き回る様子を観察した。幼鳥はゆっくりと、慎重に、誇らしげに水の中を歩いた。時折立ち止まり、水面を凝視してから、練習で身につけた攻撃をしかけた。おもしろいことに、すぐそばにある囲いの中の魚はたまにしか獲らなかった。この魚の箱はいつもあるものではなく、獲物の捕り方は自分で身につけなくてはならない、と知っているかのようだった。

ときどき、岸のすぐそばの小石だらけの川底を鉤爪《かぎづめ》で引っ掻き、できた穴をじっと見つめていることがあった。最初は、その行動の意味がわからなかったが、あとになって、幼鳥は浅瀬の水底の砂利の中に冬眠中のカエルが埋まっているのを見つけて、カエルを追い出そうとして水底を掘っていたのだとわかった。

カトコフと一緒の深夜勤は、疲労感に満ちていた。ほとんど成果がないなか、淀んだ空気のテントの中で、一二時間ずっと一緒にいなくてはならなかったからだ。

ある夜のこと、カトコフとわたしが、モニターの灰色の光に照らし出されたテントの中で、冬用のジャケットと帽子をかぶり、それぞれ寝袋をゆるく羽織って座っていると、俺は尿フェチなんだとカトコフが言い出した。そして、自分で集めたエロチックで珍しい便器の写真のコレクションについて説明をはじめた。ヴァギナを象った便器や、大きく開けた口、ヒットラーの便器等々。その後彼は、その土地の目印となるような美しい場所で、あるいはそんな場所から放尿するのが好きだと言った。

それを聞いて、以前車で走っていたときに、途中で車を停め、沈む太陽が絶壁の表を黄金色に染めるのを一緒に見たときのことを思い出した。あのときカトコフはその崖から放尿したいと言ったのだ。ただの思いつきだと思っていた言葉が、わたしが知っている男の、今やより大きくなった謎の側面を解き明かすパズルの一ピースとなった。

探検家のアルセーニエフは、二〇世紀を迎えようとする頃に、沿海地方の中国人ハンターたちが、神に近づこうとして高い山の頂きに登ったと書き残している。[*1] カトコフはといえば、膀胱を空にするために、高い山に登ったのだ。もうたくさんだった。

「ねえ、カトコフ」とわたしは切り出した。「メスが姿を見せないのは、ぼくたちがしゃべりすぎてるせいかもしれない。しばらく黙ってたほうがいいと思う」

カトコフは承諾しなかった。「シマフクロウに俺たちの声が聞こえるはずがない。ヒソヒソ声で話してるし、川は大きな音を立てて流れてるじゃないか」

「だけど」とわたしは反論した。「ぼくたちはシマフクロウにとって一番いいことをするべきなんじゃないかな」

カトコフは折れた――シマフクロウにとって一番いいことをしたいと本当に思っていたからだ――でも満足はしていなかった。だから五分から一〇分おきに、心に浮かんだことを口走り、そのたびにわたしがさっきの約束を持ち出すと静かになった。

次の日の夕方、わたしが潜伏用テントに近づいていくと、驚いたことに、カトコフが作り上げた分厚い雪の壁が、川とテントの間に立ちはだかっていた。彼が退屈しているのは間違いなかったから、わたしは、壁のことは特に気にせずそのままテントに入り、その日もまた夜通し起きてモニターを見張る準備をした。

二人がテント内に落ち着くと、カトコフが他愛のない話で私の頭を満たしはじめたが、わたしは幼鳥が現れるのを辛抱強く待った。それを口実にしてカトコフを黙らせるつもりだった。幼鳥の動きがスクリーンに捉えられた瞬間に、わたしはシーッと言って画面を指差した。

「大丈夫だ」と言ってにこやかな笑みを浮かべるカトコフの顔が、モニターの明かりに照らし出された。「防音用の壁を作っといたから」

ふいに、あの雪の壁がもつ恐ろしい意味がわかった。

「それでも絶対聞こえると思うけど……」とわたしは弱々しく抵抗した。

「聞こえないね！」カトコフはなおも笑顔だった。「見てろ」

カトコフは、両方の手の平をできる限りの強さで打ち鳴らした。スクリーン上のシマフクロウは、じつはほんの三〇メートルしか離れていない場所にいたのだが、身じろぎもしなかった。テントの薄暗がりのなかで、わたしのしかめっ面を笑顔に見間違ったカトコフは、やったぜとばかりに拳を固めた。もはやお手上げだった。

シマフクロウの幼鳥観察はわたしの大きな楽しみだったが、メスの捕獲がいっこうにはかどらないことに、チーム全員が苛立っていた。ストレス解消に、サイヨン川での作業を一日休んで、二〇キロ北のマクシモフカ川までドライブすることにした。

マクシモフカ川は、釣り人にとってはアメマスやタイメン、レノックが釣れることで知られる場所で、わたしたちにとってはシマフクロウの生息密度が高い地域だった。そこは、数年前にセルゲイとわたしが伐採会社にあやうく閉じ込められそうになった場所であり、一箇所に居ながらにして、二つのつがいのデュエットを聞いた場所でもあった。セルゲイとシュリック、カトコフ、それにわたしはハイラックスに乗り込み、チームのなかで、唯一じっとしていることが苦にならないコリャは、留守番としてキャンプに残った。

マクシモフカ川へ続く道路は、その冬のはじめにテルネイ地区のほぼ全域を雪で覆い隠した吹雪のせいで、冬中閉鎖されていて、結果的にマクシモフカ川流域の野生動物たちを密猟者たちから守ることになった。確かに、この地に生息する有蹄類にとって、雪は大きな困難をもたらすものので、じっさいわたしも、餓死したシカの凍結した死骸をいくつか見かけたが、それでもつい最近まで、動物たちは人間を恐れる必要はなかった。

変化は、地元のある役人が釣りに行きたいと思い立ち、だれかに金を払って、アムグからマクシモフカ川にかかる橋までの道路を自分のために除雪させたことによって生じた。その役人は橋のそばで二、三時間釣りをし、家に帰った。そして彼のこの行動が密猟の急増を招き、わたししたちは、白い雪の上にシカやイノシシの真っ赤な血が飛び散る土手の上を、無言で車を走らせることになった。

前回わたしがマクシモフカ川を訪れたのは二〇〇六年で、そのときウルンガ村の建物で残っていたのは小学校のこぢんまりした校舎だけで、それをあの片目のハンター、ジンコフスキーが山小屋に改装していた。

二〇〇八年に、川の流域での狩猟に関する法的権利を管理していたジンコフスキーやマクシモフカ村のその他のハンターたちは、アムグから車で北へやってきて、自分たちの土地でシカやイノシシを殺す密猟者たちのことがほとほと嫌になった。マクシモフカ川流域は広大で——およそ一五〇〇平方キロメートルほどある——だれの支援もなく五、六人のハンターだけで守りきるのは不可能だった。

そこで彼らは、人けのない道路に見張りを立てることにした。一握りの釘と、はんだで雑に固定した大釘を土の中に隠して、タイヤをパンクさせようとしたのだ。マクシモフカのハンターたちは、この危険を避けてどこを走ればいいか知っていたが、招かれざる客たちは知らなかった。

マクシモフカ川沿いの土地で立ち往生すると心細い気分になる。風は、漏斗《ろうと》のように狭まる谷を唸るような音を立てて吹き抜け、人よりもクマのほうが多い場所で、助けは連なる山々の向こう側にしかいないのだから。アムグからやって来た客たち——密猟者たちもいたが、どう見ても罪のない漁師や、きのこまたはベリー摘みの人たちもいた——は、この未開の地で、たった今ズタズタに裂けたタイヤを見て激怒した。そして退却するどころかむしろ怒りを爆発させ、その怒りが高じて彼らはついに火を放った。

この地域では山小屋は貴重なもので、たいてい一度に一軒ずつ建てられる。窓ガラス、薪ストーブ、ドアの蝶番《ちょうつがい》等の部品は、森に切り開かれた小さな空き地までの長い道のりを人の手で運ばれてくる。だから沿海地方北部で、敵に浴びせかける最大の、しかもその影響が将来にわたって長く残りそうな攻撃は、山小屋に火を放つことなのだ。

そういうわけで、マクシモフカ川沿いの山小屋のほとんどが、ウルンガ村のあの小屋も含めて、一つ、またひとつとガソリンをかけられ火を放たれて焼け落ちた。ジンコフスキーは、かつて学校があった土地に前の建物よりずっと小さな小屋を再建していたが、今では、かつての古儀式派の村のものは何一つとして残っていなかった。

わたしたちは、ハイラックスをウルンガの空き地のそばに停めた。カトコフがマクシモフカ川に残って凍結した川に穴をうがち、釣りをしている間に、残りのメンバーはロセフカ川の河口で分かれ、手分けしてこの地に棲むつがいを探した。シュリックとセルゲイは、スキーを履いてロセフカ川の川谷を北へ向かい、わたしは徒歩で道路上を数キロ進んでから森を抜けてほぼ凍結しているマクシモフカ川に突き当たり、ぐるっと回ってトラックに戻った。

道路を歩いているときに、ノロジカを何頭か見かけて、少なくともここにはまだ生物がいるとわかって嬉しかった。テルネイ地区やアムグ地区では、雪の上に残る動物の足跡をまったく見かけなくなっていた。

川が近くなってきた頃に、森のはずれで三羽のハシボソガラスがカーカーと盛んに鳴き立てた。そのうちの二羽はわたしの頭上まで飛んできて、何度か旋回してからもといた場所へ戻っていった。彼らが飛び去った方向に目を向けると、その下の松の林で何かが動いているのが目に止まった。イノシシだった。

　カラスはそこにイノシシがいることをわざとわたしに知らせに来たのだろうか。ハンターなら決まって残していく臓物のおこぼれにあずかろうとしたのか？　わたしは、イノシシが密告されたとも知らずに、のんびり歩いてどこかへ消えてしまうのを静かに見送った。

　凍結した川の表面は、舗装された歩道のように固く平らだったので、スキーを脱いで肩に担いで歩いていった。下流に向かって二〇〇メートルも進まないうちに、川岸でまた何かが動いた。最初はぼんやりと臀部が浮かび上がり、やがてその臀部の持ち主である、袋角をもつオスのノロジカの姿が見えた。ノロジカは痩せていて、尖ったつま先を雪に深く埋もれさせながら慎重に歩いていた。やがてシカはわたしに気づいた。

　迷彩服で偽装した忌むべき白い動物が、凍った川をザクザク音を立てて進んでくる。シカは森に向かって駆け出したが、深い雪のせいで気が変わったのか、川へと逆戻りし、足元の硬い氷を利用して、逃げるスピードを加速させた。オスが川下のほうへ駆けていくのを双眼鏡で見ていると、驚いたことに、シカは途中で立ち止まり通りすがりの枝をかじりさえした。

　わたしとの距離をかなり稼いだそのとき、シカはどういうわけか、川の氷を横切るように走る裂け目のほうに向かった。あるいは、川の向こう岸の森に行こうとしたのかもしれなかった。しかし彼が選んだ逃走路は、まっすぐ開けた川に向かっていた。シカにもそれは見えていた——見えたに違いなかった——が、スピードを緩めることはなかった。シカは大きくジャンプして裂け目を飛び越えようとしたが、真っ逆さまに水に落ちてしまった。

　驚いた一羽のカワガラスが飛び立ち、けたたましい声を上げながら、わたしの横を川上に向かって弾丸のように飛び去った。わたしは双眼鏡を降ろし、今見た出来事に呆然としてその場に立ち尽くしていたが、再び双眼鏡を持ち上げてのぞきこんだ。シカはきっと危険を逃れられるはずだ。シカが蹄で水を掻いているのが見えて——足がつかないほど深かったに違いない——凍った川岸を目指して泳いでいるのがわかった。ところが川岸にたどり着いたとき、川の流れが凍っている水面ではなく、一メートルほど下のもっと深いところにある、ということにシカは気づいた。

シカは川から自力で這い上がることができなかった。開けた川の縁に沿って泳ぎ、四隅のそれぞれから岸に這い上がろうとしたが、どこからも上がれなかった。やがてシカは動くのをやめて、開けた川の底のほうへ連れ去ろうとする流れに身を任せた。水の流れは強く、シカは溺れかけていた。

シカが、自力では助からない状況にあるとわかって気分が悪くなった。わたしはスキーを履き、最初はためらいがちに、しかしやがてスピードを速めてシカのほうに進み、大声を上げてシカの気力を奮い立たせようとさえしたが、シカまであと数メートルの川岸まで近づいても、シカは水に流され、凍った川岸の垂直な断面に力なくぶつかるばかりだった。過酷な冬を乗り切り、うろつき回る密猟者からも逃れたこのシカが、春がもうそこまで来ているというのにマクシモフカ川で溺れて死にかけていて、それは間違いなくわたしが彼を脅かしたせいだった。

わたしは、担いでいたスキーの片方を凍った川の上に横たえると、もう一つのスキーを竿のように水上に伸ばしてシカの胴体を引っ掛け、自分のほうに引き寄せた。十分に近づくと、身を乗り出して両手で枝角をつかみ、濡れそぼってぐったりとしたシカを安全な氷の上に引き上げた。

シカは「捕獲性筋疾患」の状態にあった。[*2] 捕食者に捕まったことによって引き起こされる、不可逆性の身体的消耗のことだ。捕食者から逃げ延びても、捕まったストレスが原因で死んでしまうことがあるのだ。溺れかけただけでもシカにとっては大きな心の痛手なのに、その上さらに捕獲のストレスで死なせることは避けたかった。

だから彼を氷の上に引き上げるやいなや、わたしはその場から立ち去った。スキーを拾い上げ、振り返ることなく一目散に下流へ移動した。数百メートル歩いたところで、ようやく振り返って双眼鏡をのぞきこんだ。シカは、わたしに引き上げられたその場所にいて、激しくあえいでいた。そのまましばらく見ていると、シカはその重い頭をぐるりと動かしてわたしがいる方向をじっと見た。なぜ食べられなかったのか、そのわけを考えているかのようだった。

川下に向かって歩き続ける間も、アドレナリンが身体中を駆け巡っていた。シカが生き延びる見込みは低いと思われた——健康なシカなら、溺れかけた体験や、凍えるほど冷たい水、そして捕食者との不可解な接触のショックに耐えられたかもしれない。しかしあのシカは骨と皮しかないほど痩せこけていた。おそらくこの体験は彼には重すぎて、置き去りにしてきた場所で死んでしまい、その亡骸はキツネやイノシシ、カラスについばまれ、やがて春になり、川の氷が解けたらようやくその遺骸は、海流によって日本海へと運ばれることだろう。

ところが、およそ一時間後、川まで歩き、わたしが通った跡をたどって待ち合わせ場所に戻ってきたシュリックから、奇妙なものを見たと聞いた。森にびしょ濡れになったシカがいたというのだ。あのシカに、わたしの仲間から逃げようとするエネルギーが残っていたのはよい兆候だった。あと数週間もすれば、雪も氷もすべて溶け去り、森はまた緑色に芽吹きはじめる。ことによると、あのシカは生き延びられるかもしれない。

わたしたちがサイヨン川に戻ると、春がそこまで来ているというのに、雪が激しくなり、それは長く降り続いた。二日間の暴風雪は、膝までの深さの湿った重い積雪を残していき、これで、わたしが川から救い上げたあのシカの運命は決まったかもしれないと思われた。

嵐は、立ち去る際に極寒の冬も連れ去った。凍結した川をはじめとする、あらゆるものがみるみるうちに溶けはじめた。わたしたちのわなは、川の水が濁って不透明になったせいで使えなくなり、進行中だった捕獲シーズンは、まるでスイッチが切り替わったかのように終了となった。春はまたもや、わたしたちが望んでいたより少し早めに訪れ、時間切れにより、希望していたすべてのフクロウを捕まえることはできなかった。

わたしたちは汚らしかった。衣服は汚れ、悪臭を放ち、破れていた。両腕には、木を切り、囲いを修理し、下層木をかき分けて森を進むときに、また森で普通に暮らしているだけでついた、新しいのも古いのも含めた無数の擦り傷があった。荒れた両手は深くひび割れ、日々の暮らしの汚れが染みついていて、どんなに強くこすっても落ちなかった。

わたしたちはキャンプをたたみ、車を連ねて南へ向かった。三二〇キロメートル離れたテルネイを目指して、氷が解けて緩みはじめた道路の半どけの雪と泥の上を、ゆっくり車を走らせた。

第30章　魚を追って

フィールドシーズンが終わり、ずっと収集してきたGPSデータの解析に集中できるようになると、シマフクロウの行動と環境の関わりについて、いくつかのパターンがあることがすぐにわかってきた。シマフクロウのなわばりには明らかにそれぞれの営巣木を中心とする「中核《コア》」エリアがあって、この中核エリアから、フクロウがどこへ、どのように移動するかは、季節によって変化した。

フクロウは、冬は中核エリアから離れない。これはとくに繁殖期に観察される直感的行動で、メスは巣について離れず、オスは巣のそばで見張りをし、パートナーに食べ物を届ける。春には、フクロウの関心は、下流の隣接するなわばりとの境目や、日本海沿岸など、自然がつくる境界線に向かうことが多かった。夏になるとその関心が変化して、大部分のシマフクロウは中核エリアの上流に目を向けて、川の本流の上流や小さな支流にたびたび現れるようになる。もっとも予想外だったのは秋の動きで[*1]、なかには、中核エリアを出てなわばり内の川の最上流に移動し、冬まで巣穴周辺に戻らないものもいた。

この季節的なデータを地図で示したものをセルゲイに見せたところ、セルゲイがコンピュータの画面上のフクロウの秋の生息場所を指で叩きながら言った。

「ここはマスの産卵場所だ。シマフクロウは魚を追って移動してるんだ」

もしもフクロウが、本当に魚の回遊と産卵を追っているのなら、夏や秋にも今回見つかったシマフクロウの移動パターンの原因となる、魚の回遊の事実があるはずだった。わたしは、サケ科の魚の生活史を調べはじめた。そしてとくに五つの種について、興味深いことがわかった。マス（あるいはサクラマス）とカラフトマスは、産卵のために夏に川を遡上し、オショロコマとアメマスとサケは秋に産卵する。サケは、大きな川の側流や支流で産卵するが[*2]、オショロコマやアメマスは秋に川の上流で産卵する。これらの魚の季節的な行動は、夏から秋にかけての、なわばり内でのシマフクロウの行動と確かに一致していた。

これは、繁殖期を除いて、シマフクロウがタンパク質豊富な獲物を追って移動していることをはっきりと示す証拠だった。営巣木にとりつけられた蝶番のように、彼らは夏には遡上してきた回遊魚を下流で迎え撃ち、秋になると一転して上流に移動して産卵中の魚を捕らえる。なにしろ産卵中の魚は無防備なのだ。

ミネソタの自宅で数カ月過ごしたあと、二〇〇九年八月にロシアに戻った。ちょうど北朝鮮が韓国の民間旅客機への警告[*3]を発したばかりで、外国の軍隊に撃墜された経験をもつ大韓航空[*4]は、この脅しを深刻に受け止めた。そのため飛行機は、北朝鮮の東海岸上空を通って南西からウラジオストクに入る通常の航路ではなく、日本海上空をぐるりと回って、東側からウラジオストクに入るルートを使った。この余分な行程のおかげで、飛行時間はいつもより一時間長くなった。

この夏、わたしには二つの目標があった。一つは、シマフクロウの営巣木の周囲の植生の特徴を詳しく調べて、彼らの巣作りの場所選びについてわかっていること――巨木があること――以外に、巣を作るにあたってシマフクロウが好む特徴があるかどうかを明らかにすることだった。

これについては、巣穴周辺と、森の中のランダムに選んだ場所を比較することによって行なうつもりだった。植生の標本抽出法については、二〇〇六年の四月にサマルガ川の河口ですでに体験ずみで、その後ミネソタでもリハーサルをしてさらに腕を磨いていた。この種のフィールド調査には、その土地に自生する樹木の種類に関する知識と、木々の間隔や高さを測る測高計や、樹冠被覆率を計測するデンシオメーターなど、いくつかの特殊な道具が必要だった。

二つ目の目標も一つ目と似ていたが、巣穴ではなく餌動物と関係している点が違っていた。シマフクロウの狩り場であるとわかっている川の一区間と、シマフクロウのなわばり内の川のランダムに選んだ一区間を比べようと考えていた。

具体的な方法としては、わたしが、ほぼ一人で、全身を覆うネオプレンの黒のウェットスーツに身体をねじ込み、酸素マスクとシュノーケルをつけて浅瀬を一〇〇メートルほど上流に向かって這い進み、出会った魚の種類と個体数を数える。植生や魚についてのこうした情報を収集することによって、シマフクロウの生息場所だけがもつ重要な特徴が明らかになり、シマフクロウ保全のために何を守るべきかについて、より適切な考えが浮かぶかもしれない。

空港では、Tシャツにジーンズ姿のスルマチが、くしゃくしゃの髪を風になびかせながら出迎えてくれた。彼の第一声は、鬚をきれいに剃り上げたわたしの顔のことだった。わたしが鬚を生やすのはいつも冬だけなので、ここ数年一緒に仕事をしているロシアの人たちは、鬚のないわたしの顔を見たことがなかったのだ。わたしたちはあれこれしゃべりながら、地元の人々は普通だと言う、危険きわまりない交通状況のなかを、ウラジオストクの中心街へと車を飛ばした。

途中、スルマチは回り道をしてカトコフの様子を見に行った。カトコフはスルマチの依頼を受けて、紫色のドミクで寝泊まりしながらヨシゴイの巣穴観察を続けていたのだ。ヨシゴイがロシアで繁殖するのは、記録に残っている限りはじめてのことだった。

カトコフが数週間前から自分の土地のように使っている湿地は、ウラジオストクの街に入る主要な幹線道路に隣接する場所で、周囲をU字形の線路に囲まれていた。そこは、優先順位の低い列車を退避させ、その間に優先順位の高い列車を通過させるための通過側線[*5]のようだった。

また別の列車が到着して速度を緩めながら停車し、機関士が窓から顔を出し、タバコをふかしながら詮索するようにこちらを見ているのに気づいたカトコフが、「慣れるもんだよ」と大声で言った。カトコフが陣取っているその湿地は、ほぼ一日中カタカタというリズミカルな列車の騒音に包まれているのだとわかった。カメラのバッテリーを交換し、沼地を映すカメラの映像を確認するカトコフの仕事の任期は終わりに近づいていた。ウラジオストクでその後数日間スルマチと話し合ったあと、カトコフとわたしはデータ収集のためにドミクでテルネイ地区に向かった。

カトコフが、夏でも冬と同じようにドミクを脱輪させることや、ドミクの後部になぜか新聞とそば粉を山積みにしていることは別にして、わたしは、彼がすぐれたフィールド・アシスタントであることに気づいた。こつこつとデータを集め、仕事に真面目に取り組み、そして文句を言わなかった。カトコフは誠心誠意頑張っており、わたしは、前年の冬に彼をあんな目に遭わせたことを申し訳なく思った。彼はこの仕事に心から興味をもっていて、フクロウのことを心配し、そして何よりもわたしと一緒に働きたがっていた。

テルネイでは、シホテ・アリン・リサーチセンターを拠点として毎日車で現場に出かけ、近くにある五つのシマフクロウのなわばりの植生や川の特徴を記録した。そのうちの三つは、わたしたちがシマフクロウを捕獲したことがあるなわばりで、あとの二つでは捕獲したことがなかった。

夏の沿海地方を訪れたのは何年かぶりで、修士論文のために鳴鳥を調査したとき以来だったが、めまいがするほど活気に満ちていた。ずっと見慣れてきた、葉を落とし、凍結した静かな森は、繁茂する草木で息苦しいほどで、さまざまな鳥たちが耳を聾《ろう》するようなシンフォニーを奏でていた。

狂気のマシンガン撃ちのような鳴き声をもつ小さなカラフトムシクイが、樹冠の一番高い枝に止まり、その震える高い声を一斉射撃のように谷中に響き渡らせた。森の湿った薄暗い隅から聞こえてくるオオルリのさえずりは天空の声のようで、思い出のようにわたしの五感を刺激した。川のそばではチョウセンイタチを驚かせてしまった。赤茶色に輝く毛をもつこの小さくてほっそりした捕食者は、川をせき止めている丸木群の枝の向こうに姿を隠した。他の哺乳類はほとんど見なかったが——多くは森では人間を避けるべきだと知っていた——川岸の柔らかい土の上には、たくさんの動物の足跡が交差するように残っており、なかにはヒグマやカワウソ、タヌキのものもあった。

なわばりでのデータ収集には、一箇所あたり通常二日間かかった。やるべき調査が五つあったからだ。植生に関する調査が三つ、川に関するものが二つだ。植生については、まず営巣木の周囲の植生を調べ、その後営巣木に近い一帯、そして最後に、そのなわばり内の無作為に選んだ場所を調べた。

川の調査については、フクロウの狩り場であるとわかっている区域と、なわばり内の無作為に選んだ川の区域の両方について情報を集めた。フクロウが巣づくりしたり狩りをしたりする場所に何か特別な特徴があるのなら、このように比較することによってその違いが明確になるはずだった。

植生調査では、カトコフはいつも調査区域の中央にいて関連データを記録し、わたしは彼の周囲を円を描いて進み、半径二五メートル以内にあるすべての木の本数を数え、その種類や大きさ、その他のデータを収集し、それらの情報を大声でカトコフに伝えてそれを書き留めてもらった。この作業はやたらと時間がかかり、暑く、肌は擦り傷と、エゾウコギの棘による化膿した刺し傷だらけになった。

魚の調査は、植生調査よりずっと楽しかった。少なくともわたしにとってはそうだった。現実に引きずっている重い身体ではなく、理想とする引き締まった身体用に買ったウェットスーツに無理やり身体をねじ込むと、わたしは静かに水に入った。シマフクロウが狩りをする水場の大部分は浅瀬なので、わたしは身体をかろうじて覆う程度の水の中を上流に向かって這い進み、魚の種類とその数を頭の中で足し上げていった。

調査区間は一箇所あたり一〇〇メートルだった。わたしは、二〇メートル進むごとに顔を上げて川岸にいるカトコフに大声で調査結果を報告し、するとカトコフはそれを記録紙に書きつけてから、さらに上流に二〇メートル進んで立ち止まり、わたしが次にどこで止まればいいかを示す、目に見える標識となってくれた。川に生息する魚の種類はほんのわずかで、簡単に見分けがつくものばかりだった。調査が数回終わったところで、カトコフが役割を交代しようと言い出したが、ふたりでどんなに頑張っても、カトコフの身体をウェットスーツに押し込むことはできなかった。水が冷た過ぎて、ウェットスーツなしではとても入れなかったので、わたしがずっと川に入り、カトコフはずっと岸にいた。

現場の雰囲気は、冬のフィールドシーズンとは著しく異なっていた。時間切れを気にする必要もなく、吹雪の心配もなく、捕獲できないことへの不安もなかった。ただカトコフと二人で、魚を数えていればよかった。

あるとき、全長五〇センチくらいの魚が二匹、川の深みに沈んだ丸木の下に潜んでいるのを見つけた。調査をはじめてまだ日が浅く、その魚はまだ見たことがなかった。水面から顔を上げると、ちょうど迷彩柄のジャケットに腿までの長靴姿の一人の漁師が、釣ざおを抱え、タバコをふかしながら歩いてきた。彼はわたしを無視したくてしょうがない様子だった。

「あの、ちょっと」とわたしはロシア語で声をかけた。「これぐらい大きくて、銀白色で、小さな黒い斑点がある魚なんですが、何という種類かわかりますか？」

「そりゃレノックだろう」男は立ち止まりもせずに平然と答えた。まるで、ウェットスーツを着て水中に潜伏していた外国人からの突然の質問には答え慣れているかのようだった。わたしは、再び水中に戻った。

テルネイ南部の、以前にシマフクロウの声を聞いたが姿は見られなかった場所では、正真正銘の土砂降りの雨の中の作業となった。岸に立つカトコフは気の毒なほどびしょ濡れになりながら、わたしが川から大声で伝える情報を、防水を施した用紙に律儀に書き留めていた。しっかり締めつけられた頭を覆うフードはぐっしょり濡れて、雨除けの機能をまるで果たしていなかった。

一方わたしはといえば、そのあたりの川は水深が深かったので、水の中で仰向けになったりくるくる回ったりして、アザラシのように楽しんでいた。この日テルネイに戻ると、カトコフは無言でベッドに潜り込み、震えながら毛布にくるまって、翌朝まで姿を見せなかった。

カトコフがとくにひどい目に遭ったのは、セレブリャンカ川流域での調査のときで、それはテルネイ地区での調査の最終日のことだった。調査の途中、サケやマスの数で頭をいっぱいにしたわたしが岸を見上げると、カトコフが頭をピシャピシャ叩き、よろめきながら下流へ去っていくのが見えた。どうやら巣にいたモンスズメバチを驚かせてしまったようで、彼らは脅威を感じると執念深い獰猛さを発揮するのだ。カトコフの身体は刺されて腫れ上がっていた。

調査を終えた帰り道、わたしたちは、セレブリャンカ川の、いくつかの川が合流している地点を向こう岸まで歩いて渡っていた。そのあたりは比較的深い場所で、おそらく水深四、五メートルはあったが、うねるように伸びる砂州が向こう岸までほぼつながっていたので、最高でも腰までの深さの川を歩いて渡ることができた。

カトコフが砂州を歩いて渡っているとき、わたしはまだウェットスーツと酸素マスク姿で川の深みに潜って彼が歩いて行く様子を水中で見ていた。バックパックを頭上に抱え上げ、腰までの深さの水をかき分けて進むカトコフは、すでに川の中程まで来ていたが、とそのとき、彼が進む道の先が断崖になっていることがわかった。わたしは水面に浮かび上がり、シュノーケルから水を吹き出した。

「カトコフ、もっと左に寄ったほうがいい。そのままじゃ深みにはまるぞ」

その日の出来事にムシャクシャし、スズメバチに刺された痕がズキズキ痛むカトコフは、わたしの助言を無視してまっすぐ突き進んだ。わたしはもう一度水の中をのぞきこんだ。

「ほんとなんだ、そのまま行くと沈むぞ」

「自分が向かってる先ぐらいちゃんとわかってる」とカトコフがつっけんどんに言い放ったので、わたしは肩をすくめ、これから起きようとしている大惨事をよく見るために、頭を水に押し込んだ。カトコフは突然砂州《さす》の縁を踏み外し、驚いて大きく口を開き、声のない叫び声を上げるその全身が、水中にいるわたしの視界に飛び込んできた。やがてカトコフは水面まで浮かび上がって顔を出し、自分のバックパックにつかまって、向こう岸まで泳いでいった。

彼に声を掛ける必要を感じなかったし、彼もまたそうだったので、わたしはウェットスーツを脱いで川岸に置いてあった洋服に着替え、カトコフは、バックパックの中身を引っ掻き回して乾いた衣類を探した。カトコフはすでに着ていたものを脱いで、ぴったりとしたえび茶色の下着姿になっていたので、スズメバチに刺された腕が炎症を起こしていることや、両足の格子状に貼られたテーピングの下に、彼がわたしたちとの仕事でこれまで負ってきたさまざまな種類の引っかき傷や刺し傷が隠されていることがわかった。

カトコフは、着替えるのにちょうどいい服を見つけられなかった。なぜなら、彼のバッグの中身はすべて、川を渡る際に濡れてしまったからで、そういうわけで彼は、できるかぎりの尊厳を保ちながら川にしゃがみ込み、シミだらけのひどく破れたシャツの水気を絞った。その濡れたシャツに無理に身体を押し込み、ズボンは穿かないままのカトコフとわたしは、ドミクを停めた場所まで歩いて戻った。

燃料が少なくなっていたので、テルネイに戻る前に、回り道してガソリンスタンドに寄った。この日、災難続きで心が折れてしまったカトコフは、ビリビリに破れた青いシャツに下着姿で給油した。シャツは濡れたボロ布のように、彼の身体から垂れ下がっていた。

その数日後、カトコフとわたしは車でウラジオストクに向かった。彼はそこで、地元の精油所の環境コンプライアンス部長として新たに働きはじめることになっていた。今も彼はその職についていて、沿海地方の森でのつらい日々は、遠い過去の思い出となっている。

第31章　東のカリフォルニア

スルマチの車で、ウラジオストク空港に、ロッキー・グティエレスを迎えに行った。ロッキーはわたしの博士課程の指導教官で、妻のＫＴとともに沿海地方を訪れ、アムグでのフィールドワークを手伝ってくれることになっていた。

二人が税関検査の列から出てくるのを待っている間、スルマチが、わたしが彼らのために作った旅程のことで懸念を口にした。計画では、ウラジオストクから北へ一〇〇〇キロ離れたアムグ川とマクシモフカ川流域までセルゲイの車で移動し、植生と川についての残りの調査を終わらせることになっていた。スルマチはロッキーと面識はなかったが、過去に外国人と関わった経験から、外国人というものはたいてい青色い甘ったれで、虫の大群や地面に掘られた排泄用の穴、そしてテルネイ地区の北部で彼らを待ち受ける、排泄用の穴にたかる虫の群れにはとうてい耐えられないと学んでいた。

わたしは、ロッキーはあらゆる種類の苦痛を喜びと感じるあまのじゃくで、不快感は敵であり、無視するのが一番だと考えているから大丈夫だ、と請け合った。それでもスルマチの疑念は、じっさいに二人に会って、ロッキーのガサガサに荒れた手や、ＫＴの筋肉質の体格を目の当たりにし、彼らが屋外の質素な暮らしに慣れていることがわかるまで消えなかった。

ロッキーは六〇代で、背が低く、モジャモジャの白髪頭の下から大きな目が覗いているところがシロフクロウに似ていた。KTもロッキーとほぼ同年代で、痩せて口数が少なく、観察力が非常に鋭かった。

わたしたちは、セルゲイと一緒にアムグのある北へと向かった。セルゲイは、ハイラックスの予備の部品を買うためにウラジオストクに戻っていたのだ。その年の春の洪水で、テルネイとアムグを結ぶ橋が一〇本以上流され、残ったのは車の轍ででこぼこになった道路だけで、アムグの住人は一カ月以上にわたって、この世のどことも行き来できずに孤立してしまった。

じっさいには、ヘリコプターや船が少しばかりの生活必需品を運んできていたが、ほとんどの期間、村人たちはとくに動じることもなく、サプライチェーンが復旧するまでの間、狩猟で肉を調達し、サマゴン、つまり密造酒を造っていつもどおりの暮らしを続けていた。アムグには一九九〇年代の中頃まで一本の道路もなかったから、人々は道路を使わずに暮らす方法をまだ覚えていたのだ。

わたしたちは、土と木でできた新しい橋の上の、地ならしされたばかりの道路を車で進んだ。最近行なわれた上っ面を撫でるだけの作業が、ひどく尖った石を道路上にいくつも露出させていて、運転手が車を停めて不機嫌そうにタバコをふかし、タイヤを交換しているのに二度遭遇したところで、自分たちの車もタイヤが一つパンクしてしまった。強い日差しの中で、セルゲイとロッキーがパンクしたタイヤを修理している様子を、わたしはひまわりの種を歯で噛み割りながら横目で眺めていた。

皆が再び車に乗り込もうとしたとき、ロッキーが上空に小さな点を見つけた。全員が双眼鏡をそちらへ向けると、クマタカが暖かい空をゆっくりと滑空しているのが見えた。クマタカは、体の大きさと尾羽にくっきりと見える縞模様で簡単に識別できる猛禽なのだ。沿海地方におけるクマタカの分布状況はあまりよく知られていなかったが、ケマ川やマクシモフカ川の流域ではとくによく見られるようで、セルゲイとわたしが二〇〇六年にその流域でシマフクロウを探したときにも、彼らの羽や食べ残した獲物の残骸をしばしば見かけた。

夜遅くにアムグに到着すると、まっすぐヴォヴァ・ヴォルコフの家に向かった。ヴォヴァとは、父親が海で遭難したあの男だ。ヴォヴァと妻のアーラはわたしたちを温かく迎えてくれ、ロッキーとKTに奥の部屋を貸してくれた。

翌朝は、ヴォルコフ家のいつもの食事でもてなされたが、ロッキーは、これまで食べた最高の朝食の一つだと褒めそやした。焼きたてのパンにバター、ソーセージ、トマト、そして真っ赤なイクラをつめた大鉢の上にぎっしり並んだ魚フライ、銘々皿に山盛りになった茹でたタラバガニの足。大皿には、賽の目に切って味をつけたヘラジカの肉が山と積まれていた。どれも、アムグ近郊の海や川、森で手に入るありふれた食材だったが、わたしたちのようなよそ者にはごちそうだった。

朝食のあと、ロッキーが困ったような顔をしてわたしを部屋の隅に引っ張っていって尋ねた。

「彼の名は本当にヴァルヴァ［女性の外陰部の意味］なのか？」小声で言ったつもりが大声になっていた。軍隊にいたときに難聴を患ったせいで、発音の微妙な違いを聞き取ったり、適切な音量で話したりすることが、必ずしもうまくできないのだ。

「違います、ロッキー。彼の名はヴ、ォ、ヴ、ァ、です」

ロッキーは安心したように見えた。

ロッキーとKTは、ミネソタ大学に職を得て米国中西部に移り住む前に、カリフォルニア北部で数十年間暮らしたことがあり、沿海地方を旅行中、この地の地形が、自分たちが昔住んでいたカリフォルニアの自宅周辺の地形とよく似ているとたびたび口にした。

おもしろいことに、沿海地方の住人たちの間でも、ウラジオストクは「東のサンフランシスコ」[*1]だと、昔から言われてきた。どちらの都市も北太平洋の起伏の多い入り江に位置している、というのがその理由で、興味をそそられたロシア人から、それは本当なのかとたびたび質問されることがあった。そんなときはいつも、サンフランシスコには行ったことがない、と嘘をついた。真実を伝えるよりそのほうが礼儀に適っていると考えたのだ。

二〇世紀初頭の帝政ロシア時代には、国際人《コスモポリタン》の憧れの地だったウラジオストクは、ソビエト連邦の時代にうまく熟成できなかった。ウラジオストクは、太平洋艦隊の秘密を守るために閉鎖都市となり、かつては国際的影響力を求めて歓迎されていた外国人たちは、都市への立ち入りを禁じられた。帝政ロシア皇帝を偲ぶ行為も抑圧され[*2]、抑圧はときにあからさまに行なわれた。

一九三五年の復活祭には、タマネギ形の丸屋根をもつ巨大なロシア正教会が、ソ連邦によって破壊された。一九九〇年代の半ばにわたしがはじめてウラジオストクを訪れたときには、長年の放置の結果、かつては白かった建物の前面は薄汚れてぼろぼろに崩れ、鉄道駅のそばの茂みでは人の死体に遭遇し、くず鉄として売るためにマンホールの蓋がくすねられてしまうせいで、道路のあちこちに穴が開いていた。

ありがたいことに、その後ウラジオストクの状況は見違えるほど改善されてきた。建物は修理され、帝政時代の名残の美しい歴史的建造物の多くは再建された。今ではウラジオストクは、海岸の遊歩道やレストラン、それに豊かな文化をもつ素敵な都市となっている。

ヴォルコフの家を出たわたしたちは、アムグ地区とマクシモフカ地区にある五つのシマフクロウのなわばりのあちこちで、キャンプしながら植生評価を行なった。ロッキーとKTは、足を使う植生調査を大量にこなしてくれ、セルゲイとわたしは交代でウェットスーツに身を包んで魚の数を数えた。セルゲイは、突けるほど大きいマスに遭遇したときに備えて水中に三叉のやすを持ち込んだが、残念ながら一度もそんな獲物には出会えなかった。

ある場所では、わたしが水から顔を上げると、一〇歩ほど先の岸辺に一頭のメスのノロジカが居て、こちらをぼんやりと見ていた。ツヤのある黒いスーツに前方に突き出したマスク、青いシュノーケルをつけたわたしは、このシカがこれまでに見たどんなものとも似ていなかった。しかしようやくその下に人間が隠されていることに気づいたのだろう、シカは森へ逃げ込んだ。

シェルバトフカ川の上流では数日間過ごした。アムグ川に掛かる橋がまたもや海へと流されていたので、浅瀬を渡った向こう岸にある、二〇〇六年に使わせてもらったあのヴォヴァの山小屋まで行き、夜を過ごした。山小屋は、高く生い茂る草にほぼ隠されていた。わたしは、小屋の軒下に草刈り大鎌があるのを見つけて、小屋の正面の草を広く刈り取った。必要以上にマダニを増やしたくなかったし、セルゲイとわたしはテントを設置する空き地が必要だったからだ。

わたしたちは屋外のテントで眠り、ロッキーとKTは小屋の中の寝台を使った。夕飯にはウハーを食べた。ジャガイモ、ディル、タマネギと、セルゲイがその日の午後に獲ったマスを使った魚のスープで、わたしたちはほどよいペースでウォッカを飲み、会話を楽しんだ。

翌日、シェルバトフカ川のつがいのなわばりの植生と川の状況についての調査を終えると、新たに作られた林業専用道を、シマフクロウの格好の生息場所が見つかることを期待しながら川上へと進んだ。路面の状態は良好で、セルゲイは、道路がヴォヴァの二軒目の山小屋のすぐ横を通っていることに気づいて驚き、ちょっと立ち寄って中をのぞいてみることにした。

前回この地区を訪れた二〇〇六年には、この小屋は道路の行き止まりから、徒歩で五キロも離れた場所にあって、室内装飾の貧弱さがそれを物語っていた。数少ない家具は、ヴォヴァが背中に背負って運んできたものに違いなかった。ここと比べると、下流の山小屋はリゾート施設のようだった。

こちらの山小屋にあるのは、汚れた床から突き出た支柱に釘で固定された背の低い寝台が一台と、椅子代わりの切り株一つ、それに鉄製の小型の薪ストーブが一台だけだった。壁に開いた細長い隙間のような窓からかろうじて入る光が、建物のみすぼらしい内部を照らし出していた。

わたしは、この山小屋を見ただけで、ハンタウイルスに感染しそうな気がしたし、ロッキーとKTも、この小屋には泊まりたくないと言った。そこでわたしたちは、この小屋のそばの、シェルバトフカ川の川岸に近い空き地にキャンプを設営した。

テントを建ててから、あたりを探索に出かけた。集材路の泥の上に残る古びたヒグマの足跡を踏み越え、モミの幹を丹念につつくミユビゲラを眺めながら歩いていった。

森は、これまで見慣れた多様な樹木から成る低地の森とは大きく違っていた。ここでは、立木の種類はほぼモミとトウヒに限られていた。サルオガセが垂れ下がる二種類の木から成る木立が、柔らかい苔が生えた斜面の上にどこまでも広がっていた。何もかもが柔らかで、芳しい匂いが立ち込めていた。

そこは、シベリアジャコウジカの典型的な生息場所だった。シベリアジャコウジカは用心深い奇妙な動物で、この静かな森のサルオガセを食糧としていた。彼らは大きな耳をもつ小型の生物で、体重はダックスフントくらい、前足とは不釣り合いに大きな後ろ足のせいで、いつも前かがみになっているように見えた。

シベリアジャコウジカのオスは、枝角ではなく、上唇の下から牙のようにカーブしながら突き出した、長い犬歯をもっている。彼らの姿についてのこの誇張気味の表現をちょっと聞いた人は、手の込んだいたずらのように、そう、北東アジア版のジャッカロープ[*3]〔米国ワイオミング州などに生息するとされる未確認の動物〕のように感じるが、わたしは、その姿を見かけるたびに、ヴァンパイヤー・カンガルーを思い出す。

キャンプへの帰路、ロッキーが川べりの砂地で、消えかけてはいるけれどシマフクロウのものに違いない足跡を見つけた。この旅で、彼がシマフクロウの発見にもっとも近づいた瞬間だった。

わたしは、シマフクロウが巣作りをするのに適切な木を何本か見つけた。シェバトフカ・ペアは、彼らのなわばりのはずれにあるこの場所をたまに使っているのかもしれない。ひょっとすると、そのほとんどはマスが産卵する秋なのではないか、とわたしは推測した。

その夜、眠るにはまだ早く、何か楽しいことがしたいと思ったロッキーとセルゲイは、順番にフクロウのホーという鳴き声を真似してみたり、セルゲイがもっているアカシカ用の角笛を吹いてみたりしていた。角笛は、ロシアのハンターがオスのアカシカを呼び寄せるために使う道具で、シラカンバの立木の樹皮を縦に長く剝ぎ取り、筒状に丸めたものだった。秋の発情期に、テストステロンが高まったオスが発するこの世のものとは思えない力強い鳴き声に似せた、耳について離れないその音が、静かな谷じゅうに響き渡った。

セルゲイはロッキーのことがとても気に入り、彼の狩猟倫理や、あらゆるでまかせを頑として許さないその態度に多大な影響を受けた。狩猟についての豊富な知識と愛情をもっているという共通点に加えて、二人は兵役体験のことでも意気投合した。

「一時日本に駐屯して、ロシア側の通信を傍受していたことがある」兵役についた経験は、とセルゲイに聞かれて、ロッキーはこう答えた。わたしは、その答えをロシア語にしてセルゲイに伝えた。

「え、本当に?」とセルゲイが興味を示した。聞いてみると、セルゲイは日本からそう遠くないカムチャッカで兵役についていたことがあって、そこでアメリカ軍の通信を傍受していたのだった。冷戦時代に敵味方に分かれ、同じ職分を果たしていたのだと知ったふたりは、笑みを浮かべて頷きあった。

＊

営巣木周辺と狩り場で集めた情報*4から、さまざまなことが明らかになった。巣作りに関しては、データは、シマフクロウの営巣場所の一番の手がかりはやはり巨木があることだと示していた。周囲に他に何があるかはそれほど重要ではなかった。営巣木は深い森の中でも、村に近い場所でも見つかっていた。大切なのは、その木に、フクロウのつがいが安全にヒナを孵《かえ》せる、十分な広さのうろがあるかどうか、ということだけのようだった。

一方、川に関するデータからは、予想外の結果が得られた。シマフクロウは、近くに老齢林がある川で狩りをすることが多いとわかったのだ。シマフクロウが、巣作りのために長い年月を経た巨木を必要とするのはよくわかるが、なぜ彼らは狩りをする川のそばの森にまで老齢であることを求めるのか？　大量の文献を読み、あれこれ考えた結果、わたしは一つのあり得る答えにたどり着いた。巨木を必要としていたのはフクロウではなく、サケだったのだ。

暴風雨やその他の理由で、小さな木が倒れて大きな川に落ちても、ふつうは問題なく流れに運ばれていく。逆に大きな木が小さな川や狭い水路の上に倒れた場合は、水は影響を受ける。ときには巨木が川の流れをすっかりせき止めてしまい、奔流が別のルートを求めて溢れ出す。せき止めている大木の後ろに溜まった大量の水が、小さな滝になって流れ出してくることもあるだろうし、あるいはその水が氾濫原に流れ出し、抵抗の少ない道を伝っていくことにより流れがまったく変わってしまうかもしれない。

一つの水路がずっと変わらず流れ続けていたかもしれない場所に、一本の老齢樹が倒れたことによって、深い水たまりや戻り水が作った支流、そして浅い早瀬など、複雑な水の流れが作られる可能性がある。そしてこの多様性のある河川の環境こそが、サケが求める生息場所なのだ。

シマフクロウにとって、おそらく冬場のもっとも貴重な餌動物であるサクラマスの稚魚や二年子は、成長のために安全で落ち着いた川のよどみや支流を必要としている。一方、シマフクロウにとって動くごちそうである、夏に日本海から遡上してくるマスの成魚は、早瀬で産卵するため、本流の小石の多い礫底を必要とする。老齢樹が立ち並ぶ川べりで狩りをしていれば——そのうちの何本かはいずれ倒れて川を塞ぐから——フクロウは間違いなく魚にありつけるのだ。

アムグ地区での作業を終えたわたしたちの車は、テルネイを目指して南へ向かっていた。森と泥道しかない風景のなかを何時間も走り、テルネイまであと半分ほどの地点まで来たとき、ふいに見知らぬだれかが両腕を激しく振り動かしながら目の前に飛び出してきた。セルゲイは強くブレーキを踏み込んだ。あたりにはどんな集落もなく、明らかに助けを求めている人間を放っておくことなどできなかった。わたしが助手席側のカーウィンドーを下ろすと、その男が近づいてきた。荒い息をしていた。

「あんたら！」と男は目に焦燥の色をはっきりと浮かべながら怒鳴った。「あんたら、タバコ持ってないか？」

男の息はウォッカの臭いがした。セルゲイが自分のタバコの包みを軽くたたいて何本か取り出し、わたしの前に上体を乗り出すようにして、男に手渡した。「健康を祝して」とセルゲイは、ロシア人が求められた何かを相手に渡すときの、この状況には不釣り合いな決り文句を口にした。

男は不満そうにセルゲイの顔を見つめた。「たったのこれだけ？」

セルゲイは残りのタバコを包みごと男にやった。

「さてと」タバコに火をつけ、煙を肺まで吸い込んだ男は、前より落ち着いた様子になった。「みなさん、一緒にウォッカはどうです？」

わたしたちは再び車を走らせていた。セルゲイとわたしは、さっきのやり取りのことは気にもとめず、ロッキーとKTは今起きたことをどうにかして理解しようとしていた。

テルネイに戻った翌朝、友人の計らいで、ロッキーとKTとわたしの三人でテルネイの北側の日本海沿岸を小型のモーターボートで遊覧できることになった。日本海沿岸部は国境地帯なので、普通は許可証がいる行為だったが、操縦士がFSB、つまりロシア連邦保安庁の元職員だったので、必要な許可証をもっていたのだ。

セレブリャンカ川の河口を出ると、その先に広がる海は穏やかで、モーターボートはウミウを追い散らし、港に戻れず錆びついてしまった二隻の難破船の脇を通り過ぎて北上していった。そこは、わたしが二〇〇六年の冬にアグズへ向かうヘリコプターの中から眺めたあの忘れられない海岸であり、夏には、狭谷をくねりながら流れ落ちてきた水が、水際に積み重なるいくつもの大岩の中に消えていくのを見た海岸だった。

タカ科の鳥の中で世界最大とされるオオワシの幼鳥が、風のない崖の上空を滑空していたが、次の瞬間翼をたたんでどこかへ消えてしまった。オオワシの羽は成鳥になるとすっかり黒くなるが、肩羽と尾羽、そして足は雪のように真っ白で、オホーツク海の外れで産卵する。その姿は、より南の沿海地方や日本、そして朝鮮半島でも観察できる。

テルネイから六キロほど離れた場所で、わたしたちを乗せた薄いブルーのボートはアブレクの横を通り過ぎた。そこはシホテ・アリン生物圏保存地区の一区画で、海沿いの崖に棲むヤギに似た奇妙な希少動物、オナガゴーラルの生息場所の保護を目的としていた。わたしたちに驚いて、七頭からなるゴーラルの一家が慌てて逃げ出したが、ボートを操縦していたFSBの元職員も、それだけの数のゴーラルの家族を見たのははじめてだと言った。

海岸に沿ってボートをさらに進めながら、元職員はタバコをふかし、その日の午後はめずらしく晴れたせいでくっきりと見える、いくつかの岬を指差して言った。ルスカヤ、ナデジディ、マヤチュナヤ。操縦士は、この最後の岬の名を特に強調し、言い終えると、不自然なほど長くわたしの顔を凝視し続けた。わたしはわかったという印に頷いた。マヤチュナヤ岬ですね、なるほど。「マヤチュナヤを覚えていますか?」と元職員は妙に鋭い眼差しをこちらに向けたまま、エンジン音のうなりに負けない大声でわたしに呼びかけた。

「いえ」とわたしは答えた。なんだか気味が悪かったが、なぜそう感じるのかわからなかった。

「マヤチュナヤ岬ですよ。あなたは二〇〇〇年に、あそこで開催されたウラグスサマーキャンプに、ガリーナ・ドミートリエヴナと参加していた」

わたしはうなずき、思い出させてくれたことに感謝しているかのように微笑んだが、じつは内心ではその言葉を聞いて凍りついた。風がなければ、わたしの腕の毛が逆立つのが彼にも見えたことだろう。

わたしは、平和部隊の隊員だったほぼ一〇年前に、その岬で二週間過ごしたことがあった。こちらはもうすっかり忘れていたが、FSBは忘れていないということを、彼らは好意的な会話を装って告げたのだ。

それから間もなく、水漏れするボートに溜まった水をバケツで汲み出すために、いったん上陸して休憩しなくてはならなくなった。わたしはその間ずっと、FSBはわたしについて他に何を知っているのだろう、と考え続けていた。

第32章　テルネイ地区の景色を目に焼きつける

二〇一〇年のフィールドシーズンのためにわたしがロシアに到着する一週間ほど前に[*1]、セレブリャンカ・ペアのなわばりの真ん中で、一頭のトラが穴釣りをしていた漁師を噛み殺し、遺体の一部を食べてしまった。

その気の毒な村人の娘は、父親が帰ってこないのを心配して、父のお気に入りの釣り場まで探しに行った。娘はそこで、凍結した川の上に横たわる頭部のない父親の遺体と、そばの茂みでその頭部にかぶりついているトラを見つけた。その後トラは伐採トラックを襲い、たまたま近くを通りかかった消防隊員によって射殺された。

わたしがテルネイに戻った初日の朝に、テルネイ地区の野生生物調査官を務めるローマン・コージチェフが、コーヒーを飲みながらその話を教えてくれた。

「その漁師の歯がまだ氷の上に転がっている」と彼は落ち着いた声で言ったが、その目には怯えが見て取れた。「よく釣れる釣り場だから、今もみんなそこに通ってるがね」

そのトラの脳の組織を分析したところ、犬ジステンパー・ウイルスに罹っていたことが明らかになった。それは非常に伝染力の高い病気で、何よりも、その病に伝染したトラに、人間への恐怖心を失わせる効果をもっていた。そのトラは、二〇〇九年から二〇一〇年にかけて、ロシア極東地方の南部で大発生したこの危険なウイルスに侵された多くのトラの一頭に過ぎなかった[*2]。この病の大流行は、近接するシホテ・アリン生物圏保存地区内のトラの個体数を大幅に減少させた。

しかし、この殺害事件が起きた時点では、トラがなぜそのような真似をしたのかまだわかっていなかった。ロシアで人がトラに襲われることはめったにないことで[*3]――このような、トラを刺激していないにもかかわらず襲われた例は本当に聞いたことがなかったので――彼の不運な死は、テルネイ中に強い不安と、トラ嫌いの反発を巻き起こした。妄想的な目撃情報が多発し、住人のなかには、トラをすべて探し出して射殺するべきだと強く主張する者もいた。わたしの知人のある女性は、屋外便所に行くときには上着にナイフを忍ばせ、万一に備えていた。

最後のシーズンは、昔ながらの友人に握手で迎えられたかのようにくつろいだものとなった。二〇〇七年以降、十数羽のフクロウを首尾よく捕獲してきたセルゲイとわたしはベテランの域に達していて、たいていの場合、ほとんど苦労せずにシマフクロウを捕獲できた。わたしたちの捕獲方法への評価[*4]は、シマフクロウ研究の世界の外でも高まっていった。

オフシーズンには、餌動物の囲いとはどういうものであり、従来の捕獲法でうまくいかなかった場合、魚を餌とする猛禽類の捕獲にそれがどのように役に立つかを論じた研究論文を、共同で執筆し発表した。

わたしたちは、スリム化した三人のチームで、テルネイ地区とアムグ地区の目標とする七羽のフクロウすべてを八週間かけて再捕獲する作業に取り組んだ。タギングされたシマフクロウは不便な暮らしを強いられており、このプロジェクトに嫌々協力させられた彼らが、わたしたちのせいでストレスや不快さにさらされていることは間違いなかった。だから、ＧＰＳ装置を背負わせているストラップをようやく切り離し、残っているのは足環と悪い思い出だけになったと思うと満足だった。

しかしサイヨン川では、取り外したデータロガーの接続ポートを塞ぐ封緘剤《ふうかんざい》をこすり取って自分のパソコンに繋いでみると、スクリーンには何も現れなかった。装置がまったく作動していなかったのだ。みぞおちに一撃を食らった気分だった。このなわばりには、前年に相当の時間とエネルギーを費やしていた——カトコフはあやうく頭がおかしくなりかけた——それなのに何の成果も上げられなかったのだ。

サイヨン・オスがこの一年間ずっと装置を背負ってきたことにも意味がなかった、と思うとそれも残念だった。オスはこの一年間、彼が払う犠牲は彼の種を守ろうとするわたしたちの研究に役立つ、という誤った見込みのもとに、不快感や体の動きのぎこちなさを我慢させられてきたのだ。データロガーが正常に作動しなかった理由さえわからなかった。イベント記録から、装置が一〇〇回近く通信衛星に接続しようとして、一度も成功しなかったことがわかった。この種の技術は比較的新しいものなので、たまにうまく作動しないことがあるのだ。

クジャ川のなわばりでは、タギングされたオスが、その一年間のどこかの時点で片方のハーネスを噛み切り、データロガーを体の前側に引っ張り出していた。それはまるでネックレスのように彼の胸の前にぶら下がり、ちょうどくちばしが届く場所だったので、オスはプラグを保護している封緘剤をつついて、内部部品を雨風にさらしてしまった。データロガーを取り外してみると、錆びついて中で水がバシャバシャいっており、スイッチさえ入らない状態だった。わたしはデータロガーを製造元に送り、GPS位置情報のいくつかを奇跡的に復元してくれることを期待したが、配線の腐食がひどすぎて何一つ復元できなかった。

しかしありがたいことに、そのシーズンに回収した残りの五つのデータロガーには、一つにつき平均数百のGPS位置情報が記録されていた。それだけあれば、データ処理には十分だった。わたしは、博士号取得と、シマフクロウ保全計画の両方に必要な情報を手に入れた。


このシーズンに体験したシマフクロウとの三つの関わり合いは、今も忘れがたい思い出となっている。一つ目は、シャーミ・メスとの最後の対面で、このメスは、おそらく他のどのフクロウより長く一緒に過ごしてきたフクロウで、わたしは五年間、毎年その姿を見てきた。このメスは、二〇〇八年に、凍え死にするのを恐れて一晩段ボール箱の中で過ごさせたあのフクロウだった。翌朝、放鳥の直前に、わたしはこのメスを抱いてカメラの前でポーズを取ったが、無表情で川を見つめるメスのくちばしの間からマスが垂れ下がっていた。

そして二〇一〇年の今、わたしはメスが棲む巣穴がある巨大なポプラの木を見上げていた。茶色と灰色が斑になった周囲の樹皮にまぎれてその姿はほとんど識別できなかったが、メスは一瞬下を見下ろし、その後巣穴の中に首を引っ込めた。わたしには捕まえられないと高をくくっているかのようだった。

その翌年、伐採会社が、川の上流から木を切り出すために、シャーミ川に向かう轍だらけの泥道の拡張工事を行なった。路面がよくなったことで車はスピードを出しやすくなり、二〇一二年、アムグの地元住人が道路脇でシマフクロウの死骸を見つけた。写真に映った足環から、死骸はシャーミ・メスで、その傷は車と衝突したことによるものだとわかった。シャーミ・メスはわたしからは逃れられたかもしれないが、わたしがメスを守ろうとしていた、着々と進む人間による開発からは逃れられなかったのだ。

二つ目の忘れがたい関わり合いは、セレブリャンカ川の、その冬のはじめにトラに襲われた村人が亡くなった場所でのものだ。その男性が死んだ釣り穴は、わたしたちのキャンプから見える場所にあった。そのあと何度か降った雪によって、攻撃のあからさまな形跡はすべて隠されていたが、その恐ろしい出来事はわたしたちの作業にも陰りを与えた。セレブリャンカ・オスの最終の再捕獲を終え、記録された何百もの位置情報を入手できたことを喜んでいいはずなのに、あたり一帯に嫌な空気が流れているように感じた。セルゲイもわたしも、次のなわばりに移動できるのが嬉しかった。

ずっと心に残っている三つ目の瞬間は、再捕獲の最後の場所となったファータ川でのことだ。ここでは、少なくとも二〇〇七年の末以降は、オスが単独で暮らしていた。つがいのメスが、オスを捨てて近隣のなわばりに移動してしまったのだ。来る夜も来る夜も、毎年毎年、オスの孤独な鳴き声は、メスに戻ってほしいと、あるいはぽっかり開いた穴をだれかに埋めてほしいと嘆願する、物悲しさに満ちていた。だから、その場所で盛んに歌うシマフクロウのつがいのデュエットを聞いたときには驚き、感激した。

このフィールドシーズンの、そしてわたしたちのフィールドワーク全体の最後を、このファータ・オスの捕獲で終えるのは、適切な締めくくり方だと感じた。このオスは、セルゲイとわたしが、何週間も連続で捕獲に失敗し、自信を失いかけたときに、ようやく捕まえた最初のシマフクロウだった。ふたりでファータ・オスを自然に返したあと、わたしはこのプロジェクトのために捕獲された最後の鳥が、川の上空の暗闇に消えていくのを見守っていた。これで一区切りがついた、という気がした。

わたしたちは、二〇〇六年からはじめて、合計二〇カ月間、その大部分は冬だったが、森に入り、シマフクロウを追いかけ、捕獲してきた。そのすべてが終わると思うと悲しい気分になったが、その一方でこれからだ、という前向きな思いも湧いてきた。わたしたちにはデータと情報があって、それらはシマフクロウを救うのに役立つはずなのだ。

キャンプをたたみテルネイを出発したわたしたちは南へ向かい、ウェイル・リブ峠を北側から上っていった。わたしの気分とはうらはらに、四月はじめの太陽が燦々と降り注ぐ晴れた日だった。この一〇年間ではじめて、わたしには愛するこの地に戻って来るための、これといった計画がなかった。春のぬかるんだ泥が、重いトラックに道を譲ってはね飛び、路上のキセキレイもまた、危険を知らせるトリルのようなさえずりを上げながら、軽やかに飛び立った。車が地区の境界線の役目を果たす尾根まで上ると、わたしはサングラスを外し、遮るものが何もない状態で、テルネイ地区全体を最後にもう一度肩越しに見渡した。注意して待ち構えていると、車窓を流れる道路沿いの木立の隙間から、海岸線と崖の景色がちらりと見えて、再び木々の向こうに隠れてしまう場所があった。わたしはその一瞬の景色を無言で瞳に焼きつけると、もの思わしげに助手席のシートにもたれ掛かった。

今後はミネソタに戻り、データ分析と学位論文に一年間を費やす予定だった。そしてその後のことは、何も決まっていなかった。沿海地方は、外国人生物学者にとって就職口が豊富な場所ではない。この地を継続的に訪れることができる仕事を見つけるのは簡単ではないだろう。わたしはそんな思いをセルゲイに打ち明けた。

フィールドシーズンが終わるといつもそうするように、髭をきれいに剃り落としたセルゲイは上機嫌だった。タバコを一服すると、わたしの言葉を遮り、そう感傷的になるな、と言った。

「ジョン、ここは君の第二の故郷だ。きっと戻れるさ」

第33章　シマフクロウ保全

集めたデータを処理して博士論文を書き上げるのにおよそ一年かかったが、その大部分はデータ分析に費やした時間だった。じっさい、フィールドシーズン四回分のデータを、分析に使うコンピュータ・プログラムのための、適切なフォーマットにするだけで、何カ月もかかった。

シマフクロウにとって重要なのはどの資源なのかを突き止めるために、わたしはまずそれぞれの個体の行動圏、つまりなわばりを推定した。地図上に個別のフクロウのGPS位置データを書き込み、その分布状況からそのフクロウが他のどこかに移動する統計的確率を算出した。位置データが密集する場所から離れるにつれて、その確率はゼロに近づき、そこがフクロウの行動圏の境界線となる。

次に、行動圏の中で、フクロウが別の生息環境（つまり水場や村までの距離など、重要である可能性があるその他の要素をもつ場所）と比べてどこでより長く過ごしているかを調べることにより、もっとも重要な資源を突き止めた。生データを見ただけでも、シマフクロウにとって川谷が必要不可欠なものであることはすぐにわかった。[*1] フクロウの背中の装置が収集した二〇〇〇近いGPS位置情報のなかで、谷の外側の地点はたったの一四箇所――〇・七パーセント――だった。

わたしは、この種のデータ解析ははじめてで、プログラム言語にも不慣れだった。たびたび問題にぶち当たり、一つの問題を何週間もかけてやっと解決したと思ったら、また別の問題が出てきた。

しかしある日のこと、突然すべてがうまくいった。アウトプットデータは見事だった。シマフクロウの行動圏は、それぞれの生息地の川のうねりに沿って広がり、谷壁の間にきちんと収まっていた。資源選択性の統計解析からは、シマフクロウは、近くに複数の水路（一本の川ではなく）がある渓畔林《けいはんりん》でもっとも見つかりやすく、またシマフクロウは一年を通して凍らない川のそばに生息していることがわかった。

行動圏の広さは平均一五平方キロメートル[*2]で、しかしこれは季節によって大きく変化する。冬の営巣時はもっとも移動が少なく（冬の行動圏の平均の広さはたったの七平方キロメートルだ）、川の上流へと移動する秋はもっとも移動が多い（秋の行動圏の広さは平均二五平方キロメートルである）。

次に、タギングしたすべてのフクロウについての総合的なデータを外挿した。[*3] 沿海地方東部において、シマフクロウがもっとも見つかりそうな場所、つまりは彼らのために守るべきもっとも重要な場所を示す予測的な地図を作成するためだ。数平方キロメートルの広さの個別のなわばりから、二万平方キロメートルに及ぶ調査地区全域に処理対象を広げたことによって、わたしのコンピュータはそれまでよりずっと複雑な計算を強いられることになり、なかには一つのデータ分析に丸一日かそれ以上かかるものもあった。

この大量の分析を行なったのがたまたま夏だったため、蒸し暑いわたしのアパートの部屋で、コンピュータはオーバーヒートとシャットダウンを繰り返し、そのたびに作業をやり直すはめになった。とうとうわたしは、唯一エアコンがある部屋にラップトップ・パソコンを運び込み、風通しをよくするために積み重ねた本の上に置いて、ボックス扇風機の風をずっと当て続けた。

結果はすばらしいものだった。沿海地方のわたしたちが調査を実施した地区で、谷と考えられる場所はたったの一パーセントであり、つまり人間による脅威を考慮に入れなくても、シマフクロウは元々、生存に適したごく限られた場所で暮らしている。

わたしは、シマフクロウにとって最適な生息場所を示す予測的地図を、人間による土地利用状況を示す地図の上に重ねて、すでに守られているのはどのエリアで、もっとも被害にさらされやすいのはどのエリアなのかを明らかにした。最適な生息場所のうち、法によって守られているのはたったの一九パーセントで、その大部分が広さ四〇〇〇平方キロメートルのシホテ・アリン生物圏保存地区内にあった。それ以外の最適な生息場所はすべて保護されていなかった。

いまやわたしは、シマフクロウにとって、どのような特徴をもつ環境が重要かはっきり知っており、地図には、フクロウたちがもっとも必要としている森や川の一区画が、明確に示されていた。

博士号取得後、わたしは野生生物保全協会のロシア・プログラムの常勤研究助成金《グラント》マネージャーとして働きはじめた。基本的な仕事は、実のところわたしの研究や専門とは関係なかったが、引き続き沿海地方で働くことができたし、フィールドワークに関わることもできた。

シマフクロウの研究は今も続けているが、わたしが所属する組織のロシアでの活動の中心は、ずっと変わらずアムールトラとアムールヒョウだ。したがって、ここ何年かは、鳥類へのわたしの関心は、肉食の大型哺乳動物のためにやるべきこと優先で、後回しとなっている。助成金の申請書を書き、調査報告書を作成し、トラからシカに至るまでの広範な種類の動物に関するデータ分析を手伝っている。[*4]

そんななか、シマフクロウに関わり続けるためには頭を使わねばならなかった。たとえば、マクシモフカ川流域でトラの餌動物に関するふた冬連続の野外調査のリーダーを務めたときのことだ。わたしはセルゲイをフィールド・アシスタントとして雇い、日中は一緒にシカやイノシシを追った。その後、他のアシスタントたちがキャンプで夕食を作り、くつろぐ時間になると、セルゲイとふたり、ヘッドランプと温かいお茶入りのサーモスをひっつかみ、シマフクロウを探しに再び森へ向かった。わたしたちはマクシモフカ川沿いで新たなつがいを発見し、日帰りでサイヨン川のつがいの様子を見に出かけたりもした。

最近では、鳥類保護活動の範囲をアジア全域に広げ、ロシア極北から中国、カンボジア、ミャンマーまで、あちこちを旅して回っている。これは、ヘラシギやカラフトアオアシシギなど、ロシア北部で繁殖する鳥を保護するために、ロシアでできる限りの策を講じたとしても、欧州大陸各地の研究者たちと繋がり、連携して保全活動を行なわなければ、その努力もほとんど意味がない、と気づいた結果である。

なぜなら、ロシアやアラスカで繁殖する多くの種は、冬になると東南アジアに移動し、その地で生息環境の破壊や狩り、その他の脅威に直面することになるからだ。[*5] 鳥類の年間の移動サイクルの、異なるさまざまな時期に固有の困難に対処する全体論的なアプローチこそが、鳥類保護論者がもつ、こうした鳥類の個体数の急激な減少を抑えられる可能性がもっとも高い方法なのだ。

時間が許せば、この博士論文研究から生まれ、シマフクロウ保全計画づくりにも役立った、保全のためのいくつかの推奨事項の推進にスルマチと取り組んだ。とくに力を入れたのは、死亡率を引き下げ、繁殖場所や狩り場を守ることによって、その地域に棲むシマフクロウの個体数を安定させる、あるいは増加させることだった。

わたしたちの調査エリア内で、シマフクロウが生息する唯一の保護された地区であるシホテ・アリン生物圏保存地区の将来的な重要性を考えて、セルゲイとわたしは二〇一五年にこの地区を徹底的に調査した。しかし見つかったつがいは二組だけで、シマフクロウが棲めそうな生息環境はそれ以外に二、三箇所しかなかった。シマフクロウの営巣に適した老齢樹は多数あり、人間による邪魔が入る気遣いもなかったが、冬にはほぼすべての川が固く結氷してしまう。つまり狩りをする場所が皆無だった。

しかし、この地区での一シーズン限りのフィールドワークにも、一つ注目すべき発見があった。見つかった二組のシマフクロウのつがいは、どちらも一かえりの二羽のヒナを巣立ちまで育てていた。これは、わたしたちがロシアで見慣れてきた繁殖率の二倍にあたる。同様の繁殖率が一般的なのは日本だけで、日本では多くのシマフクロウが人工的に給餌されている。

とくに印象的だったのは、いっさいの漁が禁止されている保護区内に生息するこの二組のつがいが、それぞれ二羽のヒナを育てていたことだった。わたしは、巣穴に二つの卵を見つけても、のちに確認してみるとヒナが一羽しかいないことがよくあったのを思い出した。

ユーリー・プキンスキーによる、一九七〇年代のビキン川での調査記録の内容も頭に浮かんだ。彼が発見した巣穴の半分には二羽のヒナがいたこと、また、以前には一かえりのヒナが二羽から三羽だったこともある、と書かれていた。プキンスキーは、一九六〇年代に一度に二羽から三羽生まれていたヒナが、一九七〇年代には一羽から二羽に減少したのは、ビキン川への漁獲圧力が高まった結果ではないかと推測した。同じことが今目の前で起きているのだろうか？

ひょっとすると、沿海地方のシマフクロウは、生物学的習慣として今も卵を二個生んでおり、しかし現実にはほとんどのつがいが、一羽のヒナを育てるのがやっとの食料しか手に入れられなかったのかもしれない。ここ数十年のサケやマスの乱獲が、シマフクロウの生殖能力を低下させたのだろうか？　もしもそうなら、その事実は水産管理にとっても、シマフクロウの保全にとっても、将来的に大きな意味をもつことになる。わたしは今後、この問題についてのより詳しい調査を実施したいと考えている。

生息適地解析の結果、調査エリア内にあるシマフクロウの生息適地のおよそ半数近く（四三パーセント）が、伐採会社に貸し出されていることが明らかになり、つまりシマフクロウ保全のためには、森林産業への直接的な働きかけが重要であるとわかった。かつて北米太平洋岸北西地区で起きたニシアメリカフクロウ論争のような、野生動物と経済界の利益の対立を生むことになりかねないと思われるかもしれないが、あのときとは重要な違いがある。シマフクロウが必要とする木――朽ちかけたポプラやニレ――は経済的にはほとんど無価値なのだ。一方、ニシアメリカフクロウが営巣するかもしれないカリフォルニア州のセコイアは、一本一〇万ドルにもなりうる。[*6] 沿海地方の伐採業者がシマフクロウの営巣木を切り倒すのは、まったくそうした経済的動機からではなく、ほとんどがうっかり（伐採業者が道路をつけたい場所にたまたま営巣木があった）か、好都合だから（営巣木を間に合わせの橋として利用するため）という理由からなのだ。いずれにせよ、会社の収入にはほとんど影響を与えずに、伐採の方法をシマフクロウの生活を脅かさないものに改変する余地があった。

明らかになった事実を、アムグ川とマクシモフカ川流域で操業する伐採会社とその経営者のシュリキンに伝えると、彼は橋代わりにする目的で巨木を伐採するのをやめると約束してくれた。シュリキンにとってはおいしい話だった。ほとんどコストをかけずに企業イメージを上げることができたからだ。シュリキンにとって、橋がどんな材料でできているかは大した問題ではなかった。


彼は過去にもシカやイノシシ目当ての密猟者を阻止するために、土盛りで道路を封鎖したことがあった。彼にとって、橋をかける方法を少々修正することは、数え切れないほどあるシマフクロウの営巣木が破壊されるのを防ぐための、新たな野生動物保護策の一つに過ぎなかった。

わたしたちはまた、谷あいのシマフクロウの生息適地——これもまた経済的には価値のない老齢樹の林だ——をあらゆる森林伐採やその他の侵害から守るために、より大きなスケールでの働きかけを行なっている。このプロジェクトが立案されたとき、シマフクロウとその生息地が法的に守られていることは知っていた。問題は、シマフクロウがどこにいるのか、その生息地がどこなのかが彼らにはわからない、ということで、伐採会社はそれを言い訳にしていた。

わたしたちは、一つの製材会社が有する伐採用借地内にある、シマフクロウにとって重要だと思われる森の区画を六〇以上突き止め、会社はこの情報を正式に受け取っている。知らなかった、を言い訳に、シマフクロウの大切な生息場所で森林伐採をすることはもはやできないのだ。

このプロジェクトを通して、沿海地方のシマフクロウへの脅威はすべて、ある一つの共通の要素に集約される、ということに繰り返し気づかされた。その要素とは道路だった。

シホテ・アリン山脈のほぼすべての道路が川谷を通り抜けているため、シマフクロウは道路がもたらす脅威に対する脆弱性が飛び抜けて高い。道路は密漁者を川に近づきやすくし、彼らはシマフクロウの餌となる魚を減らし、川に網をかけてシマフクロウが網に絡まる危険性を高める。また道路は、車両との致命的な衝突事故のリスクも高める。シャーミ・メスのときのように。じっさい、二〇一〇年には、別のシマフクロウ――わたしたちの調査対象ではなかった――がアムグへ続く道路沿いで車に轢かれて死んだ。

そこでわたしたちは、一つの地区での伐採終了後に、車両の通行が可能な状態のまま残す林道の数を減らすよう伐採会社に働きかける取り組みを、二〇一二年から始めている。道路は、二〇〇六年のマクシモフカ川や、二〇〇八年のシェルバトフカ川でわたしとセルゲイが体験した土盛りによる方法か、あるいは、要所要所の橋を撤去するやり方で封鎖された。

二〇一八年だけで、五つの林業専用道が閉鎖され、数字で表すと、距離にして一〇〇キロ近い道路で車両が通行できなくなり、面積にして四一四平方キロメートルの森に人間が近づけなくなった。この処置は、不法な伐採を防ぐという意味で伐採会社の最終的利益につながり、同時にシマフクロウやトラ、クマ、そして沿海地方の全般的な生物多様性を守ることにもなった。

二〇一五年には、サイヨン川のなわばりで、営巣木の最後の一本が暴風雨で倒れて代わりになる適切な木が見つからなかったので[*7]、セルゲイとわたしは、日本のシマフクロウ研究者たちの方策を真似て、巣箱を設置した。大豆油が入っていた容量二〇〇リットルのプラスチック製の樽を利用して側面に丸い穴を開け、サイヨン川の近くの木の地上八メートルの位置に取りつけた。

二週間もしないうちに、つがいは巣箱を見つけ、そこで二羽のヒナをかえした。一羽は二〇一六年に、もう一羽は二〇一八年に。それ以来、わたしたちはこの巣箱プロジェクトを別の一〇箇所ほどの森でも実施したが、そのほとんどは、シマフクロウの営巣地となる可能性のある、魚がよく捕れるけれど、適切な営巣木がない場所だった。

シマフクロウが必要とする生息環境についての理解が深まったことにより、地球規模の個体数推定値の更新が可能になった。一九八〇年代には、世界には三〇〇から四〇〇つがいのシマフクロウが存在すると考えられていたが、わたしたちの分析結果は、現在ではもう少し多く、おそらくその二倍（七三五つがい、つまり一九八〇年代には八〇〇個体だったのが一六〇〇個体に増加）は存在していること、そしてそのうちの多く（一八六つがい）は沿海地方に生息することを示唆している。

日本のシマフクロウを考慮に入れ、[*8] また中国の大興安嶺山脈に隠れている数少ないつがいを数に入れると、シマフクロウ（Blakiston's fish owl）の世界的な個体数は、推定二〇〇〇個体弱（トータルで五〇〇つがいだったのが八五〇つがいに増加）となる。

シマフクロウには、アムールトラほどの知名度も人気もない。わたしたちの調査をきっかけに、以前より多くの人々がシマフクロウのことを知るようになり、わたしたちも彼らの人気を高める活動をしているが、トラへの人々の関心もまた高まっている。ロシア政府のトップもトラに関心をもっている。[*9] ウラジーミル・プーチン大統領は、トラの保全活動の視察のために何度も沿海地方を訪れており、モスクワで個人的に開催したトラサミットには、レオナルド・デカプリオやナオミ・キャンベルのような著名人も興味を示した。環境保護団体は、募金活動のすべてをアムールトラのために行なっており、年に何百万ドルもの資金がトラの保護のために集まっている。一方シマフクロウの場合は、保護に使える資金は、スルマチとわたしが時間があるときに大急ぎでかき集める、あらゆる種類の助成金に限られている。

トラの保護活動と比べるとささやかなものだが、シマフクロウの認知度を高め、研究結果を世間に広めようとするわたしたちの努力は、特に世界各地のシマフクロウ研究者に一定の影響を与えた。日本の研究者たちは[*10]、絶滅の危険性が非常に高い島嶼部の亜種に発信機を装着することにずっと否定的だった。なにしろ、現存する野生個体が二〇〇羽に満たなかったからである。

しかしわたしたちのプロジェクトは、発信機を装着した追跡調査による、生存や繁殖への明らかな影響はないことを示唆していた。テルネイ地区とアムグ地区で調査対象となったフクロウはすべてこのプロジェクトを生き延び、タギングしたつがいが生息するなわばりのすべてで、無事にヒナがかえった。わたしたちの成功を根拠に[*11]、今現在、日本のシマフクロウ研究者たちは、独自のGPSテレメトリ調査を実施してフクロウの行動追跡を行なっており、この種についての理解をさらに深めることにつながるだろう。

わたしたちはまた、東は千島列島から、西はアムール川中流域までの、ロシアのシマフクロウ生息域で調査に携わる研究者や野生動物管理官たちと意見交換し、シマフクロウの個体数を増やすにはどうすればいいかについての助言もしている。ついには、台湾のウオミミズクの研究チーム[*12]が、餌動物の囲いの使用法についてのわたしたちの報告書を読み、この方法が採用されることにもなった。

沿海地方は、温帯の大部分の地域とは比べものにならないほど、人間と野生動物が今もなお同じ資源を分け合って暮らしている場所だ。漁師とサケ、森林伐採業者とシマフクロウ、猟師とトラが共存している。世界の多くの場所では、都市化が進み過ぎたために、あるいは人口が過密すぎるために、そうした自然のシステムが失われてしまっている。一方沿海地方では、自然は相互に繋がり合う部分として循環している。おかげで世界はより豊かになる。沿海地方で伐採された樹木は北米で床材となり、海で捕れた魚介類はアジア各地で売られている。シマフクロウは、こんなふうにうまく機能する生態系の象徴であり、今もそこに自然が保たれていることを示す存在なのだ。

シマフクロウの生息地に網の目のように深く入り込む林業専用道はかつてないほど増えていて、その結果シマフクロウは脅威にさらされ続けているが、わたしたちはこれからもずっと、シマフクロウのことをもっとよく知るために積極的に情報を集め、わかったことを人々と共有し、シマフクロウと自然を守っていく。適切に管理することにより、この地の川には常に魚が溢れるようになり、獲物を求めてマツの木蔭を縫うように歩くトラを、わたしたちは今後も追跡できるだろう。そして、適切な条件が揃ったときに森に佇めば、あのサケを好むハンターたち――シマフクロウ――が町のふれ役のように、すべてうまくいっていると歌う声も聞こえるだろう。沿海地方にまだ自然はある、と。

エピローグ

二〇一六年の夏の終わりに、ライオンロックと名づけられた台風[*1]［台風10号］が北東アジアに上陸し、激しい風雨は北朝鮮と日本で合わせて少くとも一五〇人以上の命を奪った。沿海地方でも風力はハリケーンレベルに達し、激しい突風がシホテ・アリン山脈の中央部にある、シマフクロウの生息地のど真ん中に吹きつけた。ここ数十年に沿海地方を襲った最悪の嵐だった。

木々は根元から折れるか、さもなければ根こそぎにされて雑然と折り重なっていた。オークやカバノキ、マツなどが広がる川谷は、一夜にして木の残骸の山となり、折れ残った幹は忘れ去られた墓地に立ち並ぶ墓石のようで、異様に淋しげな風景を作り出していた。シホテ・アリン生物圏保存地区では、推定で一六〇〇平方キロメートルの森が失われ、それはこの保存地区全体の広さの四〇パーセントに当たる。

ライオンロックのシマフクロウへの影響を調べに行ってみると、かつてはポプラの木立があったセレブリャンカ・ペアのなわばりに、丸太や折枝が散乱していた。トゥンシャ川のなわばりでは、巣は地面に落ちて砕け、ようやく引いた洪水が遺していった漂流物の数々に埋もれかけていた。

もっとも衝撃を受けたのは、セルゲイとわたしが二〇一五年に見つけたばかりのジギトを訪れたときで、営巣木は森ごと失くなっていた。嵐のさなかにジギトフカ川の堤防が決壊し、あふれ出した水は奔流となって森を抜け、道路を越えて日本海へと流れ出した。水が引くと川は元の流れに戻ったが、嵐は谷じゅうに傷跡を残し、かつてポプラやマツが生えていた場所には、灰色の砂利と石が帯状に広く堆積していた。

ライオンロックの襲来以降、ファータ川のフクロウは沈黙したままだったが、セレブリャンカ川とトゥンシャ川を訪れることができた数少ない機会に、どちらのなわばりでもシマフクロウの歌声を聞いた。しかし森はひどい状態で、わたしが自由に使える週末の午後だけでは、新しい巣穴を探し出すのは難しそうだった。わたしと妻は二人の幼い子どもたちを育てていて、フィールドワークにかける時間を以前よりかなり減らしているのだ。

二〇一八年の三月、わたしはフィールドワークのために一週間を確保し、トゥンシャのなわばりで巣穴を探すことにした。セルゲイ・スルマチの娘で子どもの頃から知っているラダという女性も一緒だった。ラダは大学院に入学したばかりで、父親の跡をついでシマフクロウの研究をしようとしていた。

しかし、森に入るのは簡単ではなかった。森は、入り組んだ迷宮の残骸のようで、すべての通路ががらくたで行き止まりになっていた。一歩一歩が戦いだった。たまに、残骸の上に倒れた木の幹の上をバランスを取りながら歩いて一〇歩ほど進めることもあったが、そんなことはめったにになかった。一歩進むごとに、次はどちらへ進むかを決めるために立ち止まらねばならなかった。障害物の間を抜けるか、越えていくか、くぐり抜けるか、迂回するか。その一週間のわたしたちのGPS軌跡は、まるでトゥンシャ川の川谷を酔っ払って蛇行しているかのようだったが、それは、目的の営巣木を探して氾濫原を歩いていく途中、何度も障害物に出会って迂回するはめになったからだ。

道中、わたしはラダに良い営巣木の特徴を説明したが、森が破壊されていて、適切な例として示せる木がほとんどなかった。わたしたちは、川を渡る手前で立ち止まった――トゥンシャ川はそこでたくさんの支流に分かれていた――川が狭く、植生が茂り過ぎている場所を指差して、ここはシマフクロウが狩りをするには不向きだと説明し、別の、幅が広く流れが速い礫底の浅瀬を、完璧な狩り場として紹介した。

探索三日目、額は汗と泥で汚れ、衣服は松ヤニだらけになっていたわたしは、ついに巨大なポプラを見つけ、すぐにそれが営巣木だとわかった。その木のすべてが条件に合っていた。円柱状の太い老齢樹で、周囲の木々の樹冠を突き抜けるようにそびえている。おそらく高さは一〇メートルほどで、上部に大きく口を開けたうろがあり、川まではすぐの場所だった。

この木を見つけるやいなや、わたしは同行者のラダに見張りのオスに気をつけるよう小声で伝えたが、ほぼその直後に、そばのマツから一羽のシマフクロウが飛び立った。それはオスで、ゆっくりと、着実に羽ばたきながら、どこかへ飛んで行った。オスが飛び立つのと同時に、近くの木々から数羽のカラスも飛び立った。興奮ぎみにカーカーと声を上げてフクロウのあとを追った。

営巣木の見張りが居なくなったことを心配しながら、わたしは急いでその木に近づき、GPS装置で速やかに位置情報を取得したが、この騒ぎがメスを驚かせたのは間違いなかった。すると、別のフクロウが、今度は営巣木それ自体から姿を現した。巨大なボールのような茶色い塊が、わたしの頭上の空を旋回しているのが見えた。メスは一本の枝に舞い降りると、前かがみになってわたしのことをもっとよく見ようとした。メスの周りを、数羽のカラスが夏の虫の群れのように飛びかっていた。わたしと目が合うと、メスは飛び立ち、トゥンシャ川の破壊された川谷に伸びはじめた、春先の新梢の中に姿を消した。

何年か前にサイヨン川で学んだように、おそらくあのメスはわたしのことをずっと見張っていて、しかしわたしが居なくなるまで戻って来ないだろう。だからわたしはその場から立ち去った。ヒナのことは心配だったが、同時に晴れ晴れとした気分でもあった。トゥンシャ・ペアは健在だった。彼らはわたしの博士論文プロジェクトと、つい先日の台風を生き延び、前の巣穴から数キロ離れた場所で、ちょうどいい新たな巣穴を見つけていた。彼らは、川の氾濫原の絶え間のない変化にちゃんと適応していて、わたしたち人間による保全のための介入を必要としなかった——とりあえず、今のところは。

シマフクロウは、戦わずして倒れるような種ではなかったのだ。壊滅的な暴風雨をものともせず、氷点下の気温に耐え、カラスの一団にもびくともしなかった。わたしは、彼らの立ち直る力の強さを誇りに思った。スルマチとセルゲイ、そしてわたしはこれからも彼らの行動を追跡し、形を変えて続いていく人間による脅威を監視し、必要なときには支援の手を差し伸べる。シマフクロウ同様、わたしたちもずっと警戒を怠《おこた》らないようにしなくてはならない。

謝辞

すぐれた編集手腕を奮ってくれたFSGのジェナ・ジョンソン、リディア・ゾエル、ドミニク・リアー、そしてアマンダ・ムーンに感謝する。彼らの元に届いたときのわたしの原稿はシマフクロウの羽角のようにみすぼらしかったが、彼らの意見と提案が、それを固く凍った川の面のようになめらかに磨き上げてくれた（比喩やおかしみを狙った試みは、どれ一つとして評価されなかったが）。

著作権代理人のダイアナ・フィンチにも感謝を伝えたい。わたしの最初の原稿に将来性を認め、編集作業に相当な時間を費やしてくれたおかげでFSGへの道がつながった。

恩師のデイル・ミケルとロッキー・グティエレスにも感謝する。彼らのおかげで、わたしは科学者として、環境保護論者として、また作家として成長できた。コロンブス動物園・水族館をすでに退職したレベッカ・ローズにもありがとうと伝えたい。シマフクロウ研究の体験を本に書いたらと最初に勧めてくれたのは彼女だった。

一五年間にわたる共同研究者であるセルゲイ・スルマチにも感謝する。彼の友情と専門知識、そして助言のおかげで今のわたしがある。

フィールド・アシスタントのみなさん——本書に登場する人たちも、登場していた箇所が割愛されてしまった人たちも（ごめん、ミーシャ・ボギバ）——に心から感謝する。彼らはこのプロジェクトを成功させるために、幾多の不便を耐え忍んでくれた。

この調査プロジェクトに資金提供してくれた、以下の多数の団体にも感謝申し上げる。アムール・ウスリー鳥類生物多様性センター、自然史博物館ベル・ミュージアム、コロンブス動物園・水族館、デンバー動物園、ディズニー自然保護基金、International Owl Society（国際フクロウ協会）、ミネソタ動物園ユリシス・S・シール自然保護基金プログラム、ナショナル・エヴィアリー、National Bird of Prey Trust（国際猛禽類基金）、ミネソタ大学、米国農務省森林局インターナショナル・プログラム、そして野生生物保全協会である。彼らはわたしとわたしの使命、そしてシマフクロウを信じてくれた。

ときおり姿をくらまし、沿海地方の山や川へ通うことを許してくれている妻のカレンにも感謝している。彼女にとってそう容易いことではないことは、よくわかっている。

二人の子どもたち、ヘンドリックとアンウィンにもありがとう。父親というものは、何週間も、何カ月も続けて居なくなるものだと彼らは思っている。ふたりが大きくなったときにこの本を手に取り、わたしの不在にそれだけの価値があったかどうかを評価してもらいたい。

そして最後に、わたしの母、ジョアンと、そしてだれよりも、父のデイルに感謝を伝えたい。父はわたしという人間と、わたしの仕事、そして書くものを誇りに思ってくれた。父が生きてこの本を手にすることができたらよかったのに、と思う。

訳者あとがき

本書は、ミネソタ大学の博士課程に在籍していたジョナサン・C・スラートが、二〇〇六年から二〇一〇年までの五年間にわたり、主に冬のロシア極東沿海地方（気温は摂氏マイナス三〇度を下回ることもある）に通って実施した、シマフクロウの生態研究の記録である。学生時代に平和部隊の一員として沿海地方に滞在していたときに偶然シマフクロウを見かけ、すっかり魅了されてしまったことが、著者がシマフクロウを研究対象に選んだ一つの理由だった。

シマフクロウは、沿海地方の原生地域に棲む翼開長一八〇センチの巨大な猛禽だが、人間による自然環境の破壊によって絶滅の危機にさらされている。シマフクロウを捕獲してテレメトリによる追跡調査を実施し、その行動圏を明らかにすること、また彼らが営巣場所としてどのような自然環境を必要としているのかを知ることが、シマフクロウ保全につながる、というのが著者の考えだった。

本書は、さまざまな興味を満たしてくれる本である。

まず、希少種であるシマフクロウの実物を見たことがある人は限られているのではないかと思う。本書に収録されている写真を見ていただければわかるように、その黄色い目、尖ったくちばし、鋭い鉤爪は非常に獰猛《どうもう》そうに見える。じっさい、捕獲した際には拘束用ベストを着せないと観察者は流血の危険があるほどだ。一方で、本書に描かれている狩りの様子や求愛行動、わなにかかって倒れたときの無防備な姿からは、この生物の別の面も見えてきてシマフクロウのことをもっと知りたくなってしまう。

また、ロシア極東という、多くの人にとって未知のものである氷と雪に囲まれた世界が魅力的に描写されている。調査拠点の近隣の住人やハンター、この地で身を潜めて暮らしている隠者など、さまざまな人々が登場し、ユーモアあふれる逸話が披露されるので、楽しんでいただけるのではないかと思う。ロシアでは、ウォッカをテーブルに出したら、瓶が空になるまで飲むのがマナー、という恐ろしい習慣にも驚かされる。それに加えて、野外調査チームのプロジェクト・リーダーを務めるセルゲイや、フィールド・アシスタントの面々がみな個性豊かで、彼らにまつわるさまざまなエピソードも楽しく読める。鳥類学者の日常をのぞき見できるのも、珍しい体験なのではないかと思う。

本書はまた、スリルに満ちた本でもある。結氷した川の上を、間近に迫る春と競争するかのようにスノーモービルとそれに連結したソリで海沿いの村を目指して進む場面では、ナレドと呼ばれる、流れる川を隠しているかもしれないシャーベット状の氷に突っ込み、ソリが通過した直後に氷が割れて肝を冷やすという体験が続く。雪解け水で増水した川を、ピックアップトラックでなんとか渡り切る場面にもヒヤヒヤさせられた。

このように、本書は楽しくスリルに満ちた逸話が満載された本ではあるが、一方で絶滅の危機にあるシマフクロウを守りたいという、研究者としての著者の真摯な思いが伝わってくる本でもある。

著者の研究から、シマフクロウへの脅威には、すべて「道路」が関係していることが明らかになった。森林伐採に必要な道路を通す際に、伐採業者は、シマフクロウの営巣木にふさわしい老齢樹を、川に渡す橋代わりにするために切り倒す。できた道路を通って密漁者が川に近づき、シマフクロウの食糧源である魚を減らす。車と衝突して死亡するシマフクロウがいる。

明らかになった事実をもとに、著者は使わなくなった林道の封鎖を伐採業者に求めたり、狩り場はあっても大きな木がない場所に巣箱を設置したりしている。


一言でいえば、よくできた映画を観ているような作品だった。訳者にとっても翻訳は楽しい作業だった。本書を手に取ってくださった方にも、この本の世界を楽しんでいただけることを願っています。

最後に、本書を翻訳する機会をくださった筑摩書房第二編集室の柴山浩紀さんにたいへんお世話になりました。心より感謝申し上げます。

二〇二三年九月　　大沢章子

＊原注

エピグラフ

1 *Across the Ussuri Kray*（ウスリー地方探検記）(Bloomington: Indiana University Press, 2016).

プロローグ

1 同行者はジェイコブ・マッカーシー。平和部隊のボランティア仲間で現在はメイン州で教師をしている。

2 当時、わたしの父（デイル・ヴァーノン・スラート）は、米国商業サービス（米国商務省傘下の機関）の参事官だった。一九九二年から一九九五年まで、モスクワのアメリカ大使館に駐在していた。

3 Aleksansdr Cherskiy, "Ornithological Collection of the Museum for Study of the Amurskiy Kray in Vladivostok," *Zapisi O-va Izucheniya Amurskogo Kraya* 14 (1915): 143-276. In Russian.

序章

1 Jonathan Slaght,"Influence of Selective Logging on Avian Density, Abundance, and Diversity in Korean Pine Forests of the Russian Far East," M.S. thesis (University of Minnesota, 2005).

2 ユーリー・プキンスキーが沿海地方のビキン川沿いで発見した。

3 V. I. Pererva, "Blakiston's Fish Owl," in *Red Book of the USSR: Rare and Endangered Species of Animals and Plants*, eds. A. M. Borodin, A. G. Bannikov, and V. Y. Sokolov (Moscow: Lesnaya Promyshlenost, 1984), 159-60. In Russian.

4 Mark Brazil and Sumio Yamamoto,"The Status and Distribution of Owls in Japan," in *Raptors in the Modern World: Proceedings of the III World Conference on Birds of Prey and Owls*, eds. B. Meyburg and R. Chancellor (Berlin: WWGBP, 1989), 389-401.

5 アムールトラについては以下を参照。 Dale Miquelle, Troy Merrill, Yuri Dunishenko, Evgeniy Smirnov, Howard Quigley, Dmitriy Pikunov, and Maurice Hornocker, "A Habitat Protection Plan for the Amur Tiger: Developing Political and Ecological Criteria for a Viable Land-Use Plan," in *Riding the Tiger: Tiger Conservation in Human-Dominated Landscapes*, eds. John Seidensticker, Sarah Christie, and Peter Jackson (New York: Cambridge University Press, 1999), 273-89.

6 Morgan Erickson-Davis, "Timber Company Says It Will Destroy Logging Roads to Protect Tigers," *Mongabay*, July 29, 2015, news.mongabay.com/2015/07/mrn-gfrn-morgan-timber-company-says-it-will-destroy-logging-roads-to-protect-tigers.

7 V. R. Chepelyev, "Traditional Means of Water Transportation Among Aboriginal Peoples of the Lower Amur Region and Sakhalin," *Izucheniye Pamyatnikov Morskoi Arkheologiy* 5 (2004): 141–61. In Russian.

8 その多くは、一九四〇年代のエフゲニ・スパンゲンベルグによる調査、および一九七〇年代のユーリー・プキンスキーによる調査を参考にした。

9 参照。 Michael Soulé, "Conservation: Tactics for a Constant Crisis," *Science* 253 (1991): 744–50.

10 サマルガ川流域とそこでの森林伐採の問題について、詳しくは以下を参照。 Josh Newell, *The Russian Far East: A Reference Guide for Conservation and Development* (McKinleyville, Calif.: Daniel and Daniel Publishers, 2004).

11 Anatoliy Semenchenko, "Samarga River Watershed Rapid Assessment Report," Wild Salmon NOTES 317 Center (2003). sakhtaimen.ru/userfiles/Library/Reports/semenchenko._2004._samarga_rapid_assessment.compressed.pdf.

［第１部］

第１章　地獄という名の村

1 Elena Sushko, "The Village of Agzu in Udege Country," *Slovesnitsa Iskusstv* 12 (2003): 74–75. In Russian.

2 Sergey Surmach, "Short Report on the Research of the Blakiston's Fish Owl in the Samarga River Valley in 2005," *Peratniye Khishchniki i ikh Okhrana* 5 (2006): 66–67. In Russian with English summary.

3 以下など参照。 Yevgeniy Spangenberg, "Observations of Distribution and Biology of Birds in the Lower Reaches of the Iman River," *Moscow Zoo* 1 (1940): 77–136. In Russian.

4 以下など参照。 Yuriy Pukinskiy, "Ecology of Blakiston's Fish Owl in the Bikin River Basin," *Byull Mosk O-va Ispyt Prir Otd Biol* 78 (1973): 40–47. In Russian with English summary.

5 以下など参照。 Sergey Surmach, "Present Status of Blakiston's Fish Owl (*Ketupa blakistoni Seebohm*) in Ussuriland and Some Recommendations for Protection of the Species," *Report Pro Natura Found* 7 (1998): 109–23.

第２章　最初の調査

1 Frank Gill, *Ornithology* (New York: W. H. Freeman, 1995), 195.

2 Jemima Parry-Jones, *Understanding Owls: Biology, Management, Breeding, Training* (Exeter, U.K.: David and Charles, 2001), 20.

3 Yevgeniy Spangenberg, "Birds of the Iman River," in *Investigations of Avifauna of the Soviet Union* (Moscow: Moscow State University, 1965), 98–202. In Russian.

第3章　アグズの冬の暮らし

1 Ennes Sarradj, Christoph Fritzsche, and Thomas Geyer, "Silent Owl Flight: Bird Flyover Noise Measurements," *AIAA Journal* 49 (2011): 769–79.

2 参照。Yuriy Pukinskiy,"Blakiston's Fish Owl Vocal Reactions," *Vestnik Leningradskogo Universiteta* 3 (1974): 35–39. In Russian with English summary.

3 Jonathan Slaght, Sergey Surmach, and Aleksandr Kisleiko, "Ecology and Conservation of Blakiston's Fish Owl in Russia," in *Biodiversity Conservation Using Umbrella Species: Blakiston's Fish Owl and the Red-Crowned Crane*, ed. F. Nakamura (Singapore: Springer, 2018), 47–70.

4 Lauryn Benedict, "Occurrence and Life History Correlates of Vocal Duetting in North American Passerines," *Journal of Avian Biology* 39 (2008): 57–65.

第4章　この土地が行使する静かな暴力

1 沿海地方では、狩猟用スキーはウデヘに伝わる手法を用いた手作りのものが多く、スキー板の材料はオークまたはニレの木である。

2 Karan Odom, Jonathan Slaght, and Ralph Gutiérrez, "Distinctiveness in the Territorial Calls of Great Horned Owls Within and Among Years," *Journal of Raptor Research* 47 (2013): 21–30.

3 Takeshi Takenaka, "Distribution, Habitat Environments, and Reasons for Reduction of the Endangered Blakiston's Fish Owl in Hokkaido, Japan," Ph.D. dissertation (Hokkaido University, 1998).

4 ある調査によると、ワシミミズク（Bubo bubo）の鳴き声の基音（つまりもっとも低い声）の周波数は平均三一七・二ヘルツで、それはわたしたちが記録したシマフクロウの鳴き声の周波数よりおよそ八八ヘルツ高かった。以下参照。Thierry Lengagne, "Temporal Stability in the Individual Features in the Calls of Eagle Owls (*Bubo bubo*)," *Behaviour* 138 (2001): 1407–19.

5 Jonathan Slaght and Sergey Surmach, "Biology and Conservation of Blakiston's Fish Owls in Russia: A Review of the Primary Literature and an Assessment of the Secondary Literature," *Journal of Raptor Research* 42 (2008): 29–37.

6 Takeshi Takenaka, "Ecology and Conservation of Blakiston's Fish Owl in Japan," in *Biodiversity Conservation Using Umbrella Species: Blakiston's Fish Owl and the Red-Crowned Crane*, ed. F. Nakamura (Singapore: Springer, 2018), 19–48.

第5章　川を下る

1 Slaght, Surmach, and Kisleiko, "Ecology and Conservation of Blakiston's Fish Owl in Russia," in *Biodiversity Conservation Using Umbrella Species*, 47–70.

2 Takenaka, "Distribution, Habitat Environments, and Reasons for Reduction of the Endangered Blakiston's Fish Owl in Hokkaido, Japan."

3 Pukinskiy, *Byull Mosk O-va Ispyt Prir Otd Biol* 78: 40–47; and Yuko Hayashi, "Home Range, Habitat Use, and Natal Dispersal of Blakiston's Fish Owl," *Journal of Raptor Research* 31 (1997): 283–85.

4 Christoph Rohner, "Non-territorial Floaters in Great Horned Owls (*Bubo virginianus*)," in *Biology and Conservation of Owls of the Northern Hemisphere: 2nd International Symposium*, Gen. Tech. Rep. NC-190, eds. James Duncan, David Johnson, and Thomas Nicholls (St. Paul: U.S. Department of Agriculture Forest Service, 1997), 347–62.

5 "Frazil Ice in Rivers and Oceans," *Annual Review of Fluid Mechanics* 13 (1981): 379–97.

第6章　チェプレフ

1 Colin McMahon, "'Pyramid Power' Is Russians' Hope for Good Fortune," *Chicago Tribune*, July 23, 2000, chicagotribune.com/news/ct-xpm-2000-07-23-0007230533-story.html.

2 Ernest Filippovskiy, "Last Flight Without a Black Box," *Kommersant*, January 13, 2009, kommersant.ru/doc/1102155. In Russian.

第7章　水が来た

1 Alan Poole, *Ospreys: Their Natural and Unnatural History* (Cambridge: Cambridge University Press, 1989).

2 四〇年間（一九七〇–二〇一〇）に起きた五八件のトラによる人間への襲撃についての最近の調査から、その七一パーセントはトラを刺激したことが原因だとわかっている。

3 Clayton Miller, Mark Hebblewhite, Yuri Petrunenko, Ivan Serëdkin, Nicholas DeCesare, John Goodrich, and Dale Miquelle, "Estimating Amur Tiger (*Panthera tigris altaica*) Kill Rates and Potential Consumption Rates Using Global Positioning System Collars," *Journal of Mammalogy* 94 (2013): 845–55.

4 John Goodrich, Dale Miquelle, Evgeny Smirnov, Linda Kerley, Howard Quigley, and Maurice Hornocker, "Spatial Structure of Amur (Siberian) Tigers (*Panthera tigris altaica*) on Sikhote-Alin Biosphere Zapovednik, Russia," *Journal of Mammalogy* 91 (2010): 737–48.

5 Dmitriy Pikunov, "Population and Habitat of the Amur Tiger in the Russian Far East," *Achievements in the Life Sciences* 8 (2014): 145–49.

6 V. I. Zhivotchenko, "Role of Protected Areas in the Protection of Rare Mammal Species in Southern Primorye," 1976 Annual Report (Kievka: Lazovskiy

State Reserve, 1977). In Russian.

7 Robert O. Evans, "Nadsat: The Argot and Its Implications in Anthony Burgess' 'A Clockwork Orange'," *Journal of Modern Literature* 1 (1971): 406–10.

8 Wah-Yun Low and Hui-Meng Tan, "Asian Traditional Medicine for Erectile Dysfunction," *European Urology* 4 (2007): 245–50.

9 以下など参照。 Semenchenko, "Samarga River Watershed Rapid Assessment Report."

第8章　最後の氷に乗って海沿いへ

1 Vladimir Arsenyev, *In the Sikhote-Alin Mountains* (Moscow: Molodaya Gvardiya, 1937).

2 Vladimir Arsenyev, *A Brief Military Geographical and Statistical Description of the Ussuri Kray* (Khabarovsk, Russia: Izd. Shtaba Priamurskogo Voyennogo, 1911). In Russian.

3 一九九九年から二〇〇〇年まで平和部隊のボランティアとしてテルネイで活動したチャド・マシング。現在はコロラドを拠点に環境工学に携わっている。

第9章　サマルガ村

1 Sergey Yelsukov, *Birds of Northeastern Primorye: Non-Passerines* (Vladivostok: Dalnauka, 2016). In Russian.

2 ときおり、「大量発生年」と呼ばれる年には、ハタネズミの減少がカラフトフクロウを通常の生息域より南に移動させ、ミネソタ州北部などで非常に多くのカラフトフクロウが見られることがある。たとえば、二〇〇五年の大量発生年の初頭には、ミネソタ大学大学院の仲間（アンドリュー・W・ジョーンズ。現在はクリーブランド自然史博物館で鳥類学を専門とするキュレーターを務めている）が、一日に異なる二二六羽のカラフトフクロウを観察した。

3 以下参照。 ship-photo-roster.com/ship/vladimir-goluzenko for a photograph and current location of the *Goluzenko*.

4 以下参照。 Jonathan Slaght, "Management and Conservation Implications of Blakiston's Fish Owl (*Ketupa blakistoni*) Resource Selection in Primorye, Russia," Ph.D. dissertation (University of Minnesota, 2011).

5 Jeremy Rockweit, Alan Franklin, George Bakken, and Ralph Gutiérrez, "Potential Influences of Climate and Nest Structure on Spotted Owl Reproductive Success: A Biophysical Approach," *PLoS One* 7 (2012): e41498.

6 Irina Utekhina, Eugene Potapov, and Michael McGrady, "Nesting of the Blakiston's Fish-Owl in the Nest of the Steller's Sea Eagle, Magadan Region, Russia," *Peratniye Khishchniki i ikh Okhrana* 32 (2016): 126–29.

7 Takenaka, "Ecology and Conservation of Blakiston's Fish Owl in Japan," 19–48.

第10章　ウラジーミル・ゴルツェンコ号

1 Newell, *The Russian Far East*.

2 Shou Morita, "History of the Herring Fishery and Review of Artificial Propagation Techniques for Herring in Japan," *Canadian Journal of Fisheries and Aquatic Sciences* 42 (1985): s222-29.

［第２部］

第11章　古来の響き

1 いっしょに出かけたのはセルゲイ・イェルスコフで、彼は一九六〇年から二〇〇五年まで（その期間の大部分は常勤の鳥類学者として）、シホテ・アリン生物圏保存地区で勤務していた。

2 二〇一九年については、ジョンは、ヤマネコの研究と保全を目的とする科学に基づく国際的ＮＧＯ団体、パンセラのチーフ・サイエンティストを務めていた。

3 以下参照。 Gary White and Robert Garrott, *Analysis of Wildlife Radio-Tracking Data* (Cambridge, Mass.: Academic Press, 1990).

第12章　シマフクロウの巣

1 Rock Brynner, *Empire and Odyssey: The Brynners in Far East Russia and Beyond* (Westminster, Md.: Steerforth Press Publishing, 2006).

2 以下参照。 John Stephan, *The Russian Far East: A History* (Stanford, Calif.: Stanford University Press, 1994).

3 Arsenyev, *Across the Ussuri Kray*.

4 worstpolluted.org/projects_reports/display/74.　以下も参照。 Margrit von Braun, Ian von Lindern, Nadezhda Khristoforova, Anatoli Kachur, Pavel Yelpatyevsky, Vera Elpatyevskaya, and Susan M. Spalingera, "Environmental Lead Contamination in the Rudnaya Pristan—Dalnegorsk Mining and Smelter District, Russian Far East," *Environmental Research* 88 (2002): 164-73.

5 Arsenyev, *Across the Ussuri Kray*.

6 Stefania Korontzi, Jessica McCarty, Tatiana Loboda, Suresh Kumar, and Chris Justice, "Global Distribution of Agricultural Fires in Croplands from 3 Years of Moderate Imaging Spectroradiometer (MODIS) Data," *Global Biogeochemical Cycles* 1029 (2006): 1-15.

7 Conor Phelan, "Predictive Spatial Modeling of Wildfire Occurrence and Poaching Events Related to Siberian Tiger Conservation in Southwest Primorye,

Russian Far East," M.S. thesis (University of Montana, 2018), scholarworks.umt.edu/etd/11172.

第13章　標識がない場所

1 Anatoliy Astafiev, Yelena Pimenova, and Mikhail Gromyko, "Changes in Natural and Anthropogenic Causes of Forest Fires in Relation to the History of Colonization, Development, and Economic Activity in the Region," in *Fires and Their Influence on the Natural Ecosystems of the Central Sikhote-Alin* (Vladivostok: Dalnauka, 2010), 31–50. In Russian.

2 Erickson-Davis, "Timber Company Says It Will Destroy Logging Roads to Protect Tigers," news.mongabay.com/2015/07/mrn-gfrn-morgan-timber-company-says-it-will-destroy-logging-roads-to-protect-tigers.

3 集団での攻撃について詳しくは以下参照。 Tex Sordahl, "The Risks of Avian Mobbing and Distraction Behavior: An Anecdotal Review," *Wilson Bulletin* 102 (1990): 349–52.

4 Hiroaki Kariwa, K. Lokugamage, N. Lokugamage, H. Miyamoto, K. Yoshii, M. Nakauchi, K. Yoshimatsu, J. Arikawa, L. Ivanov, T. Iwasaki, and I. Takashima, "A Comparative Epidemiological Study of Hantavirus Infection in Japan and Far East Russia," *Japanese Journal of Veterinary Research* 54 (2007): 145–61.

第14章　ごく普通に道路を走る

1 K. Becker, "One Century of Radon Therapy" *International Journal of Low Radiation* 1 (2004): 333–57.

2 Aleksandr Panichev, *Bikin: The Forest and the People* (Vladivostok: DVGTU Publishers, 2005). In Russian.

3 I. V. Karyakin, "New Record of the Mountain Hawk Eagle Nesting in Primorye, Russia," *Raptors Conservation* 9 (2007): 63–64.

4 John Mayer, "Wild Pig Attacks on Humans," *Wildlife Damage Management Conferences—Proceedings* 151 (2013): 17–35.

第15章　洪水

1 この種の分布と局地的絶滅について詳しくは以下を参照。 Michio Fukushima, Hiroto Shimazaki, Peter S. Rand, and Masahide Kaeriyama, "Reconstructing Sakhalin Taimen *Parahucho perryi* Historical Distribution and Identifying Causes for Local Extinctions," *Transactions of the American Fisheries Society* 140 (2011): 1–13.

2 以下を参照。 wildsalmoncenter.org/2010/10/20/koppi-river-preserve.

3 以下を参照。 David Anderson, Will Koomjian, Brian French, Scott Altenhoff, and James Luce, "Review of Rope-Based Access Methods for the Forest Canopy: Safe and Unsafe Practices in Published Information Sources and a Summary of Current Methods," *Methods in Ecology and Evolution* 6 (2015): 865–72.

4 シカを殺す猛禽もいる。詳しくは以下を参照。Linda Kerley and Jonathan Slaght, "First Documented Predation of Sika Deer (*Cervus nippon*) by Golden Eagle (*Aquila chrysaetos*) in Russian Far East," *Journal of Raptor Research* 47 (2013): 328–30.

5 日本の北海道とロシアのサハリン島の間にある幅四〇キロメートルの海峡。

［第3部］

第16章　わなを準備する

1 以下など参照。H. Bub, *Bird Trapping and Bird Banding* (Ithaca: Cornell University Press, 1991).

2 Peter Bloom, William Clark, and Jeff Kidd, "Capture Techniques," in *Raptor Research and Management Techniques*, eds. David Bird and Keith Bildstein (Blaine, Wash.: Hancock House, 2007), 193–219.

3 同右。

4 Spangenberg, in *Investigations of Avifauna of the Soviet Union*, 98–202.

5 V. A. Nechaev, *Birds of the Southern Kuril Islands* (Leningrad: Nauka, 1969). In Russian.

6 Jonathan Slaght, Sergey Avdeyuk, and Sergey Surmach, "Using Prey Enclosures to Lure Fish-Eating Raptors to Traps," *Journal of Raptor Research* 43 (2009): 237–40.

7 Takenaka, "Ecology and Conservation of Blakiston's Fish Owl in Japan," 19–48.

8 同右。

9 Robert Kenward, *A Manual for Wildlife Radio Tagging* (Cambridge, Mass.: Academic Press, 2000).

10 Josh Millspaugh and John Marzluff, *Radio Tracking and Animal Populations* (New York: Academic Press, 2001).

11 Bryan Manly, Lyman McDonald, Dana Thomas, Trent McDonald, and Wallace Erickson, *Resource Selection by Animals: Statistical Design and Analysis for Field Studies* (New York: Springer, 2002).

12 Bub, *Bird Trapping and Bird Banding*.

13 Takenaka, "Distribution, Habitat Environments, and Reasons for Reduction of the Endangered Blakiston's Fish Owl in Hokkaido, Japan."

第17章　ニアミス

1 以下など参照。telonics.com/products /trapsite.

2 Anonymous, *California Department of Fish & Wildlife Trapping License Examination Reference Guide* (2015), nrm.dfg.ca.gov/FileHandler.ashx?DocumentID=84665&inline.

3 Arsenyev, *Across the Ussuri Kray*.

第18章　隠者

1 "Boha" とも書く。以下参照。Stephan, *The Russian Far East*.

2 Bub, *Bird Trapping and Bird Banding*.

第19章　トゥンシャ川で足止めを食う

1 Slaght, Avdeyuk, and Surmach, *Journal of Raptor Research* 43: 237–40.

2 Xan Augerot, *Atlas of Pacific Salmon: The First Map-Based Status Assessment of Salmon in the North Pacific* (Berkeley: University of California Press, 2005).

第20章　シマフクロウを手に入れた

1 Lori Arent, personal communication, June 24, 2019.

2 ベストは猛禽センターで三〇年以上ボランティアを務めるマルシア・ウォルカーストーファーが作ってくれた。

3 Malte Andersson and R. Åke Norberg, "Evolution of Reversed Sexual Size Dimorphism and Role Partitioning Among Predatory Birds, with a Size Scaling of Flight Performance," *Biological Journal of the Linnean Society* 15 (1981): 105–30.

4 Sumio Yamamoto, *The Blakiston's Fish Owl* (Sapporo, Japan: Hokkaido Shinbun Press, 1999); and Nechaev, *Birds of the Southern Kuril Islands*. を参照。

5 Kenward, *A Manual for Wildlife Radio Tagging*.

6 以下など参照。Linda Kerley, John Goodrich, Igor Nikolaev, Dale Miquelle, Bart Schleyer, Evgeniy Smirnov, Howard Quigley, and Maurice Hornocker, "Reproductive Parameters of Wild Female Amur Tigers," in *Tigers in Sikhote-Alin Zapovednik: Ecology and Conservation*, eds. Dale Miquelle, Evgeniy Smirnov, and John Goodrich (Vladivostok: PSP, 2010): 61–69. In Russian.

7 Slaght, Surmach, and Kisleiko, "Ecology and Conservation of Blakiston's Fish Owl in Russia," 47–70.

第21章　無線封止

1 セルゲイ・スルマチの計測によると、シマフクロウの卵の平均の大きさは長さ六・三センチ幅五・二センチであった。

2 Jenny Isaacs, "Asian Bear Farming: Breaking the Cycle of Exploitation," *Mongabay*, January 31, 2013, news.mongabay.com/2013/01/asian-bear-farming-breaking-the-cycle-of-exploitation-warning-graphic-images/#QvvvZWi4roC1RUhw.99.

3 ロシア極東の北極地方にある自治管区。

4 Pukinskiy, *Byull Mosk O-va Ispyt Prir Otd Biol* 78: 40–47.

5 Takenaka, "Ecology and Conservation of Blakiston's Fish Owl in Japan," 19–48.

6 Dale Miquelle, personal communication, June 26, 2019.

第22章　フクロウとハト

1 Bub, *Bird Trapping and Bird Banding*.

2 Peter Bloom, Judith Henckel, Edmund Henckel, Josef Schmutz, Brian Woodbridge, James Bryan, Richard Anderson, Phillip Detrich, Thomas Maechtle, James Mckinley, Michael Mccrary, Kimberly Titus, and Philip Schempf, "The Dho-Gaza with Great Horned Owl Lure: An analysis of Its Effectiveness in Capturing Raptors," *Journal of Raptor Research* 26 (1992): 167–78.

3 Bloom, Clark, and Kidd, in *Raptor Research and Management Techniques*, 193–219.

4 Fabrizio Sergio, Giacomo Tavecchia, Alessandro Tanferna, Lidia López Jiménez, Julio Blas, Renaud De Stephanis, Tracy Marchant, Nishant Kumar, and Fernando Hiraldo, "No Effect of Satellite Tagging on Survival, Recruitment, Longevity, Productivity and Social Dominance of a Raptor, and the Provisioning and Condition of Its Offspring," *Journal of Applied Ecology* 52 (2015): 1665–75.

5 以下を参照。 Stanley M. Tomkiewicz, Mark R. Fuller, John G. Kie, and Kirk K. Bates, "Global Positioning System and Associated Technologies in Animal Behaviour and Ecological Research," *Philosophical Transactions of the Royal Society B* 365 (2010): 2163–76.

6 以下を参照。 Jay Bhattacharya, Christina Gathmann, and Grant Miller, "The Gorbachev Anti-Alcohol Campaign and Russia's Mortality Crisis," *American Economic Journal: Applied Economics* 5 (2013): 232–60.

7 Arsenyev, *Across the Ussuri Kray*.

第23章　確証のない賭け

1 Bub, *Bird Trapping and Bird Banding*.

2 F. Hamerstrom and J. L. Skinner, "Cloacal Sexing of Raptors," *Auk* 88 (1971): 173–74.

3 スラート、スルマチ、キスレイコの調査（Biodiversity Conservation Using Umbrella Species, 47–70）から、シマフクロウは一つの営巣木を平均三・

五年間±一・四年間（平均値±標準偏差）使用することがわかった。

4 Diana Solovyeva, Peiqi Liu, Alexey Antonov, Andrey Averin, Vladimir Pronkevich, Valery Shokhrin, Sergey Vartanyan, and Peter Cranswick, "The Population Size and Breeding Range of the Scaly-Sided Merganser *Mergus squamatus*," *Bird Conservation International* 24 (2014): 393–405.

5 Sergey Surmach, personal communication, June 10, 2008.

6 シブネフ（一九一八‐二〇〇七）は、ビキン川沿いにある小さな村の教師で、アマチュア博物学者としてビキン川で重要な鳥類学的発見の数々を成し遂げ、その地に自然史博物館を設立した。また、ユーリー・プキンスキーなど、そこを訪れた研究者たちの案内役も務めた。彼の息子のユーリー・シブネフ（一九五一‐二〇一七）は、ロシアの著名な鳥類学者兼野生生物写真家となった。

7 Boris Shibnev, "Observations of Blakiston's Fish Owls in Ussuriysky Region," *Ornitologiya* 6 (1963): 468. In Russian.

第24章　魚で生計を立てる

1 Nadezhda Labetskaya, "Who Are You, Fish Owl?," *Vestnik Terneya*, May 1, 2008, 54–55. In Russian.

2 Felicity Barringer, "When the Call of the Wild Is Nothing but the Phone in Your Pocket," *The New York Times*, January 1, 2009, A11.

第25章　カトコフのチーム入り

1 以下参照。 globalsecurity.org/intell/world/russia/kgb-su0515.htm.

第26章　セレブリャンカ地区での捕獲

1 以下など参照。 blogs .scientificamerican.com/observations/east-of-siberia-heeding-the-sign.

2 淡水魚のなかには、季節性の短距離移動をするものがいる。 Brett Nagle, personal communication, July 3, 2019.

3 Temma Kaplan, "On the Socialist Origins of International Women's Day," *Feminist Studies* 11 (1985): 163–71.

第27章　わたしたちのような恐ろしい悪魔

1 Judy Mills and Christopher Servheen, *Bears: Their Biology and Management*, vol. 9 (1994), part 1: *A Selection of Papers from the Ninth International Conference on Bear Research and Management* (Missoula, Mont.: International Association for Bear Research and Management, February 23–28, 1992), 161–67.

第28章　カトコフ、追放される

1　アムグ南部のチョープリ・クリュチ（温泉）保養地では、水温はもっと高く、常に摂氏三六〜三七度（華氏九七〜九九度）だという。詳しくはws-amgu.ru. 参照。

第29章　停滞

1　Arsenyev, *Across the Ussuri Kray*.

2　Jeff Beringer, Lonnie Hansen, William Wilding, John Fischer, and Steven Sheriff, "Factors Affecting Capture Myopathy in White-Tailed Deer," *Journal of Wildlife Management* 60 (1996): 373–80.

第30章　魚を追って

1　Slaght, "Management and Conservation Implications of Blakiston's Fish Owl (*Ketupa blakistoni*) Resource Selection in Primorye, Russia."

2　Anatoliy Semenchenko, "Fish of the Samarga River (Primorye)," in *V. Y. Levanidov's Biennial Memorial Readings*, vol. 2, ed. V. V. Bogatov (Vladivostok: Dalnauka, 2003), 337–54. In Russian. 以下も参照。Augerot, *Atlas of Pacific Salmon*.

3　参照。"N. Korea Threats Force Change in Flight Paths," *NBC News*, March 6, 2009, nbcnews.com /id/29544823/ns/travel-news/t/n-korea-threats-force-change-flight -paths/#.XaJ_VUZKg2w.

4　Alexander Dallin, *Black Box: KAL 007 and the Superpowers* (Berkeley: University of California Press, 1985).

5　Tatiana Gamova, Sergey Surmach, and Oleg Burkovskiy, "The First Evidence of Breeding of the Yellow Bittern *Ixobrychus sinensis* in Russian Far East," *Russkiy Ornitologicheskiy Zhurnal* 20 (2011): 1487–96. In Russian.

第31章　東のカリフォルニア

1　Courtney Weaver, "Vladivostok: San Francisco (but Better)," *Financial Times*, July 2, 2012.

2　B. I. Rivkin, *Old Vladivostok* (Vladivostok: Utro Rossiy, 1992).

3　ジャックラビット（ジャックウサギ）とアンテロープ（レイヨウ）を掛け合わせた造語。ジャッカロープは米国西部に棲むとされる伝説的な恐ろしい生き物である。体はウサギで、シカの枝角をもつ。科学的説明については以下参照。Micaela Jemison, "The World's Scariest Rabbit Lurks within the Smithsonian's Collection," *Smithsonian Insider*, October 31, 2014, insider.si.edu/2014/10/worlds-scariest-rabbit-lurks-within-smithsonians-collection.

4 以下参照。 Jonathan Slaght, Sergey Surmach, and Ralph Gutiérrez, "Riparian Old-Growth Forests Provide Critical Nesting and Foraging Habitat for Blakiston's Fish Owl *Bubo blakistoni* in Russia," *Oryx* 47 (2013): 553–60.

第32章　テルネイ地区の景色を目に焼きつける

1 Nikolaev, *Vestnik DVO RAN* 3: 39–49.

2 Martin Gilbert, Dale Miquelle, John Goodrich, Richard Reeve, Sarah Cleaveland, Louise Matthews, and Damien Joly, "Estimating the Potential Impact of Canine Distemper Virus on the Amur Tiger Population (*Panthera tigris altaica*) in Russia," *PLoS ONE* 9 (2014): e110811.

3 沿海地方で起きた致命的なトラによる襲撃についての記述は以下を参照。 John Vaillant, *The Tiger* (New York: Knopf, 2010).

4 以下を参照。 Slaght, Avdeyuk, and Surmach, *Journal of Raptor Research* 43: 237–40.

第33章　シマフクロウ保全

1 以下参照。 Jonathan Slaght, Jon Horne, Sergey Surmach, and Ralph Gutiérrez, "Home Range and Resource Selection by Animals Constrained by Linear Habitat Features: An Example of Blakiston's Fish Owl," *Journal of Applied Ecology* 50 (2013): 1350–57.

2 Slaght, "Management and Conservation Implications of Blakiston's Fish Owl (*Ketupa blakistoni*) Resource Selection in Primorye, Russia."

3 Jonathan Slaght and Sergey Surmach, "Blakiston's Fish Owls and Logging: Applying Resource Selection Information to Endangered Species Conservation in Russia," *Bird Conservation International* 26 (2016): 214–24.

4 以下など参照。 Michiel Hötte, Igor Kolodin, Sergey Bereznuk, Jonathan Slaght, Linda Kerley, Svetlana Soutyrina, Galina Salkina, Olga Zaumyslova, Emma Stokes, and Dale Miquelle, "Indicators of Success for Smart Law Enforcement in Protected Areas: A Case Study for Russian Amur Tiger (*Panthera tigris altaica*) Reserves," *Integrative Zoology* 11 (2016): 2–15.

5 以下など参照。 Mike Bamford, Doug Watkins, Wes Bancroft, Genevieve Tischler, and Johannes Wahl, *Migratory Shorebirds of the East Asian-Australasian Flyway: Population Estimates and Internationally Important Sites* (Canberra: Wetlands International—Oceania, 2008).

6 Howard Hobbs, "Economic Standing of Sequoia Trees," *Daily Republican*, November 1, 1995, dailyrepublican.com/ecosequoia.html.

7 Takenaka, "Ecology and Conservation of Blakiston's Fish Owl in Japan," 19–48.

8 Jonathan Slaght, Takeshi Takenaka, Sergey Surmach, Yuzo Fujimaki, Irina Utekhina, and Eugene Potapov, "Global Distribution and Population Estimates of Blakiston's Fish Owl," in *Biodiversity Conservation Using Umbrella Species: Blakiston's Fish Owl and the Red-Crowned Crane*, ed. F. Nakamura (Singapore: Springer,

2018), 9–18.

9 Anna Malpas, "In the Spotlight: Leonardo DiCaprio," *Moscow Times*, November 25, 2010, themoscowtimes.com/2010/11/25/in-the-spotlight-leonardo-dicaprio-a3275.

10 Slaght et al., "Global Distribution and Population Estimates of Blakiston's Fish Owl," 9–18.

11 同右, 19–48.

12 Yuan-Hsun Sun, *Tawny Fish Owl: A Mysterious Bird in the Dark* (Taipei: Shei-Pa National Park, 2014).

エピローグ

1 Aon Benfield, "Global Catastrophe Recap" (2016), thoughtleadership.aonbenfield.com/Documents/20161006-ab-analytics-if-september-global-recap.pdf.

事物索引

[あ行]

［か行］

［さ行］

［た行］

人名索引

［か行］

［さ行］

［た行］

［は行］

［ま行］

［や行］

［ら行］

ジョナサン・C・スラート

野生生物保全協会（WCS）の温帯アジアプログラム地域ディレクターとして、WCSのロシア、中国、モンゴル、アフガニスタンでのプログラム、および中央アジアでのプロジェクトを統括している。二〇一六年には、ウラジーミル・アルセーニエフの著書『Across the Ussuri Kray（ウスリー地方探検記）』の注釈付き翻訳書を刊行。その他の著作物や調査研究、撮影した写真が、『ニューヨーク・タイムズ』、『ガーディアン』、BBCワールドサービス、NPR、『スミソニアン』、『サイエンティフィック・アメリカン』、『オーデュボン』等の、多数のメディアで取り上げられている。ミネアポリス在住。

大沢章子（おおさわ・あきこ）

翻訳家。訳書に、R・M・サポルスキー『サルなりに思い出す事など』（みすず書房）、パトリック・スヴェンソン『ウナギが故郷に帰るとき』（新潮社）、ロジャー・パルバース『ぼくがアメリカ人をやめたワケ』（集英社インターナショナル）、ビル・S・ハンソン『匂いが命を決める』（亜紀書房）、リック・マッキンタイア『イエローストーンのオオカミ』（白揚社）などがある。

極東《きょくとう》のシマフクロウ
世《せ》界《かい》一《いち》大《おお》きなフクロウを探《さが》して

二〇二三年一二月一九日　初版第一刷発行

著者　ジョナサン・C・スラート
訳者　大沢章子
発行者　喜入冬子
発行所　株式会社筑摩書房
東京都台東区蔵前二-五-三　〒一一一-八七五五
電話番号〇三-五六八七-二六〇一（代表）
ブックデザイン　ニマユマ
印刷　三松堂印刷株式会社
製本　加藤製本株式会社

ISBN978-4-480-83726-4 C0098